中等专业学校试用教材

给水排水工程施工

（第 二 版）

田会杰　主编
常志续　主审

U0198575

中国建筑工业出版社

本书为给水排水工程专业试用教材之一，是根据建设部颁发的普通中等专业学校给水排水专业教学计划、课程教学大纲、国家新的规范而编写的。全书阐述了给水排水工程的施工内容和方法，主要包括：土石方工程、施工排水、砖石工程、钢筋混凝土工程、沉井工程、地下水取水构筑物施工、地下连续墙施工、地下构筑物防水工程、室外地下管道开槽法施工、地下管道不开槽法施工、室内给排水管道及卫生器具的安装等。共计十一章。

　　本书可作各类中专层次的给水排水，市政工程等相近专业教学用书，也可作有关施工技术人员培训教材。

给 水 排 水 工 程 施 工

（第 二 版）

田会杰　主编

常志续　主审

*

中国建筑工业出版社出版（北京西郊百万庄）

新华书店总店科技发行所发行

北京密东印刷有限公司印刷

*

开本：787×1092 毫米　1/16　印张：16½　字数：400 千字
1995 年 6 月第二版　　2005 年 1 月第十三次印刷
印数：69911—71410 册　定价：**17.00** 元

ISBN 7-112-02425-0
G·215　（7483）

版权所有　翻印必究

如有印装质量问题，可寄本社退换

（邮政编码　100037）

前　言

    本书是根据建设部颁发的普通中等专业学校给水排水专业《给水排水工程施工》课程教学大纲编写，由普通中等专业学校水暖通风与给排水专业教学指导委员会推荐出版的第二版试用教材。全书系统地介绍了给水排水工程中施工技术的基础知识和基本施工方法，同时尽量介绍了国内在施工技术方面的新技术、新工艺。

    本书由北京城市建设学校田会杰主编，北京建筑工程学院常志续副教授主审。各章编写分工为：第一、二、五章由黑龙江省建筑工程学校边喜龙编写；第四章中一、二节由北京城市建设学校贺力民编写；其余各章由北京城市建设学校田会杰编写。其中第七章地下连续墙施工由北京市政工程局李国业高级工程师编写，在此深致谢意。

    限于时间和业务水平，书中难免有不妥之处，恳请广大读者提出批评指正。

1994年5月

目　　录

第一章 土石方工程

在基本建设中，无论是土建工程，还是给水排水工程都是由土石方工程开始的。土方工程是其它分部分项工程施工的先行，且工程量很大，同时土石方工程受土的种类、性质、水文地质条件、气候条件影响很大。因此研究土石方工程，对搞好给排水工程施工是非常重要的。

第一节 概 述

一、土的组成与结构

土一般由矿物颗粒（固相）、水（液相）和空气（气相）组成，如图1-1（1）所示。矿物颗粒构成土的骨架，空气和水填充骨架间的孔隙，这就是土的三相组成。土中三相组成的比例，反映了土的物理状态。如干燥、稍湿或很湿，密实．稍密或松散。这些指标是最

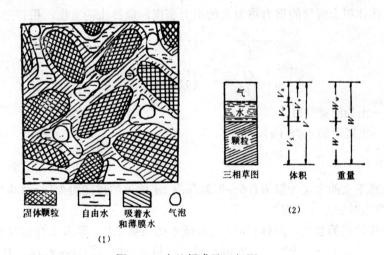

图 1-1 土的组成及三相图

(1) 土的组成；(2) 土的三相图

V—土样的体积；V_s—土样中固体颗粒的体积；V_v—土样中孔隙的体积；

V_w—土样中水的体积；V_a—土样中气体的体积；W—土样的重力；

W_s—土样的固体颗粒的重力；W_w—土样中水的重力

基本的物理性质指标，对评价土石方工程的性质，进行土的工程分类具有重要意义。

土的三相物质是混合分布的，为了研究阐述方便，取一土样将其三相的各部分集合起来，用三相图1-1（2）表示。把土的固体颗粒、水、空气各自划分开来。

土的结构主要是指土体中土粒的排列与连接。土的结构有单粒结构，蜂窝结构和绒絮

结构，如图1-2所示。

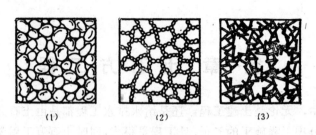

图 1-2 土的结构

(1) 单粒结构；　(2) 蜂窝结构；　(3) 绒絮结构

具有单粒结构的土是由砂粒等较粗土粒组成，土粒排列越密实，土的强度越大。具有蜂窝结构的土是由粉粒串联而成。蜂窝结构和绒絮结构存在着大量的孔隙，结构不稳定。所以研究土的结构对工程施工是非常重要的。

二、土的性质

主要研究土的物理性质和土的力学性质，土的性质对于土石方稳定性、施工方法及工程量均有影响，因此研究土的性质有着重要的实际意义。

（一）土的物理性质

1．土的质量密度和重力密度

天然状态时单位体积土的质量称为土的质量密度，简称土的密度，用符号 ρ 表示。天然状态时单位体积土所受的重力称为土的重力密度，简称土的重度，用符号 γ 表示。

$$\rho = \frac{m}{V} \qquad (\text{t/m}^3) \tag{1-1}$$

$$\gamma = \frac{G}{V} \qquad (\text{kN/m}^3) \tag{1-2}$$

式中　m——土的质量（t）；

　　　G——土所受的重力（kN）。

因为 $G=mg$，则有 $\gamma = \frac{mg}{V} = \rho \cdot g$

天然状态下土的密度一般为 $1.6 \sim 2.2\text{t/m}^3$；土的天然重度约为 $16 \sim 22\text{kN/m}^3$。

2．土粒相对密度（比重）

土粒单位体积的质量与同体积的4℃时纯水的质量之比，称为土粒相对密度或称比重，用符号 d_s 表示。砂土一般为 $2.65 \sim 2.69$；粉土和粘土一般为 $2.70 \sim 2.76$，其数值变化不大。

3．土的含水量

土中水的质量与颗粒质量之比的百分数称为土的含水量，用符号 w 表示。

$$w = \frac{m_w}{m_s} \times 100\% \tag{1-3}$$

4．土的干密度和干重度

土的单位体积内颗粒的质量称为土的干密度，用符号 ρ_d 表示；土的单位体积内颗粒所受的重力称为土的干重度，用符号 γ_d 表示。

$$\rho_d = \frac{m_s}{V} \qquad (t/m^3) \qquad (1-4)$$

$$\gamma_d = \frac{G_s}{V} \qquad (kN/m^3) \qquad (1-5)$$

式中　m_s——土颗粒质量（t）；

　　　　G_s——土中颗粒所受的重力（kN）。

一般情况下土的干密度为 1.3～2.0t/m³。土的干密度愈大，表明土愈密实。在回填土夯实时，常以土的干密度来控制土的夯实程度。

如果已知土的密度和含水量，即可计算出土的干密度，即

$$\rho_d = \frac{m_s}{V} = \frac{m_s}{V} \cdot \frac{m}{m} = \frac{\dfrac{m}{V}}{\dfrac{m}{m_s}} = \frac{\dfrac{m}{V}}{\dfrac{m_s + m_w}{m_s}} = \frac{\rho}{1+w} \qquad (i-6)$$

5. 土的孔隙比与孔隙率

土中孔隙体积与颗粒体积之比称为孔隙比，用符号 e 表示；土中孔隙体积与土的体积之比的百分比称为土的孔隙率，用符号 n 表示。

$$e = \frac{V_v}{V_s} \qquad (1-7)$$

$$n = \frac{V_v}{V} 100\% \qquad (1-8)$$

一般情况下砂土的 $e=0.5\sim1.0$ 之间；粉土及粘性土 $e=0.5\sim1.2$ 之间。孔隙率 $n=30\sim50\%$ 之间。

6. 土的可松性与可松性系数

土的可松性是指在自然状态下的土经开挖后土的结构被破坏。因松散而体积增大，以后虽然经回填压实，也不能完全恢复，这种现象称为土的可松性。土的可松性用最初可松性系数和最后可松性系数表示。

土经开挖后，其体积增加值用最初可松性系数 K_s 表示：

$$K_s = \frac{V_2}{V_1} \qquad (1-9)$$

土经回填后，其体积增加值用最后可松性系数 K_s' 表示：

$$K_s' = \frac{V_3}{V_1} \qquad (1-10)$$

式中　V_1——土在开挖前自然状态下体积；

　　　　V_2——土在开挖后松散状态下体积；

　　　　V_3——土经回填压实后体积。

7. 填土压实系数

在回填土施工中，控制压实土的密实程度可用压实系数表示。压实系数为土的控制干密度与最大干密度之比，即

$$\lambda_c = \frac{\rho_d}{\rho_{dmax}} \qquad (1-11)$$

（二）土的力学性质

1. 土的抗剪强度

土的抗剪强度就是某一受剪面上抵抗剪切破坏时的最大剪应力，土的抗剪强度可由剪切试验确定，如图1-3所示。土样放在面积为A的剪切盒内，施加一个竖向压力P和水平力T的作用，在剪切面上产生剪切应力τ。τ随水平力T增大而增大。T增加到T'时在剪切面上土颗粒发生相互错动，土样破坏。此时的剪切应力即为抗剪强度τ_f：

$$\tau_f = \frac{T'}{A}$$

土样内产生的法向应力σ：

$$\sigma = \frac{P}{A}$$

τ与σ成正比。

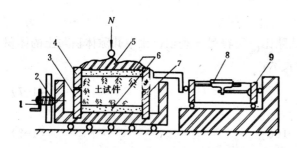

图 1-3 土的剪应力实验装置示意

1—手轮；2—螺杆；3—下盒；4—上盒；5—传压板；
6—透水石；7—开缝；8—测量计；9—弹性量力环

图 1-4 挖方边坡

砂是散粒体，颗粒间没有相互的粘聚作用，因此砂的抗剪强度即为颗粒间的摩擦力。即

$$\tau = \sigma \cdot \text{tg}\phi$$

式中 ϕ——内摩擦角。

粘性土颗粒很小，由于颗粒间的胶结作用和结合水的连锁作用，产生粘聚力。即

$$\tau = \sigma \cdot \text{tg}\phi + C$$

式中 C——粘聚力。

粘性土的抗剪强度由内摩擦力和一部分粘聚力组成。

工程上需用的砂土ϕ值和粘土ϕ值及粘聚力C值都应由土样试验求得。

由于不同的土抗剪强度不同，即使同一种土其密实度和含水量不同，抗剪强度也不同。抗剪强度决定着土的稳定性，抗剪强度愈大，土的稳定性愈好，反之，亦然。

完全松散的土自由地堆放在地面上，土堆的斜坡与地面构成的夹角，称为自然倾斜角。为此要保证土壁稳定，必须有一定边坡。边坡以1：n表示，如图1-4所示。

$$n = \frac{a}{h} \tag{1-12}$$

式中 n——边坡率；

a——边坡的水平投影长度；

h——边坡的高度。

含水量大的土，土颗粒间产生润滑作用，使土颗粒间的内摩擦力或粘聚力减弱，土的抗剪强度降低，土的稳定性减弱，因此应留有较缓的边坡。当沟槽上荷载较大时，土体会在压力作用下产生滑移，因此边坡也要缓或采用支撑加固。

2. 侧土压力

地下给水排水构筑物的墙壁和池壁，地下管沟的侧壁，施工中沟槽的支撑，顶管工作坑的后背，以及其它各种挡土结构，都受到土的侧向压力作用，如图1-5所示。这种土压力称为侧土压力。

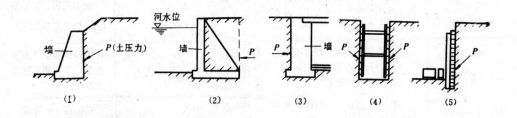

图 1-5 各种挡土结构

(1)挡土墙; (2)河堤; (3)池壁; (4)支撑; (5)顶管工作坑后背

根据挡土墙受力后的位移情况，侧土压力可分为以下三类：

(1) 主动土压力

挡土墙在墙后土压力作用下向前移动或转动土体随着下滑，当达到一定位移时，墙后土达极限平衡状态，此时作用在墙背上的土压力就称为主动土压力，如图1-6(1)所示。

(2) 被动土压力

挡土墙在外力作用下向后移动或转动，挤压填土，使土体向后位移，当挡土墙向后达到一定位移时，墙后土体达极限平衡状态，此时作用在墙背上的土压力称为被动土压力，如图1-6(2)所示。

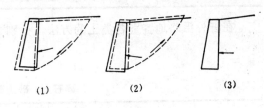

图 1-6 三种土压力

(1)主动土压力; (2)被动土压力; (3)静止土压力

(3) 静止土压力

挡土墙的刚度很大，在土压力作用下不产生移动或转动，墙后土体处于静止状态，此时作用在墙背上的土压力称为静止土压力，如图1-6(3)所示。

上述三种土压力，在相同条件下，主动土压力最小，被动土压力最大，静止土压力介于两者之间。

三种土压力的计算可按库仑土压力理论或朗肯土压力理论计算。

掌握土的压力，对于处理施工中的支撑工作坑后背，各类挡土墙的结构是极其重要的。

三、土的工程分类及野外鉴别方法

(一) 土的工程分类

按土石坚硬程度和开挖方法及使用工具，将土分为八类，见表1-1。

(二) 土的野外鉴别方法

土的分类	土（岩）的分类	密度（t/m³）	开挖方法及工具
一 类 土 （松软土）	略有粘性的砂土、粉土、腐殖土及疏松的种植土、泥炭（淤泥）	0.6～1.5	用锹、少许用脚蹬或用锄头挖掘
二 类 土 （普通土）	潮湿的粘性土和黄土，软的盐土和碱土，含有建筑材料碎屑、碎石、卵石的堆积土和种植土	1.1～1.6	用锹、需用脚蹬，少许用镐
三 类 土 （坚 土）	中等密实的粘性土或黄土，含有碎石、卵石或建筑材料碎屑的潮湿的粘性土或黄土	1.8～1.9	主要用镐、条锄，少许用锹
四 类 土 （砂砾坚土）	坚硬密实的粘性土或黄土，含有碎石、砾石的中等密实粘性土或黄土，硬化的重盐土，软泥灰岩	1.9	全部用镐，条锄挖掘，少许用撬棍
五 类 土 （软 岩）	硬的石炭纪粘土；胶结不紧的砾岩；软的、节理多的石灰岩及贝壳石灰岩；坚实白垩，中等坚实的页岩、泥灰岩	1.2～2.7	用镐或撬棍、大锤挖掘，部分使用爆破方法
六 类 土 （次坚石）	坚硬的泥质页岩，坚硬的泥灰岩，角砾状花岗岩；泥灰质石灰岩；粘土质砂岩；云母页岩及砂质页岩；风化花岗岩、片麻岩及正常岩；密实石灰岩等	2.2～2.9	用爆破方法开挖，部分用风镐
七 类 土 （坚 石）	白云岩；大理石；坚实石灰岩；石灰质及石英质的砂岩；坚实的砂质页岩；以及中粗花岗岩等	2.5～2.9	用爆破方法开挖
八 类 土 （特坚石）	坚实细粗花岗岩；花岗片麻岩，闪长岩，坚实角闪岩、辉长岩、石英岩；安山岩、玄武岩；最坚实辉绿岩、石灰岩及闪长岩等	2.7～3.3	用爆破方法开挖

在野外粗略地鉴别各类土的方法，分别参见表1-2和表1-3。

碎石土、砂土野外鉴别方法 表 1-2

类别		土的名称	观察颗粒粗细	干燥时的状态及强度	湿润时用手拍击状态	粘着程度
碎石土		卵（碎）石	一半以上的颗粒超过20mm	颗粒完全分散	表面无变化	无粘着感觉
		圆（角）砾	一半以上的颗粒超过2mm	颗粒完全分散	表面无变化	无粘着感觉
砂土		砾砂	约有1/4以上的颗粒超过2mm	颗粒完全分散	表面无变化	无粘着感觉
		粗砂	约有1/2以上的颗粒超过0.5mm	颗粒完全分散，但有个别胶结一起	表面无变化	无粘着感觉
		中砂	约有1/2以上的颗粒超过0.25mm	颗粒基本分散，局部胶结但一碰即散	表面偶有水印	无粘着感觉
		细砂	大部分颗粒与粗豆米粉近似	颗粒大部分分散，少量胶结，部分稍加碰撞即散	表面有水印	偶有轻微粘着感觉
		粉砂	大部分颗粒与小米粉近似	颗粒少部分分散，大部分胶结，稍加压力可分散	表面有显著翻浆现象	有轻微粘着感觉

土的名称	湿润时用刀切	湿土用手捻摸时的感觉	土 的 状 态		湿土搓条情况
			干　土	湿　土	
粘土	切面光滑，有粘刀阻力	有滑腻感，感觉不到有砂粒，水分较大时很粘手	土块坚硬用锤才能打碎	易粘着物体，干燥后不易剥去	塑性大，能搓成直径小于0.5mm的长条，手持一端不易断裂
粉质粘土	稍有光滑面切面平整	稍有滑腻感，有粘着感，感觉到有少量砂粒	土块用力可压碎	能粘着物体，干燥后易剥去	有塑性，能搓成直径为0.5～2.0mm土条
粉土	无光滑面切面稍粗糙	有轻微粘着感或无粘滞感，感觉到砂粒较多	土块用手捏或抛扔时易碎	不易粘着物体，干燥后一碰就掉	塑性小，能搓成直径为2～3mm的短条
砂土	无光滑面，切面粗糙	无粘滞感，感觉到全是砂粒	松散	不能粘着物体	无塑性，不能搓成土条

第二节　给排水厂（站）场地平整

一、场地平整及土方量计算

场地平整就是将天然地面改变为工程上所要求的设计平面。场地设计平面通常由设计单位在总图竖向设计中确定，由设计平面的标高和天然地面的标高差，可以得到场地各点的施工高度（填挖高度），由此可以计算场地平整的土方量。其计算步骤如下：

（一）划分方格网

根据已有地形图（一般用1/500的地形图）划分成若干个方格网，其边长为10×10m、20×20m或40×40m。

（二）计算施工高度

根据方格网，将自然地面标高和设计标高分别标注在方格网角点的右上角和右下角，自然地面标高与设计地面标高差值，即各角点的施工高度，将其填在方格网的左上角，挖方为（＋），填方为（－）。

（三）计算零点位置

在一个方格网内同时有填方或挖方时，要先算出方格网边的零点位置，并标注在方格网上。将零点连线就得到零线，它是填方区和挖方区的分界线，在此线上各点施工高度等于零。

零点位置可按下式计算：如图1-7所示。

图 1-7　零点位置

$$x_1 = \frac{h_1}{h_1 + h_2} \cdot a$$

$$x_2 = \frac{h_2}{h_1 + h_2} \cdot a$$

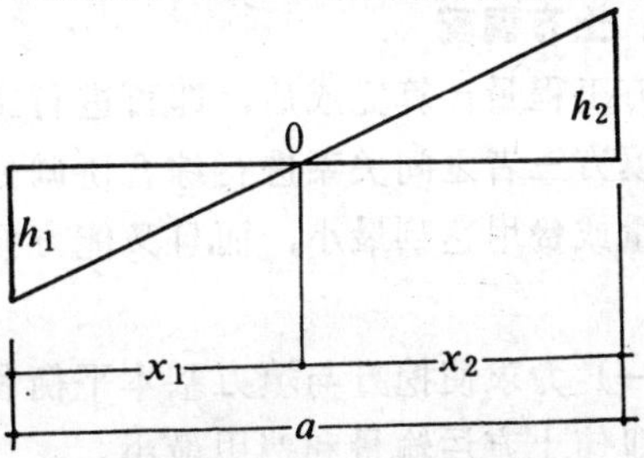

式中　x_1、x_2——角点至零点的距离（m）；

　　　h_1、h_2——相邻两角点的施工高度（m），计算时均采用绝对值；

　　　a——方格网的边长（m）。

（四）计算方格土方工程量

方格土方工程量计算公式参见表1-4。

常用方格网点计算公式　　　　　　表 1-4

项　目	图　式	计　算　公　式
一点填方或挖方 （三角形）		$V=\dfrac{1}{2}bc\cdot\dfrac{\Sigma h}{3}=\dfrac{bch_3}{6}$ 当 $b=c=a$ 时　$V=\dfrac{a^2h_3}{6}$
二点填方或挖方 （梯形）		$V_-=\dfrac{b+c}{2}\cdot a\cdot\dfrac{\Sigma h}{4}=\dfrac{a}{8}(b+c)(h_1+h_3)$ $V_+=\dfrac{d+e}{2}\cdot a\cdot\dfrac{\Sigma h}{4}=\dfrac{a}{8}(d+e)(h_2+h_4)$
三点填方或挖方 （五角形）		$V=\left(a^2-\dfrac{bc}{2}\right)\dfrac{\Sigma h}{5}=\left(a^2-\dfrac{bc}{2}\right)\dfrac{h_1+h_2+h_4}{5}$
四点填方或挖方 （正方形）		$V=\dfrac{a^2}{4}\Sigma h=\dfrac{a^2}{4}(h_1+h_2+h_.+h_4)$

注：1. a—方格网的边长（m）；b、c—零点到一角的边长（m）；h_1、h_2、h_3、h_4—方格网四角点的施工高度(m)；用绝对值代入；Σh—填方或挖方施工高度的总和（m）；用绝对值代入；V—挖方或填方体积（m³）。

2. 本表公式是按各计算图形底面积乘以平均施工高度而得出的。

（五）将计算的各方格土方工程量列表汇总，分别求出总的挖方工程量和填方工程量。

二、土方调配

土方工程量计算完成后，即可进行土方的调配工作。土方调配，就是对挖土的利用、堆弃和填方三者之间关系进行综合协调处理的过程。一个好的土方调配方案，应该是使土方运输量或费用达到最小，而且又能方便施工。为使土方调配工作做得更好应掌握如下原则：

（一）力求使挖方与填方基本平衡和就近调配使挖方量与运距的乘积之和尽可能为最小，亦即使土方运输量和费用最小。

（二）考虑近期施工与后期利用相结合的原则；考虑分区与全场相结合的原则；还应尽可能与大型地下建筑物的施工相结合，使土方运输无对流和乱流的现象。

（三）合理选择恰当的调配方向、运输路线，使土方机械和运输车辆的功率能得到充

8

分发挥。

（四）土质好的土使用在回填质量要求高的地区。

总之，土方的调配必须根据现场的具体情况，有关资料，进度要求，质量要求，施工方法与运输方法，综合考虑的原则，进行技术经济比较，选择最佳的调配方案。

为了更直观地反映场地土方调配的方向及运输量，一般应绘制土方调配图表，其编制程序如下：

1. 划分调配区。在场地平面图上先划出挖、填方区的分界线，根据地形及地理条件，可在挖方区和填方区适当地分别划出若干调配区。

2. 计算各调配区的土方工程量，标在图上。

3. 求出每对调配区之间的平均运距。平均运距即挖方区土方重心至填方区土方重心的距离，重心求出后，标在相应的调配区图上。

4. 进行土方调配。采用线性规划中的"表上作业法"进行。

5. 画出土方调配图，参见图1-8。

6. 列出土方工程量平衡表，参见表1-5。

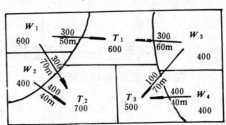

图 1-8　土方调配图

注：箭头上面的数字表示土方量（m³），箭头下面的数字表示运距（m）；W 为挖方区；T 为填方区。

土 方 量 调 配 平 衡 表　　　　　　　表 1-5

挖方区编号	挖方数量（m³）	填方区编号、填方数量（m³）			
		T_1	T_2	T_3	合计
		600	700	500	1800
W_1	600	300　50	300　70		
W_2	400		400　40		
W_3	400	300　60		100　70	
W_4	400			400　40	
合　计	1800				

注：表中右上角小方格内的数字系平均运距。

【例题】　某给水厂场地开挖的土方规划方格网，如图1-9所示。方格边长 $c=20m$，方格角点右上角标注的为地面标高，右下角标注的为设计标高，单位均以m计，试计算其土方量。

【解】　1．计算各角点施工高度

施工高度＝地面标高－设计标高

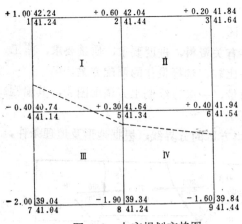

图 1-9　土方规划方格图

如1点，施工高度 $=42.24-41.24=+1.0$，其它计算同上，标在角点的左上角，（+）为挖方，（-）为填方。

2．计算零点位置，确定零线位置

在方格网中任一边的两端点的施工高度符号不同时，在这条边上肯定存在着零点。

如1-4边上的零点计算，零点距角点4的距离：

$$x_4 = \frac{h_4}{h_4+h_1} \cdot a = \frac{0.4}{0.4+1.0} \cdot 20 = 5.71\text{m}$$

4-5　边上零点距角点5的距离：

$$x_5 = \frac{h_5}{h_4+h_5} \cdot a = \frac{0.3}{0.4+0.3} \cdot 20 = 8.57\text{m}$$

5-8　边上零点距角点8的距离：

$$x_8 = \frac{h_8}{h_5+h_3} \cdot a = \frac{1.9}{0.3+1.9} \cdot 20 = 17.27\text{m}$$

6-9　边上零点距角点6的距离：

$$x_6 = \frac{h_6}{h_6+h_9} \cdot a = \frac{0.4}{0.4+1.6} \cdot 20 = 4.0\text{m}$$

将各零点连结成线，即可确定零线位置，如图虚线所示。

3．计算方格土方量，计算公式见表1-4。

按方格网底面积图形计算方格土方量，方格网Ⅰ的土方量：

$$V_{\text{I}(-)} = \frac{1}{6}b \cdot c \cdot h_4 = \frac{1}{6} \cdot 5.71 \cdot (20-8.57) \cdot 0.4 = 4.35\text{m}^3$$

$$V_{\text{I}(+)} = \left(a^2 - \frac{bc}{2}\right) \cdot \frac{h_1+h_2+h_5}{5} = \left[20^2 - \frac{1}{2} \cdot 5.71(20-8.57)\right] \cdot \frac{1.0+0.6+0.3}{5}$$

$$= 139.60\text{m}^3$$

方格网Ⅱ的土方量：

$$V_{\text{II}(+)} = \frac{a^2}{4}(h_2+h_3+h_5+h_4) = \frac{20^2}{4}(0.6+0.2+0.3+0.4)$$

$$= 150\text{m}^3$$

同理，方格网Ⅲ的土方量：

$$V_{\text{III}(+)} = 1.17\text{m}^3$$

$$V_{\text{III}(-)} = 256.28\text{m}^3$$

方格网Ⅳ的土方量：

$$V_{\text{IV}(+)} = 17.67\text{m}^3$$

$$V_{\text{IV}(-)} = 291.11\text{m}^3$$

4．土方量汇总

方格网总挖方量 $V_{(+)} = V_{\text{I}(+)} + V_{\text{II}(+)} + V_{\text{III}(+)} + V_{\text{IV}(+)}$

$$= 139.60 + 150 + 1.17 + 17.67$$

$$=308.44\mathrm{m}^3$$

方格网总填方量$V_{(-)}=V_{\mathrm{I}(-)}+V_{\mathrm{II}(-)}+V_{\mathrm{III}(-)}+V_{\mathrm{IV}(-)}$

$$=4.35+0+256.28+291.11$$

$$=551.74\mathrm{m}^3$$

三、场地土方施工

场地土方施工由土方开挖、运输、填筑等施工过程组成。

（一）场地土方开挖与运输

场地土方开挖与运输通常采用人工、半机械化、机械化和爆破等方法，目前主要采用机械化施工法。下面介绍几种常用的施工机械。

1. 推土机

推土机是土方工程施工的主要机械之一，是在拖拉机上安装推土板等工作装置的机械。

推土机施工特点是：构造简单，操作灵活运输方便，所需工作面较小，功率较大，行驶速度快，易于转移，能爬30°左右的缓坡。

目前我国生产的推土机有：红旗100、T-120、移山160、T-180、黄河220、T-240和T-320等。推土板有钢丝绳操纵和用油压操纵两种。油压操纵的T-180型推土机外型，如图1-10所示。

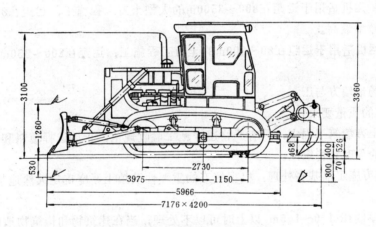

图 1-10 T-180型推土机外形图

推土机多用于场地清理和平整，在其后面可安装松土装置，破松硬土和冻土，还可以牵引其它无动力土方施工机械，可以推挖一～三类土，经济运距100m以内，效率最高时运距为60m。

推土机的生产效率主要取决于推土刀推移土的体积及切土、推土、回程等工作的循环时间，所以缩短推土时间和减少土的损失是提高推土效率的主要影响因素。施工时可采用下坡推土（如图1-11所示）、并列推土和利用前次推土的槽推土等方法。

2. 铲运机

铲运机是一种能综合完成土方施工工序的机械。在场地土方施工中广泛采用。铲运机有拖式铲运机如图1-12（1），自行式铲运机如图1-12（2）两种。常用铲运机铲斗容量一般为3～12m³。

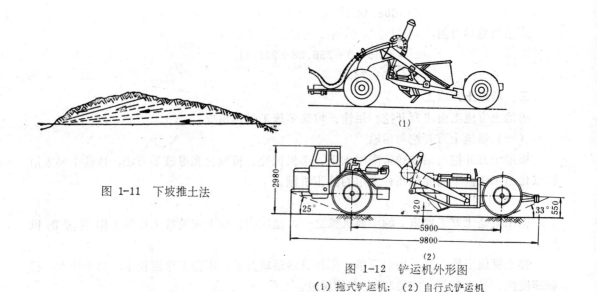

图 1-11 下坡推土法

图 1-12 铲运机外形图

(1)拖式铲运机; (2)自行式铲运机

铲运机操纵简单灵活，行驶速度快，生产率高，且运转费用低。宜用于场地地形起伏不大，坡度在20°以内，土的天然含水量不超过27%的大面积场地平整。当铲运三～四类较坚硬土时，宜先用松土机配合，以减少机械磨损，提高施工效率。

自行式铲运机适用于运距在800～3500m的大型土方工程施工，运距在800～1500m范围内的生产效率最高。

拖式铲运机适用于运距在80～800m的土方工程施工，运距在200～350m范围内的生产效率最高。

（二）场地填方与压实

1．填方的质量要求

在场地土方填筑工程中，只有严格遵守施工验收规范，正确选择填料和填筑方法，才能保证填土的强度和稳定性。

（1）填方施工前基底处理：根据填方的重要性及填土厚度确定天然地基是否需要处理。

当填方厚度在 1.0～1.5m 以上时可以不处理；当在建筑物和构筑物地面以下或填方厚度小于0.5m的填方，应清除基底的草皮和垃圾；当在地面坡度不大于1/10平坦地上填方时，可不清除基底上草皮；当在地面坡度大于1/5的山坡上填方时，应将基底挖成阶梯形，阶宽不小于1m；当在水田、池塘或含水量较大的松软地段填方时，应根据实际情况采取适当措施处理，如排水疏干、全部挖土、抛块石等。

（2）填方土料的选择：用于填方的土料应保证填方的强度和稳定性。土质、天然含水量等应符合有关规定。含水量大的粘性土，含有5%以上的水溶性硫酸土，有机质含量在8%以上的土一般都不做回填用。一般同一填方工程应尽量采用同一类土填筑，若填方土料不同时，必须分层铺填。

（3）填筑方法：填方每层铺土厚度和压实遍数应根据土质、压实系数和机械性能来确定，按表1-6选用。填方施工应接近水平地分层填土、压实和测定压实后土的干密度，检验其压实系数和压实范围符合设计要求后，才能填筑上层。分段填筑时，每层接缝处应做成斜坡形，碾迹重叠0.5～1.0m。上下层错缝距离不应小于1.0m。

填方每层的铺土厚度和压实次数   表 1-6

压实机具	每层铺土厚度（mm）	每层压实次数(次)
平　碾	200～300	6～8
羊足碾	200～350	8～16
蛙式打夯机	200～250	3～4
人工打夯	不大于200	3～4

注：人工打夯时，土块粒径不应大于5cm。

（4）填方的质量：填土必须具有一定的密实度，填土密实度以设计规定的控制干密度 ρ_d 作为检查标准。

土的最大干密度一般在试验室由击实试验确定，再根据规范规定的压实系数，即可算出填土的控制干密度 ρ_d 的值。在填土施工时，土的实际干密度大于或等于 ρ_d 时，则符合质量要求。

土的实际干密度可用"环刀法"测定。其取样组数：基坑回填每20～50m² 取样一组；基槽、管沟回填每层按长度20～50m取样一组；室内填土每层按100～500m² 取样一组；场地平整填土每层按400～900m² 取样一组，取样部位应在每层压实后的下半部。试样取出后称出土的自然密度并测出含水量，然后用下式计算土的实际密度 ρ_0。

$$\rho_0 = \frac{\rho}{1+0.01w} \mathrm{kN/m^3} \tag{1-13}$$

式中　ρ——土的自然密度（kN/m³）；

　　　w——土的天然含水量。

2. 影响填方压实的因素

填方压实质量与许多因素有关，其中主要影响因素为：压实功、土的含水量及每层铺土厚度。

（1）压实功的影响：压实机械在土上施加功，土的密度增加，但土的密度大小并不与机械施加功成正比。土的密度与机械所耗功的关系见图1-13所示。当土的含水量一定，在开始压实时，土的密度急剧增加，待到接近土的最大密度时，压实功虽然增加许多，而土的密度则没有变化，因此，在实际施工中应选择合适的压实机械和压实遍数。

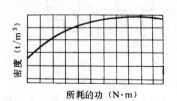

图 1-13 土的密度与压实功的关系示意图

（2）含水量的影响：在同一压实功条件下，填土的含水量对压实质量有直接影响，较干燥的土不易压实，较湿的土也不易压实。当土的含水量最佳时，土经压实后的密度最大，压实系数最高。各种土的最佳含水量和最大干密度见表1-7。工地简单检验方法一般是用手握成团，落地开花为宜。实际施工中，为保证土的最佳含水量，当土过湿时，应予翻松晒干，当土过干时，则应洒水湿润。

项次	土的种类	变 动 范 围		项次	土的种类	变 动 范 围	
		最佳含水量%（重量比）	最大干密度（g/cm³）			最佳含水量%（重量比）	最大干密度（g/cm³）
1	砂 土	8~12	1.80~1.88	3	粉质粘土	12~15	1.85~1.95
2	粘 土	19~23	1.58~1.70	4	粉 土	16~22	1.61~1.80

注：1. 表中土的最大密度应根据现场实际达到的数字为准。

2. 一般性的回填可不作此项测定。

（3）铺土厚度的影响：土在压实功的作用下其应力是随深度增加而减少的，而压实机械的作用深度与压实机械、土的性质和含水量等有关。要保证压实土层各点的密实度都满足要求，铺土厚度应小于压实机械压土时的作用深度；但是铺土过厚，要压很多遍才能达到规定的密实度；铺土过薄，则也要增加机械的总压实遍数，所以铺土厚度应能使土方达到规定的密实度，而机械功耗费最少，这一铺土厚度称为最优铺土厚度。按表1-6选用。

第三节　沟槽及基坑的土方施工

一、沟槽断面形式

常用的沟槽断面形式有直槽、梯形槽、混合槽和联合槽等，如图1-14所示。

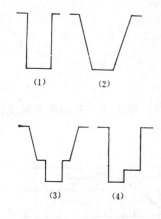

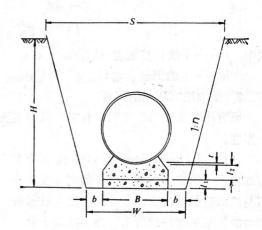

图 1-14　沟槽断面种类　　　　　　　　图 1-15　沟槽底宽和挖深

（1）直槽；（2）梯形槽；（3）混合槽；（4）联合槽　　　t—管壁厚度；l_2—管座厚度；l_1—基础厚度

正确地选择沟槽断面形式，可以为管道施工创造良好的施工作业条件。在保证工程质量和施工安全的前提下，减少土方开挖量，降低工程造价，加快施工速度。要使沟槽断面形式选择合理，应综合考虑土的种类、地下水情况、管道断面尺寸、埋深和施工环境等因素。

沟槽底宽由下式确定，如图1-15所示。

$$W = B + 2b \qquad (1-14)$$

式中　W——沟槽底宽（m）；

B——基础结构宽度（m）；

b——工作面宽度（m）。

沟槽上口宽度由下式计算：

$$S = W + 2nH \qquad (1-15)$$

式中　S——沟槽上口宽度（m）；

　　　n——沟槽槽壁边坡率；

　　　H——沟槽开挖深度（m）。

工作面宽度b决定于管道断面尺寸和施工方法，每侧工作面宽度参见表1-8。

沟槽底部每侧工作面宽度　　　　表 1-8

管道结构宽度 （mm）	每侧工作面宽度（mm）	
	非金属管道	金属管道或砖沟
200～500	400	300
600～1000	500	400
1100～1500	600	600
1600～2500	800	800

注：1. 管道结构宽度无管座时，按管道外皮计；有管座时，按管座外皮计；砖砌或混凝土管沟按管沟外皮计。

　　2. 沟底需设排水沟时，工作面应适当增加。

　　3. 有外防水的砖沟或混凝土沟，每侧工作面宽度宜取800mm。

沟槽槽壁边坡率按设计要求确定，如设计无明确规定时参见表1-9。

边 坡 系 数 表　　　　表 1-9

土壤类别	人工开挖	机械开挖	
		有槽坑沟底开挖	有槽坑边上挖土
一、二类土	1:0.5	1:0.33	1:0.75
三类土	1:0.33	1:0.25	1:0.67
四类土	1:0.25	1:0.10	1:0.33

沟槽挖深按管道纵断面图的要求确定。

二、沟槽及基坑土方量计算

（一）沟槽土方量计算

沟槽土方量计算通常采用平均断面法，由于管径的变化、地面起伏的变化，为了更准确地计算土方量，应沿长度方向分段计算，如图1-16所示。

其计算公式：

$$V_i = \frac{1}{2}(F_1 + F_2) \cdot L_i \qquad (1-16)$$

式中　V_i——各计算段的土方量（m³）；

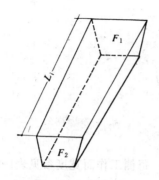
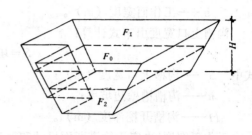

图 1-16 沟槽土方量计算　　　　图 1-17 基坑土方量计算

L_i——各计算段的沟槽长度（m）；

F_1、F_2——各计算段两端断面面积（m²）。

将各计算段土方量相加即得总土方量。

（二）基坑土方量计算

基坑土方量可按立体几何中柱体体积公式计算，如图1-17所示。

其计算公式为：

$$V=\frac{H}{6}(F_1+4F_0+F_2)$$　　　　　　　　（1-17）

式中　V——基坑土方量（m³）；

　　　H——基坑深度（m）；

　　F_1、F_2——基坑上、下底面面积（m²）；

　　　F_0——基坑中断面的面积（m²）。

【例题】　已知某一给水管线纵断面图设计如图1-18所示，土质为粘土，无地下水，

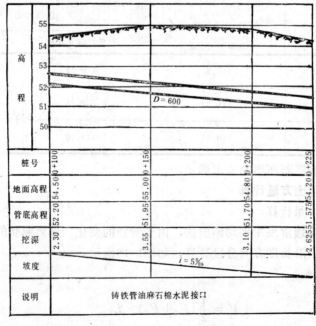

图 1-18　管线纵断面图

采用人工开槽法施工，其开槽边坡采用1∶0.25，工作面宽度 $b=0.4$m，计算土方量。

【解】 根据管线纵断面图，可以看出地形是起伏变化的。为此将沟槽按桩号0+100至0+150，0+150至0+200，0+200至0+225，分为3段计算。

1．各断面面积计算：

（1）0+100处断面面积：

沟槽底宽 $W=B+2b=0.6+2\times0.4=1.4$m

沟槽上口宽度 $S=W+2nH_1=1.4+2\times0.25\times2.30=2.55$m

沟槽断面面积 $F_1=\frac{1}{2}(S+W)\cdot H_1=\frac{1}{2}(2.55+1.4)\times2.30=4.54$m²

（2）0+150处断面面积：

沟槽底宽 $W=B+2b=0.6+2\times0.4=1.4$m

沟槽上口宽度 $S=W+2nH_2=1.4+2\times0.25\times3.55=3.18$m

沟槽断面面积 $F_2=\frac{1}{2}(S+W)H_2=\frac{1}{2}(3.18+1.4)\times3.55=8.13$m²

（3）0+200处断面面积：

沟槽底宽 $W=B+2b=0.6+2\times0.4=1.4$m

沟槽上口宽 $S=W+2nH_3=1.4+2\times0.25\times3.10=2.95$m

沟槽断面面积 $F_3=\frac{1}{2}(S+W)H_3=\frac{1}{2}(2.95+1.4)\times3.10=6.74$m²

（4）0+225处断面面积：

沟槽底宽 $W=B+2b=0.6+2\times0.4=1.4$m

沟槽上口宽度 $S=W+2nH_4=1.4+2\times0.25\times2.625=2.71$m

沟槽断面面积 $F_4=\frac{1}{2}(S+W)H_4=\frac{1}{2}(2.71+1.4)\times2.625=5.39$m²

2．沟槽土方量计算：

（1）桩号0+100至0+150段的土方量

$$V_1=\frac{1}{2}(F_1+F_2)\cdot L_1=\frac{1}{2}(4.54+8.13)\times(150-100)$$
$$=316.75\text{m}^3$$

（2）桩号0+150至0+200段的土方量

$$V_2=\frac{1}{2}(F_2+F_3)\cdot L_2$$
$$=\frac{1}{2}(8.13+6.74)\times(200-150)$$
$$=371.75\text{m}^3$$

（3）桩号0+200至0+225段的土方量

$$V_3=\frac{1}{2}(F_3+F_4)\cdot L_3=\frac{1}{2}(6.74+5.39)\times(225-200)$$
$$=151.63\text{m}^3$$

故沟槽总土方量 $V=\Sigma V_i=V_1+V_2+V_3$
$$=316.75+371.75+151.63$$

$$=840.13m^3$$

三、沟槽及基坑的土方开挖

（一）土方开挖的一般原则：

1. 合理确定开挖顺序：保证土方开挖的顺利进行，应结合现场的水文、地质条件，合理确定开挖顺序。如相邻沟槽和基坑开挖时，应遵循先深后浅或同时进行的施工顺序。

2. 土方开挖不得超挖，减小对地基土的扰动。采用机械挖土时，可在设计标高以上留20cm土层不挖，待人工清理。即使是采用人工挖土，如果挖好后不能及时进行下一工序时，可在基底标高以上留15cm一层不挖，待下一工序开始前再挖除。

3. 开挖时抛土应保证沟槽槽壁稳定，一般槽边上缘至弃土坡脚的距离应不小于0.8～1.5m，推土高度不应超过1.5m。

4. 采用机械开挖沟槽时，应由专人负责掌握挖槽断面尺寸和标高。施工机械离槽边上缘应有一定的安全距离。

5. 软土、膨胀土地区开挖土方或进入季节性施工时，应遵照有关规定。

（二）开挖方法

土方开挖方法分为人工开挖和机械开挖两种方法。为了减轻繁重的体力劳动，加快施工速度，提高劳动生产率，应尽量采用机械化开挖。

沟槽、基坑开挖常用的施工机械有单斗挖土机和多斗挖土机两个种类。

1. 单斗挖土机

单斗挖土机在沟槽或基坑开挖施工中应用广泛，种类很多。按其工作装置不同，分为正铲、反铲、拉铲和抓铲等。按其操纵机构的不同，分为机械式和液压式两类，如图1-19所示。目前，多采用的是液压式挖土机，它的特点是能够比较准确地控制挖土深度。

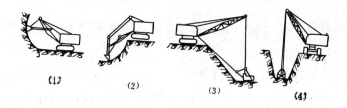

图 1-19 挖土机
(1)正铲；(2)反铲；(3)拉铲；(4)抓铲

（1）正铲挖土机

它适用于开挖停机面以上的一～三类土，一般与自卸汽车配合完成整个挖运任务。可用于开挖高度大于2.0m的大型基坑及土丘。其特点是：开挖时土斗前进向上，强制切土，挖掘力大，生产率高。其外形如图1-20所示。

正铲挖土机技术性能见表1-10和表1-11。

正铲挖土机挖土方式有两种，正向工作面挖土和侧向工作面挖土。

开挖基坑一般采用正向工作面挖土，方便汽车倒车装土和运土，如图1-21（2）所示。

开挖土丘一般采用侧向工作面挖土，挖土机回转卸土的角度小，且避免汽车的倒车和转弯多的缺点，如图1-21（1）所示。

（2）反铲挖土机

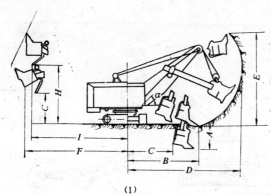
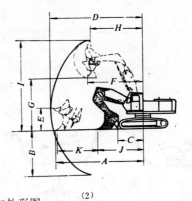

(1)
(2)

图 1-20 正铲挖土机与外形图
(1)机械式；(2)液压式

正铲挖土机技术性能

表 1-10

项次	工作项目	符号	单位	W₁-50		W₁-100		W₁-200	
1	动臂倾角	a		45°	60°	45°	60°	45°	60°
2	最大挖土高度	H_1	m	6.5	7.9	8.0	9.0	9.0	10.0
3	最大挖土半径	R	m	7.8	7.2	9.8	9.0	11.5	10.8
4	最大卸土高度	H_2	m	4.5	5.6	5.5	6.8	6.0	7.0
5	最大卸土高度时卸土半径	R_2	m	6.5	5.4	8.0	7.0	10.2	8.5
6	最大卸土半径	R_3	m	7.1	6.5	8.7	8.0	10.8	9.6
7	最大卸土半径时卸土高度	H_3	m	2.7	3.0	3.3	3.5	3.75	4.7
8	停机面处最大挖土半径	R_1	m	4.7	4.35	6.4	5.7	7.4	6.25
9	停机面处最小挖土半径	R_1'	m	2.5		2.8		3.3	3.6

注：W₁-50—斗容量为0.5m³；W₁-100—斗容量为1m³；W₁-200—斗容量为2m³。

单斗液压挖掘机正铲技术性能

表 1-11

符号	名称	单位	WY60	WY100	WY160
	铲斗容量	m³	0.6	1.5	1.6
	动臂长度	m		3	
	斗柄长度	m		2.7	
A	停机面上最大挖掘半径	m	7.6	7.7	7.7
B	最大挖掘深度	m	4.36	2.9	3.2
C	停机面上最小挖掘半径	m			2.3
D	最大挖掘半径	m	7.78	7.9	8.05
E	最大挖掘半径时挖掘高度	m	1.7	1.8	2
F	最大卸载高度时卸载半径	m	4.77	4.5	4.6
G	最大卸载高度	m	4.05	2.5	5.7
H	最大挖掘高度时挖掘半径	m	6.16	5.7	5
I	最大挖掘高度	m	6.34	7.0	8.1
J	停机面上最小装载半径	m	2.2	4.7	4.2
K	停机面上最大水平装载行程	m	5.4	3.0	3.6

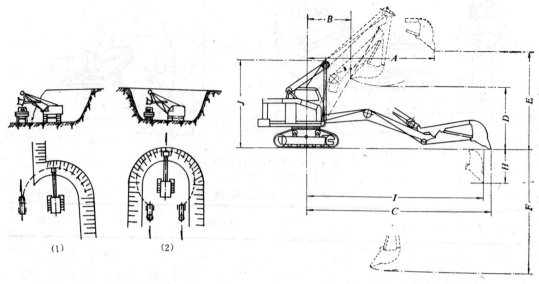

图 1-21　正铲挖土机开挖方式　　　　图 1-22　反铲挖土机和外形图
（1）侧向开挖；　（2）正向开挖

反铲挖土机开挖停机面以下的一～三类土方，其机身和装土都在地面上操作，受地下水的影响较小。

它适用于开挖沟槽和深度不大的基坑，其外形如图1-22所示。

反铲挖土机的技术性能见表1-12。

单斗液压挖掘机反铲技术性能　　　　　　　　　　　表 1-12

符　号	名　　　　　称	单位	WY40	WY60	WY100	WY160
	铲斗容量	m³	0.4	0.6	1～1.2	1.6
	动臂长度	m			5.3	
	斗柄长度	m			2	2
A	停机面上最大挖掘半径	m	6.9	8.2	8.7	9.8
B	最大挖掘深度时挖掘半径	m	3.0	4.7	4.0	4.5
C	最大挖掘深度	m	4.0	5.3	5.7	6.1
D	停机面上最小挖掘半径	m		8.2		3.3
E	最大挖掘半径	m	7.18	8.63	9.0	10.6
F	最大挖掘半径时挖掘高度	m	1.97	1.3	1.8	2
G	最大卸载高度时卸载半径	m	5.267	5.1	4.7	5.4
H	最大卸载高度	m	3.8	4.48	5.4	5.83
I	最大挖掘高度时挖掘半径	m	6.367	7.35	6.7	7.8
J	最大挖掘高度	m	5.1	6.025	7.6	8.1

反铲挖土机挖土方法通常采用沟端开挖或沟侧开挖两种，如图1-23所示。后者挖土的宽度与深度小于前者，但弃土距沟边较远。

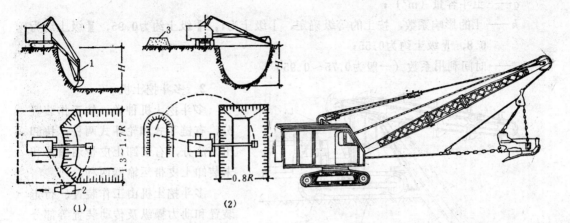

图 1-23　反铲挖土机开挖方式　　　　　　　图 1-24　拉铲挖土机外形图

（1）沟端开挖；（2）沟侧开挖

1—反铲挖土机；2—自卸汽车；3—弃土堆

（3）拉铲挖土机

它适用于开挖停机面以下的一～三类土或水中开挖，主要开挖较深较大面积的沟槽基坑。其工效较低。外形如图1-24所示。

（4）抓铲挖土机

它适用于开挖停机面以下一～三类土，主要用于开挖面积较小，深度较大的基坑及开挖水中的淤泥或疏通旧有渠道等。其外形如图1-25所示。

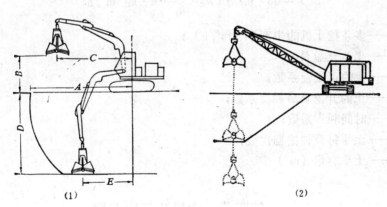

图 1-25　抓铲挖土机

（1）液压式抓铲机；（2）绳索式抓铲机

A—最大挖土半径；B—卸土高度；C—卸土半径；

D—最大挖土深度；E—最大挖土深度时的挖土半径

单斗挖土机的生产率决定于每斗装土量和每斗作业的循环时间，其生产率的计算公式如下：

$$p = 60 \cdot n \cdot q \cdot k \cdot k_{时} \quad (\text{m}^3/\text{h}) \qquad (1\text{-}18)$$

式中　p——单斗挖土机的小时挖土量（m^3/h）；

n——每分钟的工作循环次数；

q——土斗容量（m³）；

k——土的影响系数，按土的等级确定，Ⅰ级土为1，Ⅱ级土约为0.95，Ⅲ级土约为0.8，Ⅳ级土约为0.55；

$k_时$——时间利用系数（一般为0.75～0.95）。

2. 多斗挖土机

多斗挖土机种类：按工作装置分，有链斗式和轮斗式两种；按卸土方法分，有装卸土皮带运输器和未装卸土皮带运输器两种。

多斗挖土机由工作装置、行走装置和动力操纵及传动装置等部分组成，如图1-26所示。

多斗挖土机与单斗挖土机相比，其优点为挖土作业是连续的，生产效率较高；沟槽断面整齐；开挖单位土方量所消耗的能量低；在

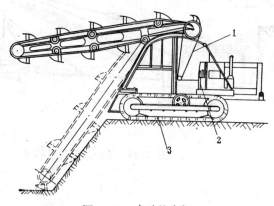

图 1-26 多斗挖土机

1—传动装置；2—工作装置；3—行走装置

挖土的同时能将土自动地卸在沟槽一侧。

多斗挖土机不宜开挖坚硬的土和含水量较大的土。宜于开挖黄土、亚粘土和亚砂土等。

多斗挖土机的生产率按下式计算：

$$P = 60 \cdot n \cdot q \cdot k_充 \cdot \frac{1}{k_s} \cdot k \cdot k_时 \quad \text{m}^3/\text{h} \tag{1-19}$$

式中　P——多斗挖土机的生产率（m³/h）；

$k_充$——土斗充盈系数；

k_s——土的可松性系数；

k——土的开挖难易程度系数；

$k_时$——时间利用系数；

n——土斗每分钟挖掘次数；

q——土斗容量（m³）。

第四节　沟槽及基坑支撑

一、支撑的目的及要求

支撑的目的就是防止施工过程中土壁坍塌，创造安全的施工条件。

支撑是一种由木材或钢材做成的临时性挡土结构，一般情况下，当土质较差、地下水位较高、沟槽和基坑较深而又必须挖成直槽时均应支撑。支设支撑既可减少挖方量、施工占地面积小，又可保证施工的安全，但增加了材料消耗，有时还影响后续工序操作。

支撑结构应满足下列要求：

（一）牢固可靠，支撑材料的质地和尺寸合格。

（二）在保证安全可靠的前提下，尽可能节约材料，采用工具式钢支撑。

（三）方便支设和拆除，不影响后续工序的操作。

二、支撑的种类及其适用条件

在施工中应根据土质、地下水情况、沟槽或基坑深度、开挖方法、地面荷载等因素确定是否支设支撑。

支撑的形式分为水平支撑、垂直支撑和板桩支撑等几种。

水平支撑、垂直支撑由撑板、横梁或纵梁、横撑组成。

水平支撑的撑板水平设置，根据撑板之间有无间距又分为断续式水平支撑和连续式水平支撑或井字支撑三种。

垂直支撑的撑板垂直设置，各撑板间密接铺设，可在开槽过程中边开挖边支撑。在回填时可边回填边拔出撑板。

（一）断续式水平支撑

断续式水平支撑的组成，如图1-27所示。适用于土质较好、地下含水量较小的粘性土及挖土深度小于3.0m的沟槽或基坑。

（二）连续式水平支撑

连续式水平支撑的组成，如图1-28所示。适用于土质较差及挖土深度在3～5m的沟槽或基坑。

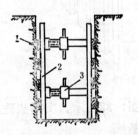

图1-27　断续式水平支撑

1—撑板；2—纵梁；3—横撑（工具式）

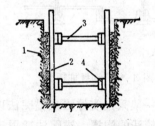

图1-28　连续式水平支撑

1—撑板；2—纵梁；3—横撑；4—木楔

（三）井字支撑

井字支撑的组成，如图1-29所示。它是断续式水平支撑的特例。一般适用于沟槽的局部加固，如地面上建筑或有其它管线距沟槽较近。

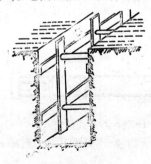

图1-29　井字支撑

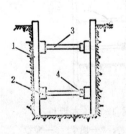

图1-30　垂直支撑

1—撑板；2—横梁；3—横撑；4—木楔

（四）垂直支撑

垂直支撑的组成，如图1-30所示。它适用于土质较差、有地下水并且挖土深度较大时采用。这种方法支撑便于支撑和拆撑，操作时较为安全。

（五）板桩撑

板桩撑可分为钢板桩、木板桩和钢筋混凝土桩等数种。

板桩撑是在沟槽土方开挖前就将板桩垂直打入槽底以下一定深度。其优点是：土方开挖及后续工序不受影响，施工条件良好。

板桩撑用于沟槽挖深较大、地下水较丰富、有流砂现象或砂性饱和土层及采用一般支撑法不能解决时。

1. 钢板桩

钢板桩基本分为平板与波浪形板桩两类，每类中又有多种形式。目前常用钢板桩为槽钢或工字钢组成，其断面形式如图1-31所示。

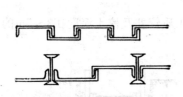

图 1-31 钢板桩断面

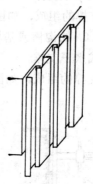

图 1-32 钢板桩

钢板桩一般采用支撑法或锚碇法以加强支撑强度，如图1-32所示。支撑法适用于宽度较窄、深度较浅的沟槽。锚碇法适用于面积大、深度大的基坑。

2. 木板桩

木板桩所用木板厚度应按设计要求制作，其允许偏差±10mm，同时要校核其强度。为了保证板桩的整体性和水密性，木板桩应做成凹凸榫，凹凸榫应相互吻合，平整光滑。

木板桩虽然打入土中一定深度，尚需要辅以横梁和横撑。如图1-33所示。

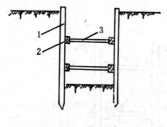

图 1-33 木板桩

1—木板桩；2—横梁；3—横撑

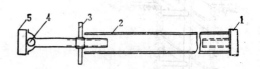

图 1-34 工具式撑杠

1—撑头板；2—圆套管；3—带柄螺母；4—球铰；5—撑头板

三、支撑的材料要求

支撑的材料的尺寸应满足设计的要求。一般取决于现场已有材料的规格，施工时常根据经验确定。

1. 木撑板　一般木撑板长2～6m，宽度为20～30cm，厚5cm。
2. 横梁　截面尺寸为10×15～20～20cm。
3. 纵梁　截面尺寸为10×15～20×20cm。
4. 横撑　采用10×10～15×15cm的方木或采用ϕ15cm的圆木。为支撑方便尽可能采用工具式撑杠。如图1-34所示。撑杠间距一般为1.0～1.2m。

四、支撑的支设和拆除

（一）水平支撑和垂直支撑的支设

沟槽挖到一定深度时，开始支设支撑，先校核一下沟槽开挖断面是否符合要求宽度，然后用铁锹将槽壁找平按要求将撑板紧贴于槽壁上，再将纵梁或横梁紧贴撑板，继而将横撑支设在纵梁或横梁上，若采用木撑板时，使用木楔，扒钉将撑板固定于纵梁或横梁上，下边钉一木托防止横撑下滑。支设施工中一定要保证横平竖直，支设牢固可靠。

施工中，如原支撑妨碍下一工序进行时，原支撑不稳定时；一次拆撑有危险时或因其它原因必须重新安设支撑时，这时需要更换纵梁和横撑位置，这一过程称为倒撑，倒撑操作应特别注意安全，必须先制定好安全措施。

（二）板桩撑的支设

主要介绍钢板桩的施工过程，板桩施工要正确选择打桩方式、打桩机械和流水段划分，保证打入后的板桩，有足够的刚度，且板桩墙面平直，对封闭式板桩墙要封闭合拢。

打桩方式，通常采用单独打入法、双层围图插桩法和分段复打法三种。

打桩机具设备，主要包括桩锤、桩架及动力装置三部分。

桩锤——其作用是对桩施加冲击力，将桩打入土中。

桩架——其作用是支持桩身和将桩锤吊到打桩位置，引导桩的方向，保证桩锤按要求方向冲击。

动力装置——包括起动桩锤用的动力设施。

1. 桩锤选择

桩锤的类型应根据工程性质、桩的种类、密集程度、动力及机械供应和现场情况等条件来选择。

桩锤有落锤、单动汽锤、双动汽锤、柴油打桩锤、振动桩锤等。

根据施工经验、双动汽锤、柴油打桩锤更适用于打设钢板桩。

2. 桩架的选择

桩架的选择应考虑桩锤的类型、桩的长度和施工条件等因素。

桩架的形式很多，常用有下列几种。

（1）滚筒式桩架

行走靠两根钢滚筒在垫木上滚动，优点是结构比较简单，制作容易，如图1-35所示。

（2）多功能桩架

多功能桩架的机动性和适应性很大，适用于各种预制桩及灌注桩施工，如图1-36所示。

（3）履带式桩架

移动方便，比多功能桩架灵活，适用于各种预制桩和灌注桩施工，如图1-37所示。

钢板桩打设的工艺过程为：钢板桩矫正→安装围图支架→钢板桩打设→轴线修正和封

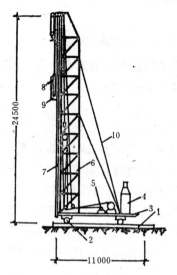

图 1-35 滚动式桩架

1—枕木；2—滚筒；3—底座；4—锅炉；5—卷扬机；
6—桩架；7—龙门；8—蒸汽锤；9—桩帽；10—缆绳

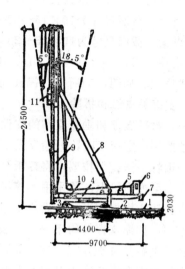

图 1-36 多功能桩架

1—枕木；2—钢轨；3—底盘；4—回转平台；5—卷
扬机；6—司机室；7—平衡重；8—撑杆；9—挺杆；
10—水平调整装置；11—桩锤与桩帽

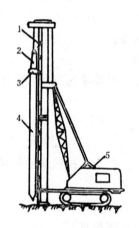

图 1-37 履带式桩架

1—导桩；2—桩锤；3—桩帽；4—桩；5—吊车

闭合拢。

1) 钢板桩的矫正

对所要打设的钢板桩进行修整矫正。保证钢板桩的外形平直。

2) 安装围囹支架

围囹支架的作用是保证钢板桩垂直打入和打入后的钢板桩墙面平直

围囹支架由围囹桩和围囹组成，其型式平面上有单面围囹和双面围囹之分，高度上有单层、双层和多层之分，如图1-38和图1-39所示。围囹支架多为钢制，必须牢固，尺寸要准确。围囹支架每次安装的长度视具体情况而定，最好能周转使用，以节约钢材。

3) 钢板桩打设

先用吊车将钢板桩吊至插桩点处进行插桩，插桩时锁口要对准，每插入一块即套上桩帽轻轻加以锤击。在打桩过程中，为保证钢板桩的垂直度，用两台经纬仪在两个方向加以控制，为防止锁口中心线平面位移，可在打桩进行方向的钢板桩锁口处设卡板，阻止板桩位移。同时在围囹上预先标出每块板桩的位置，以便随时检查校正。

钢板桩分几次打入，打桩时，开始打设的第一、二块钢板桩的打入位置和方向要确保精度，它可以起样板导向作用，一般每打入1m测量一次。

4) 轴线修正和封闭合拢

沿长边方向打至离转角约尚有8块钢板桩停止，量出到转角的长度和增加长度，在短

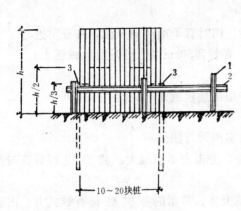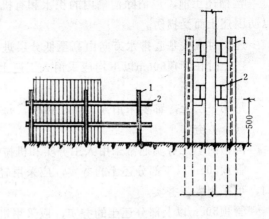

图 1-38　单层围图　　　　　　　　　图 1-39　双层围图
1—围图桩；2—围图；3—两端先打入的定位桩　　　　1—围图桩；2—围图

边方向也照上述方法进行。

根据长、短两边水平方向增加的长度和转角的尺寸，将短边方向的围图与围图桩分开，用千斤顶向外顶出，进行轴线外移，经核对无误后再将围图和围图桩重新焊接固定。

在长边方向的围图内插桩，继续打设，插打到转角桩后，再转过来接着沿短边方向插打两块钢板桩。

根据修正后的轴线沿短边方向继续向前插打，最后一块封闭合拢的钢板桩，设在短边方向从端部算起的三块板桩的位置处。

当钢板桩内的土方开挖后，应在基坑或沟槽内设横撑，若基坑特别大或不允许设横撑时，则可设置锚杆来代替横撑。

（三）支撑的拆除

沟槽或基坑内的施工过程全部完成后，应将支撑拆除，拆除时必须边回填土边拆除，拆除时必须注意安全，继续排除地下水，避免材料的损耗。

水平撑拆除时，先松动最下一层的横撑，抽出最下一层撑板，然后回填土，回填完毕后再拆上一层撑板，依次将撑板全部拆除，最后将纵梁拔出。

垂直支撑拆除时，先松动最下一层的横撑，拆除最下一层的横梁，然后回填土。回填完毕后，再拆除上一层横梁，依次将横梁全部拆除。最后拔出撑板或板桩，垂直撑板或板桩一般采用导链或吊车拔出。

第五节　土　方　回　填

管道工程验收合格后应及时进行土方回填。以保证管道的正常位置，避免沟槽坍塌，而且尽可能早日恢复地面交通。

回填施工包括还土、摊平、夯实、检查等施工过程。

（一）还土

沟槽还土的土料一般用沟槽原土。在土料中不含有过大的砖块或坚硬的土块；在土料中粒径较小的石子含量不应超过10%；不能采用淤泥土、液化粉砂回填。

沟槽还土前，应清除沟槽内的积水和有机杂物，检查基础，接口等是否满足强度要求，以防因还土而受损伤。

还土时应按基底排水方向由高至低分层进行，同时管子两侧胸腔应同时分层进行。

还土时在管顶50cm以下均应采用人工还土，在管顶50cm以上可采用机械还土。

（二）摊平

每还一层土，都要采用人工将土摊平，每一层都要接近水平。

（三）夯实

沟槽回填土夯实通常采用人工夯实和机械夯实两种方法。

管顶50cm以下部分还土的夯实，应采用轻夯，夯击力不应过大，防止损坏管壁与接口，可采用人工夯实。

管顶50cm以上部分还土的夯实，应采用机械夯实。常用的夯实机械有蛙式夯、内燃打夯机、履带式打夯机及轻型压路机等几种。

1. 蛙式夯

由夯头架、拖盘、电动机和传动减速机构组成，如图1-40所示。该机具轻便、构造简单，目前广泛采用。

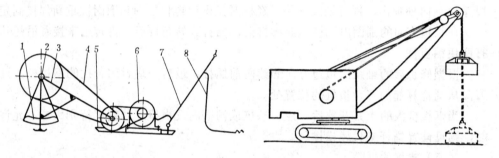

图 1-40　蛙式夯构造示意　　　　　图 1-41　履带式打夯机

1—偏心块；2—前轴装置；3—夯头架；4—传动装置；

5—拖盘；6—电动机；7—操纵手柄；8—电器控制设备

例如功率为2.8kW蛙式夯，在最佳含水量条件下，铺土厚200cm，夯击3～4遍，压实系数可达0.95左右。

2. 内燃打夯机

又称"火力夯"，一般用来夯实沟槽、基坑、墙边墙角，同时还土方便。

3. 履带式打夯机

履带式打夯机，如图1-41所示。用履带起重机提升重锤，夯锤重9.8～39.2kN，夯击高度为1.5～5.0m。夯实土层的厚度可达3m，它适用于沟槽上部夯实或大面积夯土工作。

4. 压路机

沟槽上层土的夯实，常采用轻型压路机，工作效率较高。

（四）检查

每层土夯实后，应测定其控制干密度，计算其压实系数。测定方法见本章第二节。

沟槽土方回填完毕后，使沟槽上土面略呈拱形，其拱高一般为槽上口宽的1/20，常取15cm。

第六节　土石方爆破

在土石方工程施工中，开挖坚硬土层或冻土和岩石的沟槽、基坑、隧道及清除地面或水下障碍物多采用爆破施工法。

爆破施工可以加快施工速度，节省机械和人力。不需要复杂设备。

爆破的效果不仅取决于炸药的威力和数量，而且还与被爆破物的性质、炸药放置的方式有关。

爆破施工前，应根据工程的要求，地质条件、工程量大小和施工机械、周围环境等合理地选用爆破方法。

一、爆破材料

爆破工程所用的爆破材料，应根据使用条件选用，并符合现行国家标准及行业标准。爆破材料分爆炸材料和引爆材料两类。

（一）炸药

土石方工程爆破施工中，常用的炸药主要有硝铵类炸药、铵油、铵松腊炸药、硝化甘油炸药及黑火药等。常用炸药的组成及性能参见表1-13、表1-14及表1-15所示。

各种常用炸药种类及其特性　　　　　　　　　　　　　　表 1-13

炸药类别及名称	形状及特性	火、温度影响	水、湿度影响	撞击、摩擦影响	化学作用	其　　他
硝铵炸药（铵梯炸药）（岩石炸药）（露天炸药）	淡黄或黄褐色、灰白色粉末	爆破点280～320℃长时间加热，慢慢燃烧，离火即熄灭，150～170℃熔化并分解	易溶于水，吸湿性强；吸湿达3％拒爆，吸湿后硬化、固结、拒爆或不能充分爆炸	敏感迟钝，非常安全	腐蚀铜、铝、铁口插入药包之雷管在一量夜以上应加保护	密度为0.9～1.05，爆力较大，猛度较小，适于露天爆破松软岩石和土壤，最适于松动爆破；使用安全，成本低
硝化甘油炸药（胶质炸药）（狄纳米特）（油甜药）	淡黄、黄或酱黄色塑性体或粉末；味甜、有毒	爆破点180～210℃，50℃分解，+8℃冻结，冻结后触动即爆炸	塑体药有完全的耐水性	敏感强；冻结者稍碰撞摩擦易爆炸，药筒渗油，撞击摩擦易爆炸	药筒表面有渗出之硝化甘油者敏感性高	密度为1.4～1.45；通常包成直径为3.1～3.5cm，重150～70′g的圆柱形药筒；适用于10℃以上地区，可用于水下爆破坚硬岩石
梯恩梯（三硝基甲苯）（茶褐药）	淡黄或黄褐色针状结晶体；有粉状、片状及压榨或熔铸之块体；味苦、有毒	爆破点285～295℃；露天遇火燃烧冒浓烟，不爆炸，温度增加到350℃（或密闭燃烧）会爆炸；日光照射会析出油质	块状不吸湿，粉状吸湿；不溶于水，长时间在水中会影响爆炸能力	感应迟钝，在枪弹贯穿切割或穿孔时不爆炸	不与金属起作用；爆炸后产生CO有毒气体	密度、粉状为1.0，块状为1.5～1.6；比重为1.663；爆炸力强，适用于露天及水下爆破坚硬岩石，不适于爆破土壤及通风不良的地下工程
黑火药	黑色小颗粒，呈深兰色或灰色，微有光泽	对热敏感，爆破点290～310℃；在密闭空间点燃才爆炸	易溶于水；吸湿性强，受潮即不能使用	敏感，枪弹贯穿即爆炸	爆炸后产生有毒气体	密度0.9～1.0，爆力65mL，猛度极小，适于内部药包爆破松软岩石和土壤，开采条石或制作导火线

名称	号数	化学成份（%）						爆力不小于(mL)	猛度不小于(mm)	殉爆距离不小于(cm)	保险期(月)	适用范围
		硝酸铵	梯恩梯	木粉	甘油	食盐	煤粉					
露天铵梯炸药	1	82	10	4			4	300	1	5	6	仅用于露天爆破
	2	86	5	9				280	9	4	6	
岩石铵梯炸药	1	83	14	3				350	13	9	6	没有煤尘、沼气爆炸危险的工作面
	2	85	11	4				320	12	8	6	
胶质硝铵炸药	1	86	7	3	4							同岩石铵梯炸药
	2	86	5	3	6							
煤矿铵梯炸药	1	68	15	2			15	290	13	6	6	可用于有煤尘沼气爆炸危险的峒室和岩石爆破
	2	71	10	4			15	250	10	5	6	
	3	67	10				15	240	10	5	6	

名称	规格	化学成份（%）									爆力不小于(mL)	猛度不小于(mm)	殉爆距离不小于(cm)	耐冻度不大于(℃)	适用范围
		硝化甘油	二硝基乙二醇	硝化棉	硝酸钾	梯恩梯	硝酸钠	木粉	碳酸钙	水分(不大于)					
胶质炸药	62%耐冻	37.2	24.8	3.5	26	—	—	8.5	—	0.75	400	15	5	−20	用于没有沼气和矿尘危险的一切地下、水下和露天爆破
	62%普通	62	—	3	27	—	—	8	—	0.75	400	15	5	—
	35%耐冻	21	14	2.5	42	12.5	—	8	—	0.5	340	13	3	−10
	35%普通	35	—	2.5	42	12.5	—	8	—	0.5	340	13	3	—
硝化甘油混合炸药	60%	59					26	13	2		340～360	—	6倍		宜于南方潮湿地区及深水爆破
	50%	50					38.5	10.5	1	1.5	320～340	13	5倍		

注：1. 安定度75℃时不小于10。

2. 62%及35%耐冻胶质炸药是指硝化甘油和二硝基乙二醇的总合量为62%和35%。

3. 硝化甘油混合炸药的殉爆距离不小于6倍和5倍，是指药包直径的倍数。

4. 每箱炸药净重31.2kg。

搞好爆破施工，除需掌握炸药的性质，还应了解炸药在采购、运输、储存、保管、使用等方面的有关要求。

（二）引爆材料

引爆材料包括导火索、导爆索、导爆管和雷管。

导火索是用于一般爆破环境中，传递火焰，引爆火雷管或引燃黑火药包等。

导爆索是用于药包间的连接，以达到全部药包同时爆炸的目的。

导爆管是一种半透明的具有一定强度、韧性、耐温、不透水、内有一薄层高燃混合炸药的塑料软管的起爆材料，其安全性较高。

雷管是用来引爆炸药或引爆索的。雷管分为火雷管和电雷管两种。

要使引爆的效果良好，安全性高，就必须掌握导爆材料的性能及使用时的注意事项。

二、土方爆破施工

土石方工程爆破时，通常采用炮孔爆破、药壶爆破、深孔爆破、小洞室爆破等方法。在给排水工程中，一般多采用炮孔爆破法施工。

炮孔爆破法是在岩石内钻直径25～46mm，深度5m以内的直孔，然后装进长药包进行爆破的施工过程。

（一）爆破前的安全准备工作

1. 建立指挥机构，明确爆破人员的职责和分工；

2. 在危险区内的建筑、构筑物，管线、设备等，应采取安全保护措施，防止爆破时发生破坏；

3. 防止爆破有害气体、噪声对人体的危害；

4. 在爆破危险区的边界设立警戒哨和警告标志；

5. 将爆破信号的意义、警告标志和起爆时间通知附近居民。

（二）炮孔的布置

炮孔布置时，应避免穿过岩石裂缝、孔底与裂缝应保持20～30cm的距离。

炮孔多按三角形布置，如图1-42所示。炮孔间距应根据岩石的特征、炸药种类、抵抗线长度和起爆顺序等确定，一般为最小抵抗线长度的1～2倍。最小抵抗线长度应根据

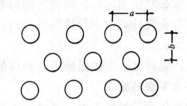

图 1-42　炮孔布置形式（a—孔距，b—排距）

炸药性能、装药直径、起爆方法和地质条件等确定，一般为装药直径的20～40倍。炮孔深度应不小于抵抗线长度，沟槽爆破时炮孔深度应不超过沟槽上口宽度的0.5倍。否则应分层爆破。

炮孔方向应避免与临空面垂直，最好与水平临空面斜交呈45°，与垂直临空面成30°，使炸药威力易向临空面发挥。

（三）钻凿炮孔

钻凿炮孔可以用人工方法。使用钢钎打孔或采用钻机钻孔。

（四）炮孔装药

炮孔装药前，应检查炮孔的深度、直径、方向、位置是否符合设计要求，并将炮孔清理干净。

装药时，应细心地按设计规定的炸药品种、数量装药，不得投掷，严禁使用铁器用力挤压和撞击，而是用木棒或铜棒分层捣实，然后插入导火索，用干土压在药包上，并用粘土封孔。

（五）起爆

用导火索和火雷管起爆，方法简单，但不易使各炮同时起爆，操作危险也大，还会因接头不好发生拒爆现象。

起爆点火应符合下列规定：

1. 宜采用一次点火；

2. 多人点火时，应由专人指挥，各点火人员应明确分工；

3. 一人点火数超过5个或者多人点火时，应使用信号导火索控制点火时间。

用电雷管起爆安全可靠，但操作复杂。电爆网路有串联、并联、混联三种型式，常用串联网路，如图1-43所示。

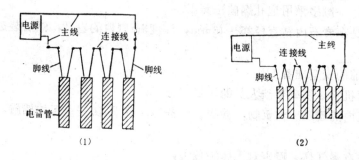

图 1-43 串联电爆网路
(1) 单一串联；(2) 成对串联

电雷管必须使用同厂、同批、同牌号的，电雷管间导线电阻、导线绝缘性能、线芯截面积均应符合设计要求。导线在连接时，应将线芯表面擦净并连接牢固，防止接错、漏接和接触地面。

总之，爆破施工应按爆破安全操作的有关规定进行。

三、水下爆破施工

在给水排水工程施工中，对水下有坚硬土质或岩石的地层上开挖沟槽时，常采用水下爆破法施工。

水下爆破方法有裸露爆破和钻孔爆破两种。裸露爆破适用于水下爆破工程量较小，开挖较浅或破碎水下障碍物；钻孔爆破适用于水下爆破工程量较大，开挖较深或靠近水工构筑物。

水下爆破方法的选择应综合考虑水深、流速、水位、河床地质构造、岩石硬度和槽深等因素。

（一）裸露爆破

裸露爆破的炸药量和药包布置，应根据地形、地质、爆破层厚度和水深、流速等确定。药包的间距或排距，一般均为爆破深度的1～1.5倍。一般用棕绳将药包连接成网状，如图1-44所示。然后用船或潜水员将药包投放到爆破地点。

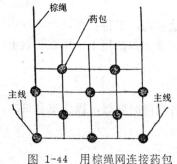

图 1-44 用棕绳网连接药包

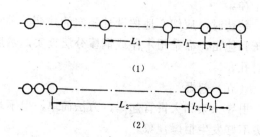

图 1-45 水下爆破的钻孔布置
(1) 稀孔密距；(2) 密孔稀距
l_1、l_2—钻孔间距；L_1、L_2—钻孔组间距

起爆宜采用电雷管或导爆管，不采用导火索起爆。

水下电爆网路，应采用防水导线。

（二）钻孔爆破施工

水下钻孔布置，应根据地质、地形和爆破层厚度等确定，布置形式为稀孔密距或密孔稀距，如图1-45所示。

当钻孔采用三角形布置时，钻孔间距一般为最小抵抗线长度的0.8～1.5倍，排距一般为钻孔间距的0.8～1.0倍。

水下钻孔作业设施必须牢固、稳定，钻孔船定位误差不应大于20cm，施工时应经常检查和校正。

四、拆除爆破施工

在给水排水工程施工中，拆除旧有构筑物或设备基础，常采用爆破法拆除。

构筑物的拆除爆破宜采用炮孔爆破，其爆破顺序、炸毁部位应根据拆除物的结构性能和爆塌要求来确定。一般宜采用分段连续起爆，严格控制起爆顺序，炮孔位置距地面不小于0.5m。炮孔深度为墙厚的0.65～0.75倍。分段数、炮眼数量均应严格按爆破设计的要求执行。

基础拆除爆破采用垂直炮孔或水平炮孔，炮孔直径一般为20～40mm，炮孔深度一般为基础厚度的0.8～0.9倍，当基础较厚时，应采用分层爆破，每层厚度不宜超过1.5m。

基础拆除爆破前，应按其埋深将周围的土全部挖除，附近的机器设备、仪表或管线，均应根据爆破安全要求，采取防护措施。

根据施工经验，基础拆除爆破1m³基础所需的炸药量按表1-16选用。

爆破每立方米基础所需炸药量　　　　　　　　　　表 1-16

项　　目	基 础 种 类	炸药用量（kg/m³）
1	混凝土基础	0.5～0.65
2	钢筋混凝土基础	0.6～0.70

五、爆破安全

爆破施工时，必须有良好的保安设备和完备的施工安全措施。

爆破施工时，应将危险区用明显标志表示，并布置专人警戒。

爆破施工的参加人员，事先需进行安全技术交底。

当发生闪电或雷雨时，一切爆破工作均应停止，施工人员撤退到安全地点。

拒爆处理只能用炸毁、冲洗或二次爆破等方法清除。

处理瞎孔，应严格按国家有关安全规程执行，不得擅自处理。

水下爆破不宜在视线不良时进行，潜水员工作时，在一定范围内停止一切爆破工作。

拆除爆破时，必须在构筑物倒塌稳定，经检查无误后，施工人员方可进场。

总之，爆破施工应有组织、有计划、有步骤地严格遵守国家有关的安全操作规程进行，确保施工安全。

第七节　土石方工程冬、雨季施工

一、土石方工程的冬季施工

土石方冻结后开挖困难，施工复杂，需要采取一些特殊的施工方法，如土壤的保温法、冻土破碎法。

（一）土壤保温法

在土壤冻结之前，采取一定的措施使土壤免遭冻结或减少冻结深度，常采用耙松法和覆盖法。

1. 表土耙松法

将表层土翻松，作为防冻层，减少土壤的冻结深度。根据经验，翻松的深度应不小于30cm。

2. 覆盖法

用隔热材料覆盖在开挖的沟槽（基坑）上面，作为保温层以缓解减少冻结。常用的保温材料一般为干砂、锯末、草帘、树叶等。其厚度视气温而定，一般为15～20cm。

（二）冻土破碎法

冻土破碎采用的机具和方法，应根据土质、冻结深度、机具性能和施工条件等确定，常用重锤击碎、冻土爆破等方法。

1. 重锤击碎法

重锤由吊车做起重架，重锤下落锤击冻结的土壤。其装置如图1-46所示。

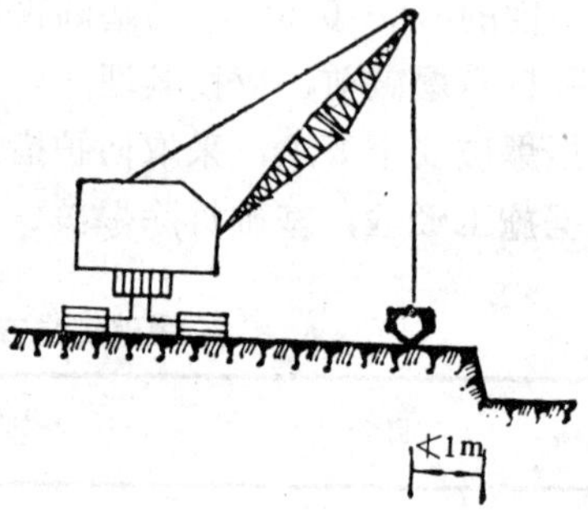

重锤击碎法适用于冻结深度较小的土壤。

重锤击土震动较大，在市区或靠近精密仪表、变压器等处，不宜采用。

图 1-46　重锤装置

2. 冻土爆破法

冻土爆破法常用炮孔爆孔，炮孔垂直设置，炮孔深度一般为冻土层厚度的0.7～0.8倍，炮孔间距和排距应根据炸药性能，炮孔直径和起爆方法等确定。

在施工中只要计划周密，措施得当，管理妥善，避免安全事故的发生，就可以加快施工速度，收到良好的经济效益。

（三）回填

由于冻土孔隙率比较大，土块坚硬，压实困难，当冻土解冻后往往造成很大沉降，因此冬季回填土时应注意以下几点：

1. 室外沟槽（基坑）可用含有冻土块的土回填，但冻土块体积不超过填土总体积的15％；

2. 管沟底至管顶0.5m范围内不得含有冻土块的回填土；

3. 位于铁路、公路及人行道路两侧范围内的平整填方，可用含有冻土块的土分层回填，但冻土块尺寸不得大于15cm，而且冻土块的体积不得超过回填土总体积的30％；

4. 冬季土方回填前，应清除基底上的冰雪和保温材料；

5. 冬季土方回填应连续分层回填，每层填土厚度较夏季小，一般为20cm。

二、土石方工程的雨季施工

雨水的降落，增加了土的含水量，施工现场泥泞，增加了施工难度，施工工效降低，施工费用提高，因此，要采取有效措施，搞好雨季施工。

1. 雨季施工的工作面不宜过大，应逐段完成，尽可能减少雨水对施工的影响；

2. 雨季施工前，应检查原有排水系统，保证排水畅通，防止地面水流入沟槽，应在沟槽地势高一侧设挡土墙或排水沟；

3. 雨季施工时，应落实技术安全措施，保证施工质量，使施工顺利进行；

4. 雨季施工时，应保证现场运输道路畅通，道路路面应加铺炉碴、砂砾和其它**防滑**材料；

5. 雨季施工时，应保证边坡稳定，边坡应缓一些或加设支撑，并加强对边坡和**支撑**的检查；

6. 雨季施工时，对横跨沟槽的便桥应进行加固，钉防滑木条。

第八节 土石方工程的质量要求及安全技术

一、土石方工程的质量要求

1. 沟槽（基坑）的基底的土质，必须符合设计要求，严禁扰动；

2. 填方的基底处理，必须符合设计要求和施工规范的规定；

3. 填方时，应分层夯实，其控制干密度或压实系数应满足要求；

4. 土方工程外形尺寸的允许偏差及检验方法见表1-17。

土方工程外形尺寸的允许偏差及检验方法　　　　表 1-17

项次	项　目	允　许　偏　差　(mm)					检验方法
		基坑、基槽、管沟	挖方、填方、场地平整		排水沟	地基（路）面层	
			人工施工	机械施工			
1	标高	+0 −50	±50	±100	+0 −50	+0 −50	用水准仪检查
2	长度、宽度（由设计中心线向两边量）	−0	−0	−0	+100 −0	—	用经纬仪、拉线和尺量检查
3	边坡坡度	−0	−0	−0	−0	—	观察或用坡度尺检查
4	表面平整度	—	—	—	—	20	用2m靠尺和楔形塞尺检查

注：1. 地（路）面基层的偏差只适用于直接在挖、填方上做地（路）面的基层。

　　2. 本表项次3的偏差系指边坡度不应偏陡。

二、土石方工程的安全技术

1. 了解场地内的各种障碍物，在特殊危险地区中，挖土应采用人工开挖，并做好安全措施。

2. 开挖基槽时，两人操作间距应不小于2.5m，多台机械开挖时，挖土机间距应不小于10m，挖土应由上而下，逐层进行，严禁采取先挖底脚或掏洞的操作方法。

3. 跨过沟槽的通道应有便桥，便桥应牢固可靠，并设有扶手栏杆和防滑条。

4. 在市区主要干道下开挖沟槽时，在沟槽两侧应设有护屏，对横穿道路的沟槽，夜间应设有红色信号灯。

5. 开挖沟槽时，应根据土质和挖深严格按要求放坡，开挖后的土应堆放在距沟槽上口边缘1.0m以外，堆土高度不超过1.5m。

6. 在较深的沟槽下作业时应带安全帽，应设上下梯子。

7. 吊运土方时，所用工具应完好牢固，起吊时下方严禁有人。

8. 当沟槽支设支撑后，严禁人员攀登，特别是雨后应加强检查。

9. 开挖沟槽时应随时注意土壁变化情况，如有裂纹或部分坍塌现象时，应及时采取措施。

10. 所需材料的堆放距沟槽上口边缘1.0m以外的距离。

11. 沟槽回填土时，支撑的拆除应与回填配合进行，在保证安全的前提下，尽量节约材料。

12. 当土石方工程施工难度大时，要编制安全施工的技术措施，向施工人员进行技术交底，严格按施工操作规程进行。

复习思考题

1. 土石方工程施工的特点是什么？

2. 什么是土的天然含水量？对土方施工有什么影响？

3. 什么是土的可松性？如何表示，有什么用途？

4. 如果将400m³亚砂土开挖运走，实际需运走的土是多少？如果需要回填400m³的亚砂土，问需要挖方的体积是多少（$k_s = 1.10$　$k_s' = 1.02$）？

5. 在工程上土如何分类？

6. 如何进行土的野外鉴别？

7. 土方调配意义及其基本原则是什么？

8. 土方开挖常用哪几种机械？各有什么特点？

9. 试述影响填方压实的因素？怎样控制压实程度？

10. 沟槽断面有几种形式？选择断面形式应考虑哪些因素？

11. 什么情况下沟槽及基坑开挖后需要加固？常用方法有哪些？

12. 各种支撑方法及适用条件是什么？

13. 沟槽土方回填的注意事项及质量要求？

14. 常用的爆破方法有几种？选用时考虑哪些因素？

15. 叙述土方冬、雨季施工的注意事项？

16. 某给水厂场地土方规划调配方格网如图1-47所示。方格边长$a = 20m$，方格右上角为设计标高，右下角为地面标高，单位以m计。试计算其土方数量。

17. 某处开挖（人工法）一段污水管道沟槽，长度60m，土质为三类土，管材为混凝土管，管径$D = 500mm$。沟槽始端挖深为3.5m，末端挖深4m，试计算其土方量。

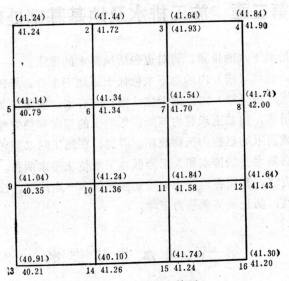

图 1-47 土方调配方格网

第二章　施工排水及地基基础处理

施工排水主要指地下水的排除，同时也包括地面水的排除。

坑（槽）开挖，使坑（槽）内的地下水位低于原地下水位，导致地下水易于流入坑槽内，地面水也易于流入坑（槽）内。由于坑（槽）内有水，使施工条件恶化，严重时，会使坑（槽）壁土体坍落，地基土承载力下降，影响土的强度和稳定性。会导致给水排水管道，新建的构筑物或附近的已建构筑物破坏。因此，在施工时必须做好施工排水工作。

施工排水方法有集水井法排水和人工降低地下水位法排水两种。

不论采用哪种方法，都应将地下水位降到槽底以下一定深度，改善槽底的施工条件；稳定边坡；稳定槽底；防止地基承载力下降。

第一节　集水井法排水

坑（槽）开挖时，为排除渗入坑（槽）的地下水和流入坑（槽）内的地面水。一般可采用集水井法排水。

集水井法排水是将流入坑（槽）内的水，经排水沟将水汇集到集水井，然后用水泵抽走的排水方法，如图2-1所示。

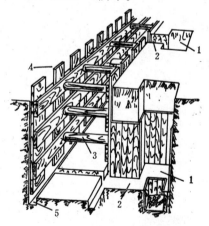

图 2-1　集水井法排水系统

1—集水井；2—进水口；3—横撑；4—竖撑板；5—排水沟

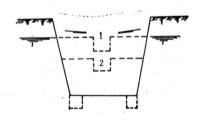

图 2-2　排水沟开挖示意图

集水井法排水通常是当坑（槽）开挖到接近地下水位时，先在坑（槽）中央开挖排水沟，使地下水不断地流入排水沟，再开挖排水沟两侧上。如此一层层挖下去，直至挖到接近槽底设计高程时，将排水沟移至沟槽一侧或两侧。开挖过程，如图2-2所示。

排水沟的断面尺寸，应根据地下水量及沟槽的大小来决定，一般排水沟的底宽不小于0.3m，排水沟深应大于0.3m，排水沟的纵向坡度不应小于1%～5%，且坡向集水井。若在稳定性较差的土壤中,可在排水沟内埋设排水管,并在周围铺卵石或碎石加固,也可在排水沟内设支撑。

集水井,一般设在管线一侧或设在低洼地方,以减少集水井土方开挖量;为便于集水井集水,应设在地下水来水方向上游的坑(槽)一侧,同时在基础范围以外。通常集水井距坑(槽)底应有1~2m的距离。

集水井直径或宽度,一般为0.7~0.8m,集水井底与排水沟底应有一定的高差,一般开挖过程中集水井底始终低于排水沟底0.7~1.0m,当坑(槽)挖至设计标高后,集水井底应低于排水沟底1~2m。

集水井间距应根据土质和地下水量及水泵的抽水能力而确定,一般隔80m左右设置一个集水井。一般都在开挖坑(槽)之前就已挖好。

目前主要是用人工开挖集水井,为防止开挖时或开挖后集水井井壁的塌方,须进行加固。

当土质较好时,地下水量不大的情况下,通常采用木框法加固。

当土质不稳定,地下水量较大的情况下,通常先打入一圈至井底以下约0.5m的板桩加固。也可以采用混凝土管下沉法。

集水井井底还需铺垫约0.3m厚的卵石或碎石组成反滤层,以免从井底涌入大量泥砂造成集水井周围地面塌陷。

为保证集水井附近的槽底稳定,集水井与槽底有一定距离,在坑(槽)与集水井间设进水口,进水口的宽度一般为1~1.2m。为了保证进水口的坚固,应采用木板、竹板支撑。

排水沟、进水口需要经常疏通,集水井需要经常清除井底的积泥,保持必要的存水深度以维持水泵的正常工作。

排水泵常采用卧式离心泵或潜水泵,为保护机组正常运转,需要搭设临时性排水棚。

集水井法排水占用设备少,施工简单,价格便宜。适用于水量不大,土质较好场合,但遇砂性土质时不宜采用。

第二节 人工降低地下水位

人工降低地下水位方法排水就是在含水层中布设井点进行抽水,地下水位下降后形成降落漏斗。如果坑(槽)底位于降落漏斗以上,就基本消除了地下水对施工的影响。地下水位是在坑(槽)开挖前预先降落的,并维持到坑(槽)土方回填,如图2-3所示。

人工降低地下水位的方法一般有轻型井点、喷射井点、电渗井点、深井井点等方法。本节主要阐述轻型井点降低地下水位方法。

一、轻型井点

轻型井点又分为单层轻型井点和多层轻型井点两种。

单层轻型井点适用于粉砂、细砂、中砂、粗砂等,渗透系数为0.1~50m/d,降深小于6m。多层轻型井点适用渗透系数0.1~50m/d,降深为6~12m。轻型井点降水效果显著,应用广泛,并有成套设备可选用。

(一)轻型井点的组成

轻型井点由滤水管、井管、弯联管、总管和抽水设备所组成，如图2-4所示。

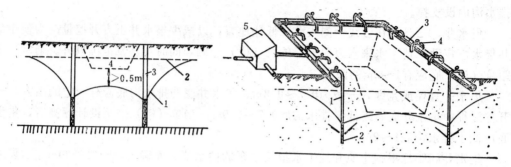

图 2-3 人工降低地下水位示意图
1—抽水时水位；2—原地下水位；3—井管；
4—基坑（槽）

图 2-4 轻型井点系统的组成
1—井点管；2—滤水管；3—总管；4—弯联管；
5—抽水设备

1. 滤水管

滤水管是轻型井点的重要组成部分，埋设在含水层中，一般采用直径38～55mm，长1～2m的镀锌钢管制成，管壁上呈梅花状钻5.0mm的孔眼，间距为30～40mm，滤水管的进水面积按下式计算：

$$A = 2m\pi r_d \cdot L_L \tag{2-1}$$

式中 A——滤水管进水面积（m²）；

        m——孔隙率，一般取20～30%；

        r_d——滤水管半径（m）；

        L_L——滤水管长度（m）。

为了防止土颗粒进入滤水管，滤水管外壁应包滤水网。滤水网的材料和网眼规格应根据含水层中土颗粒粒径和地下水水质而定。一般可用黄铜丝网、铁丝网、尼龙丝网、玻璃丝等制成。滤网一般包两层，内层滤网网眼为30～50个/cm，外层滤网网眼为3～10个/cm。为避免滤孔淤塞使水流通畅，在滤水管与滤网之间用10号铁丝绕成螺旋形将其隔开，滤网外面再围一层6号铁丝。也有用棕代替滤水网包裹滤水管，这样可以降低造价。

滤水管下端用管堵封闭，也可安装沉砂管，使地下水中夹带的砂粒沉积在沉砂管内。滤水管的构造，如图2-5所示。

为了提高滤水管的进水面积，防止土颗粒涌入井点内，提高土的竖向渗透性，可在滤水管周围建立直径为40～50cm的过滤层，如图2-6所示。

2. 井管

井管一般采用镀锌钢管制成，管壁上不设孔眼，直径与滤水管相同，其长度视含水层埋设深度而定，井管与滤水管间用管箍连接。

3. 弯联管

弯联管用于连接井管和总管，一般采用内径为38～55mm的加固橡胶管，该种弯联管安装和拆卸都很方便，允许偏差较大。也可采用弯头管箍等管件组装而成，该种弯联管气密性较好，但安装不方便。

4. 总管

总管一般采用直径为100～150mm的钢管，每节长为4～6m，在总管的管壁上开孔并

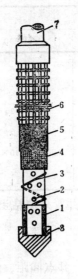

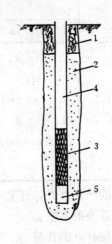

图 2-5 滤水管构造

1—钢管；2—管壁上的滤水孔；3—铅丝；4—细滤网；
5—粗滤网；6—粗铅丝保护网；7—井点管；8—铁头

图 2-6 井点的过滤砂层

1—粘土；2—填料；3—滤水管；4—井点管；
5—沉砂管

焊有直径与井管相同的短管，用于弯联管与井管的连接，短管的间距应与井点布置间距相同，但是由于不同土质、不同降水要求，所计算的井点间距不同，因此在选购时，应根据实际情况而定。总管上短管间距通常按井点间距的模数而定，一般为1.0～1.5m总管间采用法兰连接。

5. 抽水设备

轻型井点通常采用射流泵或真空泵抽水设备，也可采用自引式抽水设备。

射流式抽水设备是由水射器和水泵共同工作来实现的，其设备组成简单，工作可靠，减少泵组的压力损失，便于设备的保养和维修。射流式抽水设备工作过程如图2-7所示。离心水泵从水箱抽水，水经水泵加压后，高压水在射流器的喷口出流形成射流，产生一定的真空度，使地下水经井管、总管进入射流器，经过能量变换，将地下水提升到水箱内。一部分水经过水泵加压，使射流器工作，另一部分水经水管排除。

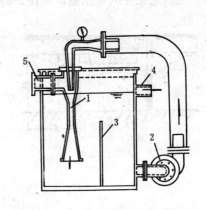

图 2-7 射流式抽水设备

1—射流器；2—加压泵；3—隔板；4—排水口；5—接口

射流式抽水设备技术性能参见表2-1。

真空式抽水设备是真空泵和离心水泵联合机组，真空式抽水设备的地下水位降落深度为5.5～6.5m。此外，抽水设备组成复杂，连接较多，不容易保证降水的可靠性。

自引式抽水设备是用离心水泵直接自总管抽水，地下水位降落深度仅为2～4m。

无论采用哪种抽水设备，为了提高水位降落深度，保证抽水设备的正常工作，除保证

项　目	型		号	
	QJD-45	QJD-60	QJD-90	JS-45
抽水深度（m）	9.6	9.6	9.6	10.26
排水量（m³/h）	45	60	90	45
工作水压力（MPa）	≥0.25	≥0.25	≥0.25	>0.25
电机功率（kW）	7.5	7.5	7.5	7.5
外形尺寸（mm） （长×宽×高）	1500×1010×850	2227×600×850	1900×1680×1030	1450×960×760

整个系统连接的严密性外，还要在地面下1.0m深度的井管外填粘土密封，避免井点与大气相通，破坏系统的真空。

（二）轻型井点的计算

轻型井点的计算目的在于确定涌水量、井点个数、井点间距、埋设深度及选择抽水设备。

1. 涌水量的计算

井点涌水量采用裘布依公式近似地按单井涌水量算出。工程实际中，井点系统是各单井之间相互干扰的井群，井点系统的涌水量显然较数量相等互不干扰的单井的各井涌水量总和小。工程上为应用方便，按单井涌水量作为整个井群的总涌水量，而"单井"的直径按井群各个井点所环围面积的直径计算。由于轻型井点的各井点间距较小，可以将多个井点所封闭的环围面积当作一口钻井，即以假想环围面积的半径代替单井井径计算涌水量。

（1）无压完整井的涌水量，如图2-8所示。

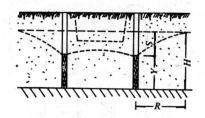

图 2-8　无压完整井

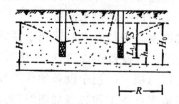

图 2-9　无压非完整井

$$Q = \frac{1.366K(2H-S) \cdot S}{\lg R - \lg x_0} \qquad (2-2)$$

式中　　Q——井点系统总涌水量（m³/d）；

$\quad\quad\quad K$——渗透系数（m/d）；

$\quad\quad\quad S$——水位降深（m）；

$\quad\quad\quad H$——含水层厚度（m）；

$\quad\quad\quad R$——抽水影响半径（m）；

$\quad\quad\quad x_0$——井点系统的假想半径（m）。

（2）无压非完整井的涌水量，如图2-9所示。

工程上遇到的大多为潜水非完整井，其涌水量可按下式计算：

$$Q'=BQ \qquad (2\text{-}3)$$

式中　Q'——潜水非完整井涌水量；

B——校正系数；

$$B=\sqrt{\frac{L_L}{h}} \cdot \sqrt[4]{\frac{2h-L_L}{h}} \qquad (2\text{-}4)$$

式中　h——地下水位降落稳定后井点中水深（m）；

L_L——滤水管长度（m）。

也可以按无压非完整井涌水量计算：

$$Q=\frac{1.366K(2H_0-S) \cdot S}{\lg R-\lg x_0} \qquad (2\text{-}5)$$

式中　H_0——含水层有效带的深度（m），参见表2-2计算式；

H_0 计 算 表　　　　　　　　　　　　表 2-2

$\dfrac{S}{S+L_L}$	0.2	0.3	0.5	0.8
H_0	$1.3(S+L_L)$	$1.5(S+L_L)$	$1.7(S+L_L)$	$1.85(S+L_L)$

注：L_L 为滤水管长度；S 为水位下降值。

其它参数意义同式（2-3）。

2. 涌水量计算中有关参数的确定

（1）渗透系数K：

以现场抽水试验取得较为可靠，若无资料时可参见表2-3数值选用。

K、R 值　　　　　　　　　　　　表 2-3

含水层种类	粉 砂	细 砂	中 砂	粗 砂	砾 砂	小 砾	中 砾	大 砾
K (m/d)	1～5	5～10	10～25	25～50	50～75	75～100	100～200	>200
R (m)	25～50	50～100	100～200	200～400	400～500	500～600	600～1500	1500～3000

当含水层不是均一土层时，渗透系数可按各层不同渗透系数的土层厚度加权平均计算。

$$K_{cp}=\frac{K_1n_1+K_2n_2+\cdots+K_nn_n}{n_1+n_2+\cdots+n_n} \qquad (2\text{-}6)$$

式中　n_1、$n_2\cdots n_n$——含水层不同土层的厚度（m）；

K_1、$K_2\cdots K_n$——不同土层的渗透系数（m/d）。

（2）影响半径R

确定影响半径常用三种方法：①直接观察；②用经验公式计算；③经验数据。以上三种方法中，直接观察是精确的方法。通常单井的影响半径比井点系统的影响半径小。所以，根据单井抽水试验确定影响半径是偏于安全的。

用经验公式计算影响半径：

$$R=1.95S\sqrt{KH} \qquad (2\text{-}7)$$

式中　K——渗透系数（m）；

　　　S——水位降落值（m）；

　　　H——含水层厚度（m）。

按上式计算的影响半径有一定误差。若无试验资料时，按经验数据选用，参见表2-3。

（3）环围面积的半径x_0的确定

井点斫封闭的环围面积为非圆形时，用假想半径确定x_0，假想半径x_0的圆称为假想圆。这样根据井点位置的实际尺寸就容易确定了。

当井点所环围的面积按近正方形或不规则多边形时，假想半径为：

$$x_0=\sqrt{\frac{F}{\pi}} \qquad (2-8)$$

式中　x_0——假想半径（m）；

　　　F——井点所环围的面积（m²）。

当井点所环围的面积为矩形时，假想半径x_0按下式计算：

$$x_0=a\frac{L+B}{4} \qquad (2-9)$$

式中　L——井点系统的总长度（m）；

　　　B——环围井点总宽度（m）；

　　　a——系数，参见表2-4。

			a　值			表 2-4
B/L	0	0.2	0.4	0.6	0.8	1.0
a	1.0	1.12	1.16	1.18	1.18	1.18

当$L/B>5$时，不能用一个假想圆计算，而应划分为若干个假想圆。

狭长的坑（槽），一般$B=0$，即：

$$x_0=\frac{L}{4} \qquad (2-10)$$

L值愈大，即井点系统长度愈大，但当$L>1.5R$时，宜取$L=1.5R$为一段进行计算。

3. 井点数量和井点间距的计算

（1）井点数量：　　　　$n=1.1\frac{Q}{q}$ $\qquad (2-11)$

式中　n——井点根数；

　　　Q——井点系统涌水量（m³/d）；

　　　q——单个井点的涌水量（m³/d）

q值按下式计算：

$$q=20\pi\cdot d\cdot L_L\sqrt{K} \qquad (2-12)$$

式中　d——滤水管直径（m）；

　　　L_L——滤水管长度（m）；

　　　K——渗透系数（m/d）。

（2）井点间距：
$$D=\frac{L}{n} \qquad (2\text{-}13)$$

式中　D——井点间距（m）；

　　　L——总管长度（m）。

按上式计算的井点间距应满足下式：

$$D\geqslant 5\pi d \qquad (2\text{-}14)$$

式中，各符号意义同（2-13）式。

若两个井点的间距过小，将会出现互阻现象，影响出水量，通常情况下井点间距应符合总管上焊接短管间距。

井点数量与间距确定后，可根据下式校核是否满足降水要求。

$$h=\sqrt{H^2-\frac{Q}{1.366K}\left[\lg R-\frac{1}{n}\lg(x_1、x_2\cdots x_n)\right]} \qquad (2\text{-}15)$$

式中　　　　h——滤管外壁处或坑底任意点的动水位高度（m）；

　　$x_1,x_2\cdots x_n$——所核算的滤水管外壁或坑底任意一点至井点的水平距离（m）。

4. 井点的埋设深度

井点的埋设深度是指滤水管顶端的埋设深度，可按下式确定，参见图2-10所示。

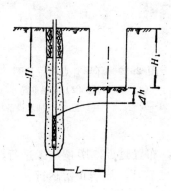

图 2-10　井点埋设深度

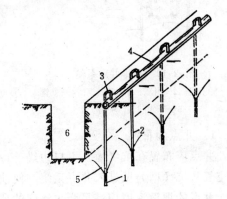

图 2-11　单排井点系统

1—滤水管；2—井管；3—弯联管；4—总管；
5—降水曲线；6—沟槽

$$H\geqslant H_1+\Delta h+iL \qquad (2\text{-}16)$$

式中　H——井点埋设深度（m）；

　　　H_1——井点埋设面至坑（槽）底面的距离（m）；

　　　Δh——地下水位降至坑（槽）底以下的距离，一般为0.5~1.0m；

　　　i——降水曲线坡度，根据实测，对环状井点可取1:10，对于双排线状井点可取1:8，对于单排线状井点可取1:4。

　　　L——井点中心至基坑中心水平距离（m）。

5. 抽水设备的选择

抽水系统的主要设备有水泵和射流泵。

水泵的选择应根据井点系统总涌水量及所需扬程。水泵的额定流量应较计算的涌水量多10～20%。

射流泵应根据真空值和抽气量选择，并应考虑一定的安全储备。

（三）轻型井点系统的布置

井点系统的布置形式分为线状和环状两种，总的布置原则是所有需降水的范围都包括在井点围圈内，若在主要构筑物基坑附近有一些小面积的附属构筑物基坑，应将这些小面积的基坑包括在内。

沟槽降水时，井点系统一般布置线状，应根据槽宽度和地下水量，采用单排或双排布置，通常当槽宽小于2.5m，要求降深不大于4.5m时，采用单排井点，如图2-11所示。井点宜布置在地下水来水方向上游一侧，否则，采用双排井点，如图2-12所示。

基坑降水时，应根据基坑尺寸，采用环状布置，如图2-13所示。

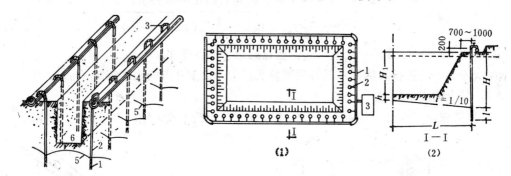

图 2-12 双排井点系统
1—滤水管；2—井管；3—弯联管；4—总管；
5—降水曲线；6—沟槽

图 2-13 环形井点布置简图
（1）平面布置（2）高程布置
1—总管；2—井点管；3—抽水设备

1．井点的布置

井点应布置在坑（槽）上口边缘外1.0～1.5m，布置过近，影响施工进行，而且可能使空气从坑（槽）壁进入井点系统，使抽水系统真空破坏，影响正常运行。

井点的埋设深度应满足降水深度的要求。

2．总管布置

为提高井点系统的降水深度，总管的设置高程应尽可能接近地下水位，并应以1‰～2‰的坡度坡向抽水设备，当环围井点采用多个抽水设备时，应在每个抽水设备所负担总管长度分界处设阀门将总管分段，以便分组工作。

3．抽水设备的布置

抽水设备通常布置在总管的一端或中部，水泵进水管的轴线尽量与地下水位接近，常与总管在同一标高上，水泵轴线不宜低于原地下水位以上0.5～0.8m。

4．观察井的布置

为了了解降水范围内的水位降落情况，应在降水范围内设置一定数量的观察井，观察井的位置及数量视现场的实际情况而定，一般设在基坑中心，总管末端、局部挖深处等位置。

（四）多层轻型井点

单层轻型井点的降水深度最多可达6.0m，当要求地下水位降深超过此值时，可采用多层轻型井点系统，如图2-14所示。多层轻型井点系统是由若干个单层轻型井点系统组合而成的。每层井点系统应满足，下层井点系统应该埋设在上层井点系统抽水后的稳定水位以下，而且下层井点系统是在上层井点系统已抽水降落，土方挖掘后才开始埋设。

多层轻型井点系统是分层计算的，第一层井点系统降落后水位，即为第二层井点计算的原地下水位，依次计算。根据施工经验，第二层井点系统的降水深度一般较第一层降水深度递减0.5m左右。布置井点系统的平台宽度一般为1.0～1.5m，以此确定每一层坑（槽）的上口尺寸。

（五）井点系统施工、运行及拆除

生产实践表明，井点系统能否正常工作，主要取决于井点系统的施工和运行。

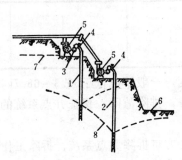

图 2-14　多层轻型井点降水示意图

1—第一层井点；2—第二层井点；3—总管；4—连接管；
5—水泵；6—坑（槽）；7—原地下水位；8—降水后水位

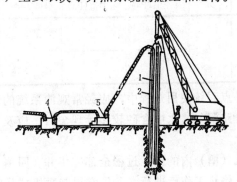

图 2-15　套管冲沉井点管

1—水枪；2—套管；3—井点管；4—水槽；
5—高压水泵

1．井点系统的施工

井点系统的施工顺序，一般先施工井点管，再敷设总管，然后用弯联管连接井点管和总管，最后安装抽水设备。

井点埋设可按现场条件及土层情况选择，常用的施工方法：（1）利用回转钻孔和冲击钻孔，而后埋设井点；（2）利用高压水冲孔后，埋设井点。

当土质比较坚硬时，常采用回转钻孔和冲击钻孔。

当土质比较松软时，采用高压水冲加套管的冲孔方法，套管可以支撑孔壁，保证冲孔质量，如图2-15所示。套管直径为350～400mm，长为6～8m，底部呈锯齿形，在下沉时随时转动套管以增加下沉速度，防止水枪出口被淤塞。高压水的压力一般为0.4～0.6MPa，水枪放在套管内，冲孔时，用自行式起重机吊起套管及水枪，直立在井点位置，高压水由水枪出口喷射土壤，套管切入土中，冲至要求深度时，提出水枪，放入井点于套管中央，在套管内填入滤料，同时将套管慢慢拔出。一定要保证井点位于滤料层中心部位。一般填滤料至地面1.0m处，以上用粘土密封。

井点系统全部安装完毕后，需进行试抽，检查降水效果，试抽时，要做好试抽记录，并保证井点系统抽出清水后方可停止。若试抽过程中，有漏气、漏水、淤塞等现象，应及时检修。

2．井点系统的运行与拆除

井点系统试抽符合要求后，方可投入使用。井点使用后，应保证连续不断地抽水，因此，应设有备用电源。

井点系统使用过程中，应继续观察出水是否澄清，并应随时做好降水记录，一般按表2-5填写。

施工单位＿＿＿＿＿＿＿＿＿＿＿＿　工程名称＿＿＿＿＿＿＿＿＿＿＿

班　　组＿＿＿＿＿＿＿＿＿＿＿＿　气　　候＿＿＿＿＿＿＿＿＿＿＿

降水泵房编号＿＿＿＿＿＿＿＿＿＿　机组类别及编号＿＿＿＿＿＿＿＿

实际使用机组数量＿＿＿＿＿＿＿＿　井点数量：开＿＿＿根，停＿＿＿根

观测日期：自＿＿年＿＿月＿＿日＿＿时至＿＿年＿＿月＿＿日＿＿时　　表 2-5

观测时间		降 水 机 组		地下水流量	观测孔水位读数(m)			记　事	记录者
时	分	真空值(Pa)	压力值(Pa)	(m³/h)	1	2	……		

井点系统使用过程中，应经常观测系统的真空度，一般不应低于55.3～66.7kPa，若出现管路漏气，水中含砂较多等现象时，应及早检查，排除故障，保证井点系统的正常运行。

坑（槽）内的施工过程全部完毕并在回填土后，方可拆除井点系统，拆除工作是在抽水设备停止工作后进行，井管常用起重机或吊链将井管拔出。当井管拔出困难时，可用高压水进行冲刷后再拔。拆除后的滤水管、井管等应及时进行保养检修，存放指定地点，以备下次使用。

井孔应用砂或土填塞，应保证填土的最大干密度满足要求。

（六）轻型井点施工实例

【例题】　某地建造一座地下式水池，其平面尺寸为10×10m，基础底面标高为12.00m，自然地面标高为17.00m，根据地质勘探资料，地面以下1.5m以上为亚粘土，以下为8m厚的细砂土，地下水静水位标高为15.00m，土的渗透系数为5m/d，试进行轻型井点系统的布置与计算。

【解】　根据本工程基坑的平面形状及降水深度不大，拟定采用环状单排布置，布置如图2-16所示。

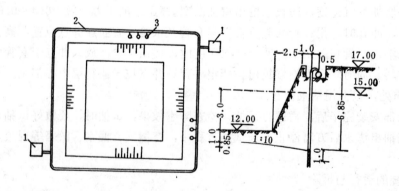

图 2-16　井点系统布置图

1—抽水设备；2—环状总管；3—井管

井管、滤水管选用直径为50mm的钢管，布设在距基坑上口边缘外1.0m，总管布置在距基坑上口边缘外1.5m，总管底埋设标高为16.4m，弯联管选用直径50mm的弯联管。

井点埋设深度的确定：$H \geqslant H_1 + \Delta h + iL$

H_1——基坑深度，$17.00 - 12.00 = 5.00$m；

Δh——降落后水位距坑底的距离，取1.0m；

i——降水曲线坡度，环状井点取1：10；

L——井点中心距基坑中心的距离，基坑侧壁边坡率$n = 0.5$，边坡的水平投影为$H \cdot n = 5 \times 0.5 = 2.5$m，则$L = 5 + 2.5 + 1.0 = 8.5$m。所以：

$$H \geqslant 5.0 + 1.0 + 0.1 \times 8.5 = 6.85 \text{m}$$

则井管的长度为$6.85 - (17.0 - 16.4) + 0.4 = 6.65$m

滤水管选用长度为1.0m。

由于土层的渗透系数不大，初步选定井点间距为0.8m，总管直径选用150mm的钢管，总长度为：

$$4 \times (2 \times 2.5 + 10 + 2 \times 1.5) = 4 \times 18 = 72 \text{m}$$

抽水设备选用两套，其中一套备用，布置如图2-16所示，核算如下：

1. 涌水量计算

按无压非完整井计算，采用(2-5)式：

其中：$S = (15.00 - 12.00) + 1.0 + 0.85 = 4.85$m

滤水管$L_L = 1.0$m，根据表2-2，按$\dfrac{S}{S + L_L} = 0.83$，查得$H_0 = 1.85(S + L_L) = 1.85$

$(4.85 + 1.0) = 10.82$m

影响半径按公式（2-7）计算，其中$K = 5$m/d

$$R = 1.95S\sqrt{H_0 \cdot K} = 1.95 \times 4.85\sqrt{10.82 \times 5}$$
$$= 69.57 \text{m}$$

假想半径按公式（2-9）计算，其中$B/L = 1.0$，查表2-4，$\alpha = 1.0$，

$$x_0 = \alpha \frac{B + L}{4} = 1 \times \frac{18 + 18}{4} = 9 \text{m}$$

因此，井的涌水量为：

$$Q = \frac{1.366K(2H_0 - S)S}{\lg R - \lg x_0} = \frac{1.366 \times 5(2 \times 10.82 - 4.85) \times 4.85}{\lg 69.57 - \lg 9}$$

$$= \frac{556.18}{1.84 - 0.95} = 624.9 \text{m}^3/\text{d}$$

2. 井点数量与间距的计算

单井出水量按公式（2-12）计算：

$$q = 20\pi \cdot d \cdot L_L \sqrt{K}$$
$$= 20 \times 3.14 \times 0.05 \times 1.0\sqrt{5} = 7.02 \text{m}^3/\text{d}$$

井点数量：$n = 1.1\dfrac{Q}{q} = 1.1\dfrac{624.9}{7.02} = 96$根

井点间距：$D=\dfrac{4\times L}{n}=\dfrac{4\times 18}{96}=0.75\text{m}$ 实取1.0m

满足要求

3. 抽水设备选择

抽水量$Q=624.9\text{m}^3/\text{d}=26.04\text{m}^3/\text{h}$

井点系统真空值取66.7kPa

选用两套QJD-45射流式抽水设备。

二、喷射井点

工程上，当坑（槽）开挖较深，降水深度大于6.0m时，单层轻型井点系统不能满足要求时，可采用多层轻型井点系统，但是多层轻型井点系统存在着设备多，施工复杂，工期长等缺点，此时，宜采用喷射井点降水。降水深度可达8～20m。在渗透系数为3～50m/d的砂土中应用本法最为有效。

根据工作介质不同，喷射井点分为喷气井点和喷水井点两种，目前多采用喷水井点。

喷射井点系统由喷射井点，高压水泵（空气压缩机）和管路系统组成。

喷射井点，如图2-17所示，分外管与内管两部分，内管下端装有射流器，并与滤管相接。

工作时，用高压水泵把压力0.7～0.8MPa的水经过总管分别压入井点管中，使水流进

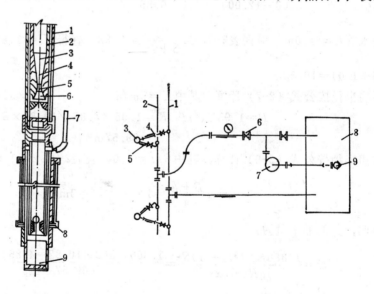

图 2-17 喷射井点管构造

1—外管；2—内管；3—喷射器；4—扩散管；5—混合管；6—喷嘴；7—真空测定管；8—护套；9—沉泥管

图 2-18 喷射井点管路系统布置

1—排水总管；2—进水总管；3—喷水井点；4—排水弯联管；5—进水弯联管；6—闸门；7—水泵；8—水池；9—吸水阀

入喷射器在喷嘴处产生高速射流，使混合室产生真空，在真空吸力作用下，地下水经过滤管被吸到混合室，与混合室里的高压水流混合流入扩散室中，水流速递小，而水的压力却又逐渐增高，因而压迫地下水沿着井管上升，流到循环水箱。其中一部分水重新用高压水泵压入井点作高压工作水，余下部分利用低压水泵排走。如此循环作业使地下水被不断抽

走，地下水位随之下降。

高压水泵一般采用流量为 $50\sim80m^3/h$ 的多级高压水泵，每套约能带动 $20\sim30$ 根井管。

喷射井点间距一般为 $2\sim3m$，喷射井点的埋设方法与要求与轻型井点基本相同，喷射井点的管路布置，如图2-18所示。

喷射井点的主要缺点是喷嘴很容易磨损，所以工作水应保持清洁。

三、电渗井点

在饱和粘土或含有大量粘土颗粒的砂性土中，土分子引力很大，渗透性较差，采用重力或真空作用的一般轻型井点排水，效果很差。此时，宜采用电渗井点降水。

电渗井点适用渗透系数小于0.1m/d的土层中。

（一）电渗井点的原理

电渗井点的基本原理就是根据胶体化学的双电层理论，在含水的细土颗粒中，插入正负电极并通以直流电后，土颗粒即自负极向正极移动，水自正极向负极移动，这样把井点沿坑（槽）外围埋入含水层中，做为负极，导致弱渗水层中的粘滞水移向井点中，然后用抽水设备将水排除，以使地下水位下降。

（二）电渗井点的布置

电渗井点布置，如图2-19所示。采用直流电源。电压不宜大于60V，电流密度宜为 $0.5\sim1A/m^2$；阳极采用 $DN50\sim75mm$ 的钢管或 $DN<25mm$ 的钢筋；负极采用井点本身。

正极和负极自成一列布置，一般正极布置在井点的内侧，与负极并列或交错，正极埋设应垂直，严禁与相邻负极相碰。

正极的埋设深度应比井点深50cm，露出地面 $0.2\sim0.4m$，并高出井点管顶端，正负极的数量宜相等，必要时正极数量可多于负极数量。

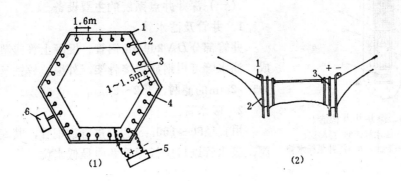

图 2-19　电渗井点布置

（1）平面布置；（2）高程布置

1—总管；2—井点管；3—φ12钢筋阳极；4—阴极；5—电焊机；6—抽水设备

正负极的间距，一般采用轻型井点时，为 $0.8\sim1.0m$，采用喷射井点时，为 $1.2\sim1.5$ m。

正负极应用电线或钢筋连成电路，与电源相应电极相接，形成闭合回路，导线上的电压降不应超过规定电压的5%，因此，要求导线的截面较大，一般选用直径 $6\sim10mm$ 的钢筋。

（三）电渗井点的安装与使用

电渗井点施工与轻型井点相同。

电渗井点安装完毕后，为避免大量电流从表面通过，降低电渗效果，减少电耗，通电前应将地面上的金属或其它导电物处理干净。

电路系统中应安装电流表和电压表，以便操作时观察，电源必须设有接地线。

电渗井点运行时，为减少电耗，应采用间歇通电，即通电24h后，停电2～3h再通电。

电渗井点运行时，应按时观测电流、电压、耗电量及观测井水位变化等，并做好记录。

电渗井点的电源，一般采用直流电焊机，其功率计算：

$$P = \frac{UIF}{1000} \tag{2-17}$$

式中　P——电焊机功率（kW）；

　　　U——电渗电压，一般为45～65V；

　　　F——电渗面积（m²），$F = H \times L$；

　　　H——导电深度（m）；

　　　L——井点周长（m）；

　　　I——电流密度，宜为0.5～1.0A/m²。

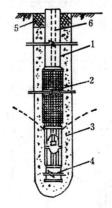

图 2-20　深井井点构造
1—井管；2—滤水管；3—滤料层；
4—沉砂管；5—粘土；6—深井泵扬水管

四、深井井点

当土的渗透系数大于20～200m/d，地下水比较丰富的土层或砂层，要求地下水位降深较大时，宜采用深井井点。

深井井点构造，如图2-20所示。

（一）深井井点系统的主要设备

1．井管及滤水管

井管部分DN200mm钢管、混凝土管或塑料管等制成；滤水管可用钢筋焊接骨架，外缠镀锌铁丝并包孔眼为1～2mm的滤网，长2～3m。

2．吸水管

用直径50～100mm的胶皮管或钢管，其底部装有底阀，吸水管进口应低于管井内最低水位。

3．水泵

一般多采用深井泵，每个管井设一台，若因水泵吸上真空高度的限制，也可选用潜水泵。

（二）管井布置及埋设

管井一般沿基坑（槽）外围每隔一定距离设置一个，其间距为10～50m，管井中心距基坑（槽）上口边缘的距离，依据钻孔方法而定。

管井的埋深应根据降水面积和降水深度以及含水层渗透系数而定。

管井的埋设可采用回转钻进成孔，亦可用冲击钻成孔，钻孔直径应比滤水管大200mm以上。井管放于孔中心，井壁与土壁间用3～15mm砾石填充滤层，地面以下0.5m内用粘土密封。

（三）水泵设置

水泵的设置标高应根据降水深度和水泵最大吸水真空高度而定，若高度不够时，可设在基坑内。

第三节　流砂现象及其防治方法

在粒径很小的非粘性土层中，在地下水的流动作用下，砂颗粒随水一起流动的现象，称为流砂现象。

流砂现象产生的原因，是水在土中渗流产生的结果。下面用力学现象加以分析，如图 2-21 所示。原地下水位静水压为 F_1，坑（槽）开挖后，坑（槽）内静水压为 F_2，地下水流径长度 l，截面面积 f 的单元土体。

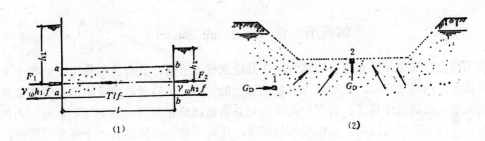

图 2-21　动水压力原理图
（1）水在土中渗流时的力学现象；（2）动水压力对地基土的影响
1、2—土粒

作用在土体上的力有：

作用在 a-a 截面处的总水压力为 $F_1 \cdot f = \gamma_\omega \cdot h_1 \cdot f \times 9.8$

作用在 b-b 截面处的总水压力为：$F_2 \cdot f = \gamma_\omega \cdot h_2 \cdot f \cdot 9.8$；

水流动受到颗粒总阻力为：$T \cdot f \cdot l$；

由静力平衡条件得：

$$9.8\gamma_\omega \cdot h_1 \cdot f - 9.8\gamma_\omega h_2 \cdot f = T \cdot f \cdot l$$

$$T = -\frac{h_1 - h_2}{l} \cdot 9.8\gamma_\omega \qquad （表示与水流方向相反）$$

式中 $\dfrac{h_1 - h_2}{l}$ 为水力坡度，以 I 表示，即：

$$T = -9.8 I \gamma_\omega \qquad\qquad (2\text{-}18)$$

根据作用力与反作用力相等，方向相反的规律，水流动对单位土体的压力为 $G_D = -T = 9.8 I \gamma_\omega$。称 G_D 为动水压力，N/m^3。

由上式可知，动水压力较大时，不但使土粒受到了水的浮力，而且还使土粒受到向上推动的压力。如果动水压力等于或大于土的9.8倍的浸水重度 γ' 即

$$G_D \geqslant 9.8\gamma' \qquad\qquad (2\text{-}19)$$

则土粒失去自重，随水流动。

流砂现象造成的危害比较严重，如坑（槽）底土壤破坏，地基承载力严重下降，更严重时，坑（槽）壁易发生塌方，使附近建筑物地基流空而使建筑物下沉，有时还可将管道埋没。

在容易发生流砂现象地带施工时，应预先作好防止发生的有效措施，其方法为：

一、选择地下水位较低的季节施工，一般在冬季，地下水位较低时施工不易遇到地下水，即便遇到，其动水压力较小易于防止。

二、采用钢板桩，将钢板桩沿槽壁打入，且低于槽底以下一定深度，一般为地下水位至槽底距离的30～50%，但不得小于0.7m，这样降低了水力坡度，使动水压力降低，同时使动水压力的方向朝下而不易产生流砂现象。

三、采用人工降低地下水位，使水位降低至槽底以下一定深度，使槽内干燥，从根本上防止流砂现象。

还可以用水下挖土法，地下连续墙法等。

第四节 地 基 土 的 加 固

在工程上，无论是给水排水构筑物，还是给水排水管道，其荷载都作用于地基土上，导致地基土产生附加应力，附加应力引起地基土的沉降，沉降量取决于土的孔隙率和附加应力的大小。在荷载作用下，若同一高度的地基各点沉降量相同，这种沉降称为均匀沉降；反之，称为不均匀沉降。无论是均匀沉降，还是不均匀沉降都有一个容许范围值，称为极限均匀沉降量和最大不均匀沉降量。当沉降量在允许范围内，构筑物才能稳定安全，否则，结构就会失去稳定或遭到破坏。

地基在构筑物荷载作用下，不会因地基土产生的剪应力超过土的抗剪强度而导致地基和构筑物破坏的承载力称为地基容许承载力。因此，地基应同时满足容许沉降量和容许承载力的要求，如不满足时，则采取相应措施对地基土加固处理。

地基土加固方法比较多，常用的方法可分为换土垫层法，夯实压实挤密法、化学加固等。

一、换土垫层加固法

当基础底面下一定深度的土层为弱承载力土时，可采用换土垫层，将弱承载力土层换为低压缩性的散体材料，如用素土、砂、砂石和灰土等。

（一）素土垫层

素土垫层一般适用于处理湿陷性黄土和杂填土地基。

素土垫层是先挖去基础下的部分土层或全部软弱土层，然后分层回填，分层夯实素土而成。

软土地基土的垫层厚度，应根据垫层底部软弱土层的承载力决定，其厚度不应大于3m。

素土垫层的土料，不得使用淤泥、耕土、冻土、垃圾、膨胀土以及有机物含量大于8%的土作为填料。土料含水量应控制在最佳含水量范围内，误差不得大于±2%。填料前应将基底的草皮、树根、淤泥、耕植土铲除，清除全部的软弱土层。施工时，应做好地面水或地下水的排除工作，填土应从最低部分开始进行，分层铺设，分层夯实。垫层施工完毕后，应立即进行下道工序施工，防止水浸、晒裂。

（二）砂和砂石垫层

砂和砂石垫层适用于处理在坑（槽）底有地下水或地基土的含水量较大的粘性土地基。

1. 材料要求

砂和砂石垫层所需材料，宜采用颗粒级配良好，质地坚硬的中砂、粗砂、砾石、卵石和碎石，也可采用细砂，宜掺入按设计规定数量的卵石或碎石。最大粒径不宜大于50mm。

2. 施工要点

（1）施工前应验槽，坑（槽）内无积水，边坡稳定，槽底和两侧如有孔洞应先填实。同时将浮土清除。

（2）采用人工级配的砂、石材料，按级配拌合均匀，再分层铺筑，分层捣实。

砂垫层和砂石垫层每层铺设厚度及最佳含水量　　　　表 2-6

捣实方法	每层铺设厚度（mm）	最佳含水量（%）	施工说明	备注
平振法	200～250	15～20	1. 用平板式振捣器往复振捣，往复次数以密实度合格为准 2. 振捣器移动时，每行应搭接三分之一，以防振动面积不搭接	不宜使用于细砂或含泥量较大的砂垫层
夯实法	150～200	8～12	1. 用木夯或机械夯 2. 一夯压半夯，全面夯实	适用于砂石垫层
碾压法	150～350	8～12	58.86～98.1kN压路机往复碾压，碾压次数以要求密实度为准	适用于大面积的砂石垫层，不宜用于地下水位以下

（3）垫层施工按表 2-6 选用，每铺好一层垫层，经压实系数检验合格后方可进行上一层施工。

（4）分段施工时，接头处应作成斜坡，每层错开0.5～1.0m，并应充分捣实。

（5）砂垫层和砂石垫层的底面宜铺设在同一标高上，如深度不同时，施工应按先深后浅的顺序进行，土面应挖成台阶或斜坡搭接，搭接处应注意捣实。

（三）灰土垫层

灰土垫层是用石灰和粘性土拌合均匀，然后分层夯实而成。适用于一般粘性土地基加固或挖深超过15cm时或地基扰动深度小于1.0m等，该种方法施工简单、取材方便、费用较低。

1. 材料要求

土料中含有有机质的量不宜超过规定值，土料应过筛，粒径不宜大于15mm。

石灰应提前1～2天熟化，不含有生石灰块和过多水分。

灰土的配合比可按体积比，一般石灰：土为2：8或3：7。

2. 施工要点

（1）施工前应验槽、清除积水、淤泥、待干燥后再铺灰土。

（2）灰土的含水量应适宜，以手紧握土料成团，两指轻捏能碎为宜。

（3）灰土应拌合均匀，颜色一致，拌好后应及时铺好夯实，避免未夯实的灰土受雨淋，铺土应分层进行，每层铺土厚度参照表2-7确定。

灰 土 最 大 虚 铺 厚 度　　　　　　　表 2-7

项　次	夯实机具种类	重　量 （kN）	厚　度 （mm）
1	木　夯	0.049～0.098	150～200
2	石　夯	0.392～0.784	200～250
3	蛙式打夯机	——	200～250
4	压路机	58.86～98.1	200～300

（4）灰土打完后，应及时进行基础施工，及时回填，否则要临时遮盖，防止日晒雨淋。

（5）冬季施工时，不得采用冻土或夹有冻土的土料，并应采取防冻措施。

二、夯实压实挤密法

（一）重锤夯实法

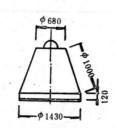

重锤夯实法是利用移动式起重机悬吊夯锤至一定高度后，自由下落，夯实地基。适用于地下水位0.8m以上稍湿的粘性土、砂土、湿陷性黄土、杂填土等地基土加固。

夯锤形状宜采用截头圆锥体，如图2-22所示。

图 2-22　钢筋混凝土夯锤（单位：mm）

重锤采用钢筋混凝土块、铸铁块或铸钢块，锤重一般为14.7～29.4kN，锤底直径一般为1.13～1.15m。

起重机采用履带式起重机，起重机的起重量应不小于1.5～3.0倍的锤重。

重锤夯实施工前，应进行试夯，确定夯实制度，其内容包括锤重、夯锤底面直径、落点形式、落距及夯击遍数。

在起重能力允许的条件下，采用较重的夯锤为宜，夯锤底面直径较大为宜。落距一般采用2.5～4.5m，还应使锤重与底面积的关系符合锤重在底面上的单位静压力为1.5～2.0N/cm²。

重锤夯击遍数应根据最后下沉量和总下沉量确定，最后下沉量是指重锤最后两击平均土面的沉降值，粘性土为10～20mm，砂土为5～10mm。

夯锤的落点形式及夯打顺序，条形坑（槽）采用一夯换一夯顺序进行。在一次循环中同一夯位应连夯两下，下一循环的夯位，应与前一循环错开1/2锤底直径；非条形基坑，一般采用先周边后中间。

夯实完毕后，应检查夯实质量，一般采用在地基上选点夯击检查最后下沉量，夯击检查点数，每一单独基础至少应有一点；沟槽每30m²应有一点；整片地基每100m²不得少于两点，检查后，如质量不合格，应进行补夯，直至合格为止。

（二）机械碾压法

机械碾压法一般适用于表层土的加固。常用的机械有压路机、推土机、羊足碾、机械碾压的影响深度，一般为0.3～0.5m。

（三）挤密桩加固

挤密桩加固是在承压土层内，打入很多桩孔，在桩孔内灌入各种密实物，以挤密土层，减小土体孔隙率，增加土体强度。

挤密桩除了挤密土层加固土壤外，还起换土作用，在桩孔内以工程性质较好的土置换原来的弱土或饱和土，在含水粘土层内，砂桩还可作为排水井。挤密桩体与周围的原土组成复合地基，共同承受荷载。

根据桩孔内填料不同，有砂桩、土桩、灰土桩、砾石桩、混凝土桩之分。其中砂桩的施工过程有以下几点：

1. 一般要求

砂桩的直径一般为220～320mm，最大可达700mm。砂桩的加固效果与桩距有关，桩距较密时，土层各处加固效果较均匀。其间距为1.8～4.0倍桩直径。砂桩深度应达到压缩层下限处，或压缩层内的密实下卧层。砂桩布置宜采用梅花形，如图2～23所示。

2. 施工过程

（1）桩孔定位　按设计要求的位置准确确定桩位，并做上记号，其位置的允许偏差为桩直径。

（2）桩机设备就位　使桩管垂直吊在桩位的上方，如图2-24所示。

（3）打桩　通常采用振动沉桩机将工具管沉下，灌砂，拔管即成。振动力以30～70kN为宜，砂桩施工顺序应从外围或两侧向中间进行，桩孔的垂直度偏差不应超过1.5%。

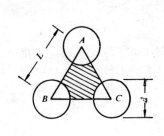

图 2-23　砂桩布置

A、B、C—砂桩中心位置；d—砂桩直径；L—砂桩间距

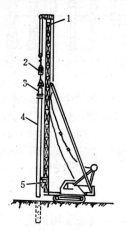

图 2-24　振动砂桩机

1—桩机导架；2—减震器；3—振动锤；4—工具式桩管；5—上料斗

（4）灌砂　砂子粒径以0.3～3mm为宜，含泥量不大于5%，还应控制砂的含水量，一般为7～9%。砂桩成孔后，应保证桩深满足设计要求，此时，将砂由上料斗投入工具管内，提起工具管，砂从舌门漏出，再将工具管放下，舌门关闭与砂子接触，此时，开动振动器将砂击实，往复进行，直至用砂填满桩孔。每次填砂厚度应根据振动力而定，保证填

砂的干密度满足要求。其施工过程如图2-25所示。

3. 桩孔灌砂量的计算

一般按下式计算： $g = \dfrac{\pi d^2 h \gamma}{4(1+e)}(1+w\%)$ （2-20）

式中　g——桩孔灌砂量（kN）；

d——桩孔直径（m）；

h——桩长（m）；

γ——砂的重力密度（kN/m³）；

e——桩孔中砂击实后孔隙比；

w——砂含水量。

也可以取桩管入土体积。实际灌砂量不得少于计算的95%，否则，可在原位进行复打灌砂。

三、化学加固法

在软弱土层或饱和土层内，注入化学药剂，使之填塞孔隙，并发生化学反应，在颗粒间生成胶凝物质，固结土颗粒，这种加固土的方法叫化学加固法。又称为注浆加固法。

化学加固法可以提高地基容许承载力，降低土的孔隙比，降低土的渗透性，修建人工防水帷幕等各种用途，如图2-26所示。

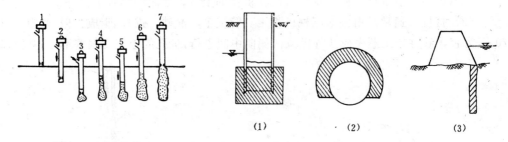

图 2-25　砂桩施工过程

1—工具管就位；2—振动器振动，将工具管打入土中；3—工具管达到设计深度；4—投砂，拔出工具管；5—振动器打入工具管；6—再投砂，拔出工具管；7—重复操作，直到地面

图 2-26　注浆加固的各种用途

（1）沉井下沉时弱土固结；（2）盾构掘进时弱土加固；（3）防水帷幕

（一）化学加固剂

化学加固法所用的化学溶液称为化学加固剂。化学加固剂应满足下列要求：

1. 化学反应生成物凝胶质安全可靠，有一定耐久性和耐水性。

2. 凝胶质对土颗粒附着力良好。

3. 凝胶质有一定强度，施工配料和注入方便，化学反应速度调节可由调节配合比来实现。

4. 化学加固剂注入后，一昼夜土的容许承载力不应小于490kPa。

5. 化学加固剂应无毒、价廉、不污染环境。

化学加固剂种类繁多，常用的有以下几种：

（1）水泥类浆液

水泥类浆液就是用不同品种水泥配制水泥浆。水泥浆液可加固裂隙岩石、砾石、粗砂及部分中砂，一般加固颗粒粒径范围为0.4～1.0mm，水泥固结时间较长，当地下水流速超过100m/d时，不宜采用水泥浆加固。

水泥浆的水灰比，根据需要加固强度，土颗粒粒径和级配，渗透系数、注入压力，注管直径和布置间距等因素，结合现场试验确定，一般为1∶1～1.5∶1。

为了提高水泥的凝固速度，改善可注性，提高土体早强强度，可掺入适量的早强剂，悬浮剂和填料等附加剂。

水泥浆液均为碱性，不宜用于强酸性土层。

（2）水玻璃类浆液

在水玻璃溶液中加进氯化钙、磷酸、铝酸钠等制成复合剂，可适应不同土质加固的需要。

对于不含盐类的砂砾、砂土、轻亚粘土等，可用水玻璃加氯化钙双液加固。

对于粉砂土，可用水玻璃加磷酸溶液双液加固。

也可以将水泥浆掺入水玻璃溶液作为速凝剂制成悬浊液，其配比（体积比）为：当水灰比大于1时，为1∶0.4～1∶0.6；当水灰比小于1时，为1∶0.6～1∶0.8。水灰比愈小，水玻璃浓度愈低，其固结时间愈短。水泥标号愈高，水灰比愈小其固结后强度就愈高。

溶液的总用量可按下式计算：

$$Q = K \cdot V \cdot n1000 \tag{2-21}$$

式中　Q——溶液总用量（L）；

　　　V——固结土的体积（m³）；

　　　n——土的孔隙率；

　　　K——经验系数。参见表2-8确定。

经 验 系 数　　　　　　　　　　　　　　　　表 2-8

土的种类	经验系数
软土、粘性土、细砂	0.3～0.5
中砂、粗砂	0.5～0.7
砾　砂	0.7～1.0

化学加固剂溶液的浓度，应根据被加固土的种类、渗透系数确定。

（3）铬木素类溶液

铬木素类溶液是由亚硫酸盐纸浆液和重铬酸钠按一定的比例配制而成，适用于加固细砂和部分粉砂，加固土颗粒粒径0.04～10mm，固结时间在几十秒至几十分之间，固结体强度可达到980kPa。

铬木素类液凝胶的化学稳定性较好，不溶于水、弱酸和弱碱，抗渗性也好，价格低，但是浆液有毒，应注意安全施工。

铬木素浆液为强酸性，不宜采用于强碱性土层。

（二）施工方法

通常采用的方法是旋喷法和注浆法，无论采用哪种方法，必须使化学加固剂均匀分布

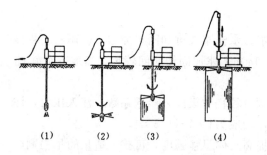

图 2-27 旋喷法施工工艺示意图

(1) 钻孔至设计标高; (2) 旋喷开始; (3) 边旋
喷边提升; (4) 旋喷结束成桩

在需要加固的土层中。

1. 旋喷法

旋喷法是利用钻机钻孔到预定深度，然后用高压泵将浆液通过钻杆端头的特殊喷嘴，以高压水平喷入土层，喷嘴在喷浆液时，一面缓慢旋转，一面徐徐提升，借高压浆液水平射流不断切削土层并与切削下来的土充分搅拌混合，在有效射程内，形成圆柱状凝固体。

旋喷法施工工艺如图2-27所示。

旋喷法采用单管法、二重管法、三重管法，常用机具、设备参数见表2-9。

旋喷法主要机具和参数   表 2-9

项目			单管法	二重管法	三重管法
参数		喷嘴孔径(mm)	φ2~3	φ2~3	φ2~3
		喷嘴个数	2	1~2	1~2
		旋转速度(r/min)	20	10	5~15
		提升速度(mm/min)	200~250	100	50~150
机具性能	高压泵	压力 (MPa)	20~40	20~40	20~40
		流量 (L/min)	60~120	60~120	60~120
	空压机	压力 (MPa)	—	0.7	0.7
		流量 (L/min)	—	1~3	1~3
	泥浆泵	压力 (MPa)	—	—	3~5
		流量 (L/min)	—	—	100~150
配比				按设计要求配比	

旋喷施工要点:

(1) 钻机定位要准确，保持垂直，倾斜度不得大于1.5%。检查各设备运转是否正常。

(2) 单管法、二重管法可用旋喷管水射冲孔或用锤击振动等使喷管到达设计深度，然后再进行旋喷。三重管法须先由钻机钻孔，然后将三重管插至孔底，进行旋喷。

(3) 旋喷开始时，先送高压水，再送浆液和压缩空气。在桩底部边旋转边喷射1min后，当达到预定的喷射压力及喷浆量后，再逐渐提升喷射管。旋喷中冒浆量应控制在10~25%之间。

(4) 相互两桩旋喷间隔时间不小于48h，两桩间距应不小于1~2m。

(5) 检查旋喷桩的质量及承载力。

2. 注浆法

注浆管用内径20~50mm，壁厚不小于5mm的钢管制成，包括管尖、有孔管和无孔管三部分组成。

管尖是一个25°~30°的圆锥体，尾部带有丝扣。

有孔管，一般长0.4～1.0m，孔眼呈梅花式布置，每米长度内应有孔眼60～80个，孔眼直径为1～3mm，管壁外包扎滤网。

无孔管，每节长度1.5～2.0m，两端有丝扣，可根据需要接长。

注浆管有效加固半径，一般根据现场试验确定，其经验数据参见表2-10。

有 效 加 固 半 径　　　　　　　　　　　　　　　表 2-10

土的类型及加固方法	渗透系数 (m/d)	加固半径 (m)	土的类型及加固方法	渗透系数 (m/d)	加固半径 (m)
砂 土 双液加固法	2～10	0.3～0.4	湿陷性黄土 单液加固法	0.1～0.3	0.3～0.4
	10～20	0.4～0.6		0.3～0.5	0.4～0.6
	20～50	0.6～0.8		0.5～1.0	0.6～0.9
	50～80	0.8～1.0		1.0～2.0	0.9～1.0

注浆管的平面布置注浆管各行间距为1.5倍的加固半径，每行注浆管间距为1.73倍加固半径。

注浆管的每层加固厚度，砂土类每层厚度为注浆管有孔部分的长度加0.5倍的加固半径；湿陷性黄土及粘土应由试验确定。

注浆管埋设参照井管埋设施工方法，保证平面位置准确及注浆管的垂直度。

注浆一般采用水泵进行，根据土质和浆液性质选择，泵注法的注浆方式分为单泵注入、双泵注入、交替注入等方法。

注浆施工程序应根据土的渗透系数按下列顺序进行，加固渗透系数相同的土层，应自上而下进行；加固渗透系数不同的土层，应自渗透系数大的土层向渗透系数小的土层进行。

复 习 思 考 题

1. 集水井排水法的组成和适用场合？

2. 绘图说明集水井排水法其排水沟开挖及形式？

3. 轻型井点组成及其适用场合？

4. 绘图说明喷射式抽水系统的工作过程？

5. 某地建造一地下式给水泵站，其平面尺寸长为10m，宽为8m。基础底面高程15.00m，天然地面高程为18.50m。地下水位高程为17.00m，土的渗透系数为6m/d，土质为二类土，拟用轻型井点降水，试进行轻型井点系统的布置与计算。

6. 什么是流砂现象？如遇流砂时可采取哪些对策？

7. 叙述砂桩的施工过程？

8. 什么是化学加固法？常用化学加固剂种类及其适用条件？

第三章 砖石工程

第一节 砖石工程材料

一、砂浆

砂浆是由无机胶结材料、细集料和水，有时掺入掺合料拌制而成。砂浆按其用途分为砌筑砂浆、防水砂浆、抹面砂浆等；按胶结材料分为水泥砂浆、混合砂浆和石灰砂浆等。

在给排水工程结构中常采用水泥砂浆。

砂浆的配制应依照指定的配合比配料，配料要过秤。水泥、掺加剂的配料精确度控制在±2%以内；砂、石灰膏、粉煤灰等的配料精确度控制在±5%以内。

砂浆一般采用砂浆搅拌机拌制，拌合时间自投料后，不少于1.5min。人工拌合时应在钢板或其它不渗水的平板上进行，拌合要均匀。

拌合后的砂浆应具有良好的保水性，如砂浆出现泌水现象，应在砌筑前再次拌合。

砂浆应做到随拌、随用，不得积存过多，积存时间一般不超过2小时为宜。

二、砌筑用砖

在给排水工程中多采用烧结粘土砖。粘土砖的外形为直角平行六面体，标准尺寸为240×115×53mm（长×宽×高）。加上砌筑灰缝厚10mm，则每4块砖长、8块砖宽和16块砖高均为1.0m长，1m³砖砌体用砖512块。每块砖约重2.5kg。

烧结普通粘土砖强度等级分为：MU30、MU25、MU20、MU15、MU10和MU7.5 6个等级。

根据强度等级、耐久性和外观指标等内容，烧结砖可分为特等、一等和二等3个等级砖。具体标准可见GB5101—85规定。

三、筑砌石料

石料具有较高的硬度、抗压强度和耐久性，可就地取材。石料适用于砌筑基础、墙身、拱桥、堤坡、挡土墙、沟渠及水工建筑物进、出水口等。

砌筑用石材分为毛石和料石两大类

（一）毛石

毛石（又称片石或块石）是经过爆破直接获得的石块。依据平整程度又可分为乱毛石和平毛石。

乱毛石形状不规则，可用于砌筑基础、墙身、堤坝、挡土墙等，也可作为毛石混凝土的集料。

平毛石是由乱毛石略经加工而成，可用于砌筑基础、墙身、桥墩、涵引等。

（二）料石

料石（又称条石）由人工或机械开采出的较规则的六面体石块，再经凿琢而成。按其加工后的外形规则程度分为毛料石、粗料石、半细料石和细料石四种。

石材强度等级分为MU100、MU80、MU60、MU40、MU30、MU20、MU15和MU10几个等级。

砌筑用的石料应质地均匀无裂缝，不易风化，强度不低于设计要求。

第二节 砖砌体施工

砌筑工程包括材料供应、搭设脚手架、砌筑，有时还包括勾缝等施工过程。砌筑前应做好准备工作

一、准备工作

（一）脚手架的准备

脚手架是砌筑工程中工人进行操作和堆放少量用料以及水平运料的临时设施。

对脚手架的要求：搭设宽度应满足工人操作、材料堆放和运料的要求；坚固稳定，安全可靠；支搭方便，能多次周转使用。

一般脚手架宽度为1.5m，每步架高为1.4～1.8m。搭设脚手架使用材料有钢管脚手架、木脚手架和竹脚手架等。

脚手架应具有足够的强度、刚度和稳定性。当外墙砌筑高度大于4.0m或立体交叉作业，应设置安全网，防止它物下落伤人和高空作业人员坠落。

（二）砖的准备

施工用砖应及时进场，并按设计要求规定的砖的品种、等级、外观及几何尺寸进行验收。无出厂证明的砖应送试验室鉴定。

砌筑前先将砖浇水润湿，以免砌筑时干砖过多地吸收砂浆中的水分，使砂浆流动性变差，造成使用困难，而且影响粘结力和强度。但浇水不宜过量，否则会使墙面不清洁，灰缝不平整。

（三）砂浆的准备

主要做好计量、机具和所使用的材料的准备工作，按照给定的砂浆配合比上料、拌制。控制好拌制时间，使砂浆拌和均匀，做到随拌随用。

（四）机具设备的准备

砌筑工程要耗用大量材料，均应及时供应。为了减轻工人劳动强度，尽量选用各式机械设备，如砂浆搅拌机、水平和垂直运输机械等，同时，还要准备好皮数杆等用具。

二、组砌形式

砖砌体组砌形式应当上下错缝、内外搭接、组砌有规律、少砍砖为原则，达到整体性好，生产效率高，节约材料的目的。列举几种常见组砌方式如下：

（一）一顺一丁

一顺一丁砌法 是一皮（层）顺砖，一皮丁砖相互间隔叠砌，如图3-1所示。上下皮间的竖缝相互错开1/4砖长。

这种砌法整体性好，砌筑效率高，但当砖的规格不一致时，竖缝较难整齐。

（二）三顺一丁

三顺一丁砌法 是三皮顺砖与一皮丁砖相隔叠砌，如图3-2所示。上下皮顺砖竖缝相

图 3-1 一顺一丁砌法

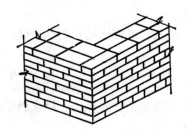

图 3-2 三顺一丁

错1/2，上下皮顺砖与丁砖竖缝相错1/4。

这种砌法因三皮顺砖内部有纵向通缝，其整体性不如一顺一丁。但三顺一丁减少了竖缝，有利于防渗，并且砌筑效率较高，常用于给排水沟墙的砌筑中。

（三）梅花丁（十字式）

梅花丁砌法　是皮中顺砖与丁砖相隔，上皮丁砖坐中于下皮顺砖，上下皮间竖缝相互错开1/4砖长。如图3-3所示。

这种砌法整体性较好，灰缝整齐，墙面美观。但砌筑效率较低，适宜砌筑24墙体。

（四）全丁

全丁砌法　是各皮全用丁砖砌筑，上下皮竖缝相互错开，如图3-4所示。

这种砌法适用于砌筑圆形砌体，如烟囱、检查井等。

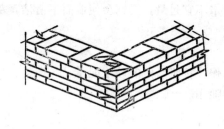

图 3-3 梅花丁

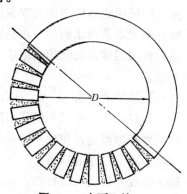

图 3-4 全丁砌法

三、砖砌体砌筑方法

砌筑方法可归纳为"三一"砌砖法 挤浆法和刮浆法等操作方法。

"三一"砌砖法，即一块砖、一铲灰、一揉压并随手将挤出的砂浆刮去的砌筑方法。这种砌筑方法的优点是灰缝容易饱满，粘结力好，墙面整洁等。

挤浆法　即用大铲或铺灰器在墙顶上铺一段砂浆，然后用手拿砖挤入砂浆中放平，达到下齐边，上齐线，横平竖直的要求。其优点可连续挤砌几块砖，减少重复的动作，生产效率较高。

刮浆法　是用大铲将砂浆刮在要砌筑砖的底面上，然后将砖放平、找齐。一般用于砌砖拱时采用。

四、砖砌体的施工过程

砌筑过程一般包括：抄平→放线→摆砖→立皮数杆→挂线砌筑→勾缝（清水墙）→清理等工序。

（一）抄平

砌墙前先在基础面上定出标高，用水泥砂浆找平，使砖墙底部标高符合设计要求。

（二）放线

根据龙门板上的给出轴线和墙体尺寸，在基础面上用墨线弹出墙的轴线和墙体的宽度线，如图3-5所示。

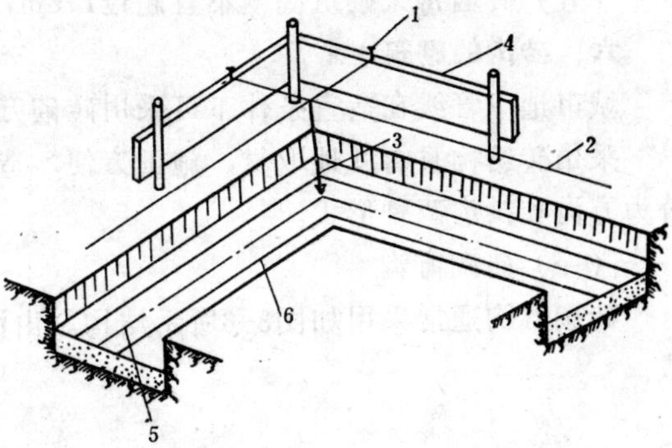

图 3-5　基础放线
1—轴线钉；2—轴线；3—锤球；4—龙门板；5—基础轴线；6—基础宽度线

（三）摆砖

摆砖是在放好线的基面上，按选定组砌方式用干砖试摆。摆砖的目的是为了校对所放出的墨线在洞口、墙垛等处是否符合砖的模数，以减少砍砖，并使砌体灰缝均匀，组砌得当。摆砖一般由有经验的工人操作。

（四）立皮数杆

皮数杆是控制每皮砖和灰缝厚度，以及洞口、梁底等标高位置的一种标志。一般将它立在墙的转角、端头、墙的交接等处，在直线段每隔10～15m立一根，立时应将皮数杆上的±0与基础面上测出的±0标高相一致，使其牢固和垂直。

（五）铺灰砌砖

各地使用工具和操作方法不完全一样，一般采用"三一"砌砖法。砌筑时先挂好通线，按摆好干砖位置将第一皮砖砌好，然后先盘角，盘角不宜超过六皮砖，在盘角过程中随时用靠尺检查墙角是否垂直平整，砖灰缝厚度是否符合皮数杆上的标志。在砌墙身时，每砌一层砖，挂线往上移动一次，砌筑过程中应三皮一吊，五层一靠，以保证墙面垂直平整。

（六）勾缝

清水墙砌完后，应进行勾缝。勾缝常采用1：1.5水泥砂浆，用特制工具，将墙身纵、横灰缝勾匀。

勾缝作用：使墙身整洁，美观和防止风雨侵入墙身。

勾缝形式：有平缝、凹缝和凸缝等形式，一般为凹缝，其深度为4～5mm。

（七）清理

砌完数层砖以后，应对墙身进行清扫，并将落地灰打扫干净，拌合后使用。

五、砖墙施工要点

（一）砌筑前，先弹出砌墙轴线，再放出墙身边线。

（二）立皮数杆时用水平仪抄平，使皮数杆±0位置对准设计标高位置±0。

（三）砖墙灰缝厚度一般为10mm，但不小于8mm，不大于12mm。灰缝砂浆应饱满，严禁用水冲浆灌缝。

（四）砖墙转角处和交接处应同时砌起，若不能同时进行，应留斜槎。斜槎长度不小于墙高的2/3。

（五）砖墙每天砌筑高度不宜超过1.8m，雨天施工不宜超过1.2m为宜。

六、砖沟的砌筑

城市地下管线在适宜条件下可采用砖砌方沟，如城市排水、供热、电力等工程中。

采用砖结构具有就地取材，施工方便，造价较低等优点，因此，至今广为应用。砖沟分为方沟和拱沟两种形式。

（一）砖砌方沟

砖砌方沟通常采用如图3-6所示结构。由混凝土底板、砖砌侧墙和钢筋混凝土盖板组成。

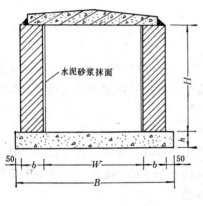

图 3-6　砖沟结构图

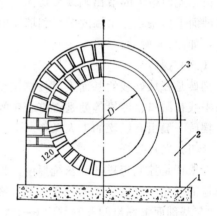

图 3-7　砖砌拱沟结构图
1—混凝土基础；2—拱台；3—拱圈

方沟底板一般做成平底，但排水方沟一般做成弧形，当水量较小时，保持流速不致于过低，防止泥砂沉淀。

其施工要点：

1．浇筑混凝土基础前应对基槽进行验收，合格后，方可支模和浇筑混凝土。

2．砖墙砌筑过程和施工要点基本与普通砖墙砌筑相同，不再重复。

3．当砖墙砌至设计高度时，应及时盖好盖板，再进行回填土，以增强墙体的稳定性。

（二）砖砌拱沟

我国很早已有采用砖砌拱沟做为排水管道。拱沟可以不用或少用水泥和钢材，至今尚有应用砖砌拱沟。

砖砌拱沟多为手工操作，进度慢、生产效率低。

砖砌拱沟结构如图3-7所示。一般由基础、拱台（侧墙）和拱圈等组成。在较大型断面砖沟中，也可采用预制砖砌块，运至现场拼装的施工方法。

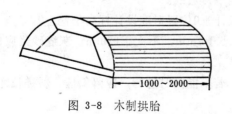

图 3-8　木制拱胎

砖砌拱沟施工要点：

1．在浇筑好的混凝土基础上，砌拱台和下部反拱。砌筑时先做成一个反拱样板，用来控制砌筑形状和尺寸，其砌筑顺序：先由反拱中心砌一列砖，然后再开始往两侧铺砌，砌筑时随时控制好反拱形状和高程。

2．砌筑上部拱圈时，先支搭拱胎，用来临时支撑拱圈，便于砌筑和保持拱圈形状和尺寸，如同浇筑混凝土需支设模板一样。拱胎一般用木材制作，如图3-8所示。

支搭拱胎要牢固，而且便于拆卸。砌拱前将木制拱胎用水浇透。

3．砌筑上部拱圈其顺序为先从两侧拱台同时砌筑，保持拱胎受力均匀，不得偏砌一侧。砌筑灰缝一般外缝小于13mm，内缝小于6mm，砌筑拱圈的砖块应与拱胎相垂直。

4．砌拱圈时，相邻砖缝应错开半块砖，以免产生环向通缝。

5．砌拱圈时不得使用碎砖，并使每天所砌拱圈本层砖应封顶。

6．砖拱砌筑后，应及时养护，当砂浆强度大于设计强度25％以上时方可拆拱胎。

除以上施工要点外，还应注意砌筑拱圈应选用质量较好的机制砖。砌完第一层拱圈，应及时铺一层砂浆，其厚度小于6mm，可便与第二层拱圈连结紧密。砌完最外一层拱圈后，表面抹一层砂浆，以提高抗渗能力。拱圈内壁应按工程设计进行抹面或勾缝。

七、井室砌筑

在城市地下管线中，为了检查、维护、安全运行和连接的需要，需设置各类井室。如排水管线检查井、给水管线阀门井、热力管线小室等。上述井室一般均有标准图集，施工时可参照要求砌筑。

下面以砌筑圆形检查井为例说明砌筑要点：

（一）在已安装好的混凝土管检查井位置处，放出检查井中心位置，按检查井半径摆出井壁砖墙位置。

（二）一般检查井用24墙砌筑，采用内缝小外缝大的摆砖方法，满足井室弧形要求。外灰缝填碎砖，以减少砂浆用量。每层竖灰缝应错开。

（三）对接入的支管随砌随安装，管口伸入井室30mm，当支管管径大于300mm时，支管顶与井室墙交接处用砌拱形式，以减轻管顶受力。

（四）砌筑圆形井室应随时检查井径尺寸。当井筒砌筑距地面有一定高度时，井筒应收口，每层每边最大收口3cm；当偏心三面收口每层砖可收口4～5cm。

（五）井室内踏步，除锈后，在砌砖时用砂浆填塞牢固。

（六）井筒砌完后，及时稳好井圈，盖好井盖，井盖面与路面平齐。

第三节 砌 石 工 程 施 工

一、浆砌石施工

在砌筑前先对基础进行验收，合格后再开始砌筑。

（一）浆砌毛石的施工要点

1．砌筑第一层石块时，基底应坐浆，石块大面向下，使砂浆挤满石块缝隙。可依据缝隙大小，选择适宜小石块挤入缝隙的砂浆中。挤石时一定先铺砂浆，后塞石块，以免出现干缝。

2．接砌第二层以上石块，砌后灰缝保持厚度为20～30mm，并使灰缝砂浆饱满。

3．毛石墙一般采用交错组砌，灰缝不规则，各层石块做到犬牙相错搭接紧密，上下层石块相互错缝。

4．毛石墙每天可砌高度不宜超过1.2m，一般每砌1.2m高墙身需找平一次，找平不得用小石块或砂浆来铺平，而是选用适宜石块，做到大平小不平。

5. 毛石墙转角处和交接处应同时砌起，如不能同时砌起时，应留斜槎。同一层砌筑面应做到同时水平上升，高差不大于1.0m。

（二）浆砌石勾缝

勾缝能加强砌体整体性，减少砌体的渗水以及增加墙体美观。

勾缝的形式有平缝、半圆凹缝、平凹缝、平凸缝、半圆凸缝等多种形式，常用为凸缝和平缝。

勾缝应在砌石砂浆强度较低时，先将灰缝剔深20～30mm，清除干净，然后用水喷洒湿润。勾缝自上而下进行。

勾缝砂浆用1∶1或1∶1.5水泥砂浆，选用细砂。

（三）浆砌石的养护

浆砌石体在砌后7～10d内，加强养护，夏季加盖草帘、洒水保持湿润，冬季应按冬季施工要求进行。

当砌体强度尚未达到设计要求值，砌体不得受力和受震。

二、干砌石施工

干砌石，是指砌筑石块之间的缝隙不填充任何砂浆，而是干砌。一般干砌只用于河道进、出口护坡，防冲护岸和闸坝上、下游护坦等部位。

干砌石分为花缝砌筑法，如图3-9所示和平缝砌筑法，如图3-10所示。

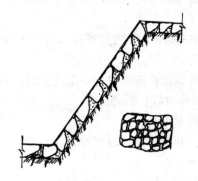

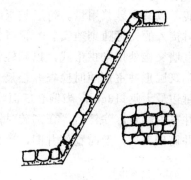

图 3-9　花缝砌筑法　　　　　　图 3-10　平缝砌筑法

干砌石是依靠石块之间相互挤紧的力量来保持其稳定性，若砌体局部产生松动，将会导致砌筑整体的破坏。因此，对于干砌石必须十分重视。

干砌石应大面朝下，互相间错咬，石缝不得贯通，底部应垫稳，不得有松动石块。干砌护坡，所有边口处宜用较大的石块砌成整齐坚固的封边，以防洪水掏空。

第四节　砖石工程冬、雨季施工

雨季施工时，应采取措施防止地面雨水流入沟槽，造成沟槽坍塌挤坏刚砌好的砌体。雨季砌筑沟墙最好随砌随盖沟盖板，以增加沟墙的稳定性。

当日平均气温低于5℃，按冬季施工规定进行施工。

一、冬季施工所用材料应符合下列要求:

1. 砖石砌筑前先将冰雪杂物清除干净;

2. 拌制砂浆所用的砂,不得含有冻块;

3. 拌合热砂浆时,水的温度应低于80℃,砂的温度小于40℃,砂浆在使用时的温度高于5℃;

4. 掺有氯化钙的砂浆应缩短运距,随拌随用;

5. 砂浆的流动性,可比常温施工时适当增大。

冬季砌筑砖石应采用抗冻砂浆,水泥宜选用普通硅酸盐水泥。抗冻砂浆掺盐量可参照表3-1。

砂浆掺盐量(占用水量的%)   表 3-1

日最低温度(℃)	≥-10℃	-11~-15℃	-16~-20℃
砌砖砂浆氯盐量	3	5	7
砌石砂浆氯盐量	5	7	10

二、拌合热砂浆温度计算公式

$$T_p = \frac{0.84(G_c \cdot T_c + 0.5G_1 \cdot T_1 + G_s \cdot T_s) + 4.19(G_w - 0.5G_1 - P_s \cdot G_s)}{0.84(G_c + 0.5G_1 + G_s) + 4.19(G_w + 0.5G_1)} \quad (3-1)$$

式中 T_p——砂浆在搅拌后的温度(℃);

            P_s——砂的含水率(%);

G_w、G_c、G_1、G_s——每m³砂浆中水、水泥、石灰膏、砂的用量(kg);

T_w、T_c、T_1、T_s——水、水泥、石灰膏、砂的温度(℃)。

冬季在拌制热砂浆时,由于周围环境低于砂浆温度,因此,在砂浆搅拌、运输和砌筑过程中产生热损失,其热损失值可参照表3-2和表3-3进行估算。

砂浆搅拌时热量损失表(℃)   表 3-2

搅拌机搅拌时温度	10	15	20	25	30	35
搅拌时热损失(设周围温度为5℃)	2.0	2.5	3.0	3.5	4.0	4.5

注: 1. 对于掺氯盐的砂浆不宜超过35℃。

     2. 当周围环境高于或低于5℃时,应将此数值减或增在搅拌温度中,然后再查搅拌时热损失。如环境温度 -5℃,原定搅拌温度为20℃,则应按30℃查得热损失为4.0℃。

砂浆运输和砖筑时热量损失(℃)   表 3-3

温度差	10	15	20	25	30	35	40	45	50	55
一次运输损失	—	—	0.60	0.75	0.90	1.00	1.25	1.50	1.75	2.00
砌筑时损失	1.5	2.0	2.5	3.0	3.5	4.0	4.5	5.0	5.5	6.0

注: 1. 温度差系指当时大气温度与砂浆温度的差数。

     2. 砌筑时损失系按"三一"砌砖法考虑。

三、冬季砌筑注意事项

（一）浆砌砖石不得在冻土上砌筑，砌筑前对地基应采取措施，防止冻结。

（二）砌筑时应采用"三一"砌砖法。不得大面积铺灰砌筑，禁止使用灌浆法砌筑。

（三）砌筑灰缝尺寸可小于正常温度施工灰缝尺寸，每天砌筑高度不宜超过1.2m。砌筑一段或收工时可用草帘等保温材料覆盖，以防砌体砂浆受冻。

（四）在砌筑管道检查井时，可在两侧管口处挂上草帘挡风。

第五节 砖石工程安全技术

一、脚手架

当砌体砌筑高度超过地面1.2m时，应及时搭设脚手架。脚手架宽度应满足工人操作、材料堆放和运输的需要，具有稳定的结构和足够的承载能力，保证施工期间在使用荷载作用下不变形、不倾斜、不摇晃。确保脚手架在施工中的安全非常重要。注意以下几个环节：

（一）选用合格架设材料和紧固件，不得使用不合格产品；

（二）确保脚手架的搭设质量。搭设时应做到以下几点：

1．架子落在平整夯实地基上，抄平后加垫木或垫板；

2．控制好立杆的垂直偏差和横杆的水平偏差，并使连接点绑好或拧紧；

3．脚手板要满铺、铺平、铺稳，不得有探头板；

4．要及时设置联墙杆、斜撑杆、剪刀撑等，防止偏斜和倾倒。

（三）要设有可靠的安全防护措施。如作业层外侧设护栏、安全网。坡道上设防滑措施等。

（四）严格控制使用荷载，脚手架上堆砖应限量。

（五）使用钢制脚手架应考虑防电、防雷措施。

（六）六级以上大风、大雪、大雨天气，应暂停在脚手架上作业。

二、材料堆置与运输

（一）砖堆距沟槽边应大于1.0m以上，砖垛高度不超过1.5m。不得在沟槽边或脚手架上大量浇水；

（二）在取用砖时，按砖垛顺序自上往下，防止垛倒伤人；

（三）运输机具要经常检查，防止超载，发现隐患及时排除。

三、砌筑

砌筑开始前，先检查操作场地是否符合安全要求，机具是否完好，道路是否畅通。一切正常再开始砌筑。

砌筑高度超过高度时，应及时搭脚手架，不得勉强砌筑，防止拿砖石时失手掉下造成伤人。

砌墙时不得站在墙体上或脚手架上修石材，以免振动墙体，影响强度和碎石掉下伤人。

不允许站在刚刚砌好的墙体上做挂线、刮缝、检查等操作。

砌砖使用的工具放置稳妥，随时将脚手架上的碎砖、灰浆清扫干净，防止掉落伤人。

复习思考题

1. 砖砌体施工应做好哪些准备工作？
2. 砖墙组砌有哪几种形式？各自优缺点？
3. 叙述砖砌体施工过程？
4. 砌筑方沟施工要点。它与砌筑拱沟有何区别？
5. 在砌筑方沟时为什么宜选用三顺一丁组砌方法？
6. 砖砌井室注意事项和操作要点。
7. 浆砌块石操作要点和质量要求。
8. 应如何选择石料？石料强度等级有几个等级？
9. 砖石工程冬季施工应注意事项。
10. 砌筑工程中应注意哪些安全事项？

第四章 钢筋混凝土工程

钢筋混凝土工程是给水排水工程施工中的主要工程,如自来水厂、污水处理厂中的构筑物大部分都是钢筋混凝土结构。所以,在给水排水施工中占有重要的地位。

钢筋混凝土结构分为整体式和装配式两大类。给水排水工程结构大部分都属于现浇整体式。

现浇钢筋混凝土工程包括模板工程、钢筋工程和混凝土工程3个部分,其一般施工过程如图4-1所示。

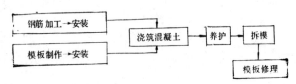

图 4-1 钢筋混凝土施工程序

第一节 模 板 工 程

模板结构由模板和支架两部分组成。模板的作用是使混凝土成型,使硬化后的混凝土符合设计所要求的形状和尺寸。支架部分的作用是保证模板形状和位置的正确,并承受模板和新浇筑混凝土的重量以及施工荷载。

模板结构虽是施工时使用的临时结构物,但它对钢筋混凝土工程的施工质量和工程成本有很大的影响。因此,对模板结构形式、使用材料、装拆方法、拆模时间和周转次数,均应仔细研究,以便节约材料和降低工程造价。

一、模板的分类和对模板结构的要求

(一) 模板的分类

1. 按模板所用材料分:有木模板、钢模板、胶合板模板、塑料模板等。

2. 按模板施工方法分:

拆装式模板——由预制配件组成,现场组装,拆模后稍加清理和修理再周转使用。

活动式模板——按结构的形式制成工具式模板,安装后随工程的进展进行垂直或水平移动,直至工程结束才拆除,如滑升模板、提升式模板、移动式模板等。

(二) 对模板结构的要求

1. 应保证结构物形状、尺寸和各部分相互间位置符合设计要求;

2. 要具有足够的强度、刚度和稳定性,在荷载作用下模板 结 构 不会破坏、不产生位移和过大的变形;

3. 板面平整光滑,接缝严密,不漏浆;

4. 构造简单,便于制作,拆装方便,能多次周转使用;

5．支设模板应便于钢筋的绑扎与安装，便于浇筑混凝土。

二、木模板

目前大力推广组合钢模板，但在不同的地区，还有相当数量的工程使用木模板。

（一）木材

在模板制作、安装使用中，根据不同要求，选用不同等级的木材。

1．红松　木节小，变形小，年轮清晰、均匀，含树脂多，抗腐朽力强，多用于模板板面。

2．白松　芯材和边材区分不明显，含树脂较少，重量轻，木质较软，富有弹性，抗拉性强，是较好的模板面材。

3．黄花松　年轮整齐，纹直粗密，木节大，易歪扭变形，适用于作模板支架。

4．杉木　纹理平直、细微，重量较轻，易于加工，耐朽性强。但易因收缩不匀发生翘曲，抗拉性较小。

制作模板一般以红松和白松较好，易加工，强度较高。黄花松不宜做板材。

（二）木模板的制作

模板和支架一般在加工厂或在现场木工棚加工成基本元件（拼板），然后再在现场进行拼装。

拼板是由一些板条用拼条钉拼而成，如图4-2所示。

木拼板的式样、长短、宽窄，可根据钢筋混凝土构件的尺寸，设计出几种标准尺寸，以便组合使用。拼板重量以两人能搬动为宜。

拼板接触混凝土的板面应压实刨光。木板拼缝应严密，防止漏浆。

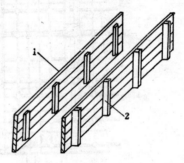

图 4-2　拼板的构造
1—板条；2—拼条

三、钢模板

钢模板是一种模数制的模板，它是由一定模数的平面模板、角模、连接件和支架系统组成，可以拼出多种尺寸和几何形状的模板，以适应多种结构类型的混凝土施工需要。

在市政工程中采用了一种新型的"S·Z"系列钢模板、钢支架。"S·Z"系列钢模板适用于钢筋混凝土结构基础、墙体、梁板和柱体工程，具有形体轻巧，结构安全可靠，通用性强，适用范围广，操作方便等优点。

"S·Z"系列钢模板由模板、连接件和支承件三部分组成。模板包括平面模板、角模板和条模；连接件有"A型"、"B型"、"G型"卡具，十字扣件、锥型螺母和花梁外拉杆等；支承件有基础模板支架、复合式花梁、组合钢支架、顶部支架和钢桁架等。"S·Z"系列模板在各结构部位的实用组合，详见图4-3所示墙体模板组合图。

（一）模板

1．平面钢模　为模板中主要组合件，它直接与混凝土接触，通常由3mm厚钢板制成模板体，模板侧面有间距为50mm的八角型卡孔，用卡具将其与钢管龙骨连接。为了保证模板之间接缝的严密，板面与边框的水平夹角为89°。

2．条模　其结构与平面钢模近似，只是宽度较窄。条模沿长度方向设有螺栓孔，用

73

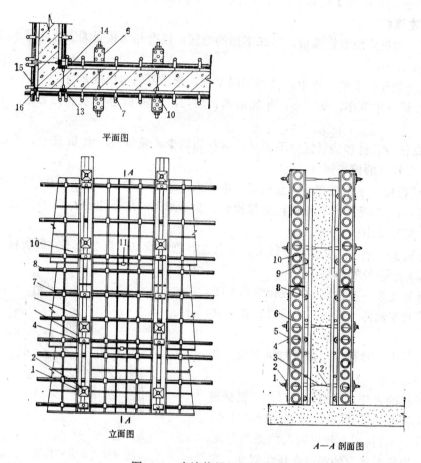

平面图

立面图

A—A 剖面图

图 4-3 直墙体模板组合图

1—花梁外拉杆；2—螺母压盖；3—内拉杆；4—螺栓；5—槽型垫板；6—花梁；7—"B"型卡子；
8—钢管龙骨；9—"G"型卡子；10—平面钢模；11—"A"型卡子；12—锥型螺母；13—条模；
14—阴角模板；15—阳角连接模板；16—十字扣件

于穿外拉杆，再与锥型螺母和内拉杆连接，以平衡混凝土的侧压力。其组合图示可见图4-4所示。

3. 阳角连接角模 用于连接墙、柱、阳角的两边侧模，如图4-3中15所示。

4. 阴角模板 用于混凝土墙、柱拐角处，它与平面钢模用卡具连接，如图4-3中14所示。

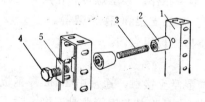

图 4-4 条模拉杆系统组合

1—条模；2—锥型螺母；3—内拉杆；4—螺栓；5—垫板

图 4-5 "A"卡和"B"卡

（二）连接件

1."A"型卡具　主要用于平面钢模与连接角模、及平面钢模自身连接的卡具。见图4-5。

2."B"型卡具　主要用于平模、条模、角模与钢管龙骨的连接。见图4-5所示。

3."G"型卡具　用于组装墙体模板时与钢管龙骨和花梁的连接。它与螺栓和槽型垫板结合使用。

除上述连接件外，还有锥型螺母、内拉杆、花梁外拉杆、螺栓压盖等连接件。

（三）支承件

1.基础支承器　根据混凝土基础厚度分为甲型（图4-6）和乙型（图4-7）两种。甲型适用于厚度≤800mm的基础；乙型适用于厚度≤500mm的基础。

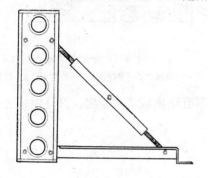

图 4-6　甲型基础支承器　　　　　　图 4-7　乙型基础支承器

2.花梁　是一种刚度大，重量轻的复合式空腹梁。它与平面钢模组合成墙体模板。

3.钢支架　包括横杆、斜杆、立柱、支架底座以及各类顶部支座 和 钢桁架等组成，用于浇筑混凝土平台、清水池顶板、楼盖等。

四、模板的构造与安装

（一）基础模板

基础模板常用于排水管道、构筑物底板的施工。基础模板结构比较简单，如图4-8所示，一般可由单块模板和支撑部分组成。

基础模板安装，先在基槽底面上弹出基础边线，将模板内侧对准边线，板面垂直，标出基础面位置，用斜撑和平撑钉牢。每隔一定距离在侧板上口钉上搭头木，以保证基础模板尺寸准确。若基础较宽时，可在模板内侧基槽底钉铁钎，边浇筑混凝土边拔出。

对于排水管道180°通基，采用平基和管座一次连续浇筑时，模板应分层安装，以便于混凝土的灌筑和振捣。

使用"S·Z"系列钢模，基础模板按设计尺寸用平面钢模组合，然后用卡具与钢管龙骨相连，后背用甲型基础支撑器顶牢。也可用老式钢模配以方木龙骨，后背用乙型支撑器顶牢。

（二）墙体和顶板模板

在给水排水构筑物中，采用现浇钢筋混凝土的方沟、水池，泵房等结构，其侧墙和顶板的模板支设分为一次支模和二次支模。具体采用哪种方法，应在施工方案中确定。

图4-9为一矩形钢筋混凝土管沟。侧墙和顶板为一次支模。内模一次支好，然后绑扎

钢筋，外模可采用插模法，随浇筑随插模。若侧墙不高，在保证浇筑混凝土振捣质量的前提下，外模也可以一次支好。

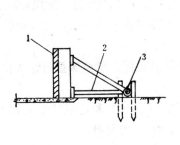

图 4-8　基础模板

1—模板；2—支撑；3—横木

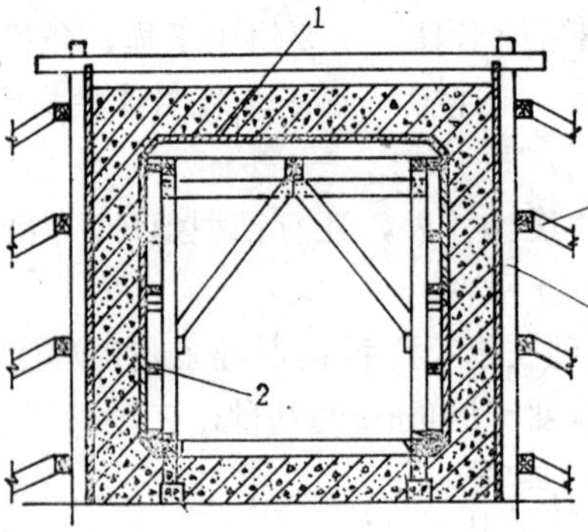

图 4-9　矩形管沟模板

1—内模板；2—支撑架；3—外模板；4—外撑木

图4-10为圆形混凝土池壁模板，其组合形式与直壁模板基本相同，只是钢管龙骨要按照水池直径大小加工成弧形，并用窄小模板拼合。

（三）柱模板

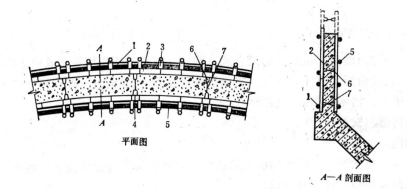

平面图

A—A 剖面图

图 4-10　圆形墙体模板组合图

1—外侧钢管龙骨；2—平面钢模；3—"B"型卡；4—条模；
5—内侧钢管龙骨；6—锥型螺母；7—内拉杆

矩形柱模板由两块相对的内拼板夹在两块外拼板之内组成的。外拼板两端用螺栓或木条箍紧，如图4-11所示。

"S·Z"体系的柱模有专用和通用两种系列，清水池柱模属于专用系列。

"S·Z"通用系列柱模由平面钢模、连接角模、A型卡和B型卡等组成。按照卡箍的不同又分为角型、槽型和管型三种。图4-12为管型卡箍柱模平面和立面组合图。

五、模板结构计算

模板结构计算包括对模板及其支撑结构的承载力计算和变形计算。

（一）作用在模板上的荷载

模板上作用的荷载分两类：一类为竖向荷载，作用在水平模板上（如水池顶盖模板、

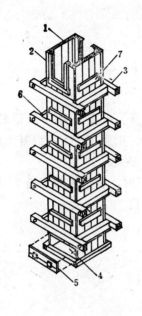
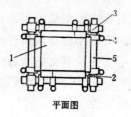
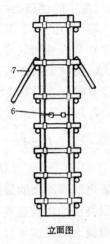

图 4-11　方形柱子模板　　　　　　　　图 4-12　管型卡箍组合图

1—内拼板；2—外拼板；3—柱撷；4—清理孔；　　　1—平面钢模；2—连接阳角；3—十字卡；4—"B"卡；

5—盖板；6—拉紧螺栓；7—拼条　　　　　　　5—钢管龙骨；6—"A"卡；7—斜撑杆

梁底模板等）；另一类为水平荷载，作用在竖向模板上（如池壁模板、柱模板、梁侧模板等）。

1. 模板及支架的自重

肋形顶板及无梁顶板的自重荷载可参考表4-1的数值采用。

顶板模板自重荷载（N/m²）　　　　　　　　　　表 4-1

项　次	模 板 构 件 名 称	木模板	钢模板
1	平板的模板及小楞木	300	500
2	顶板模板（其中包括梁的模板）	500	750
3	顶板模板及其支架	750	1100

2. 新浇筑混凝土的重量

荷载值决定于混凝土的体积和混凝土材料的自重，普通混凝土自重采用24kN/m³。

3. 钢筋重量

荷载值根据设计图纸确定。一般梁板结构每立方米钢筋混凝土的钢筋用量：楼板取1.1 kN；梁取1.5kN。

4. 施工人员及施工设备和工具的重量

计算模版及直接支承模板的小楞木时，均布荷载取2.5kN/m²；

计算直接支承小楞结构构件时，均布荷载取1.5kN/m²；

计算支架立柱及其他结构构件时，均布荷载为1kN/m²。

5. 振捣混凝土时产生的荷载

水平面模板为 $\qquad$ 2kN/m²

垂直面模板为 $\qquad$ 4kN/m²

6. 新浇筑混凝土的侧压力

影响混凝土侧压力的因素很多，如混凝土浇筑速度、混凝土的温度、混凝土振捣方法、混凝土的坍落度和有无外加剂等。混凝土浇筑速度快，则侧压力大；混凝土坍落度愈大，则侧压力也愈大；机械振捣比人工振捣产生的侧压力要大。

用内部振捣器时，当混凝土浇筑速度在6m/h以下时，新浇筑的普通混凝土作用于模板的最大侧压力，可按下列两式计算，取其中的较小值

$$P = 4 + \frac{1500}{T+30} \cdot K_s \cdot K_w \cdot V^{1/3} \tag{4-1}$$

$$P = 25H \tag{4-2}$$

式中　　P——新浇筑混凝土的最大侧压力（kN/m²）；

　　　　V——混凝土的浇筑速度（m/h）；

　　　　T——混凝土的温度（℃）；

　　　　H——混凝土侧压力计算处至新浇筑混凝土顶面的高度（m）；

　　　　K_s——混凝土坍落度影响修正系数，

　　　　　　当坍落度小于3cm时　　取$K_s = 0.85$；

　　　　　　当坍落度为5～9cm时　　$K_s = 1.0$；

　　　　　　当坍落度为11～15cm时　　$K_s = 1.15$；

　　　　K_w——外加剂影响修正系数，不掺外加剂时取1.0，掺具有缓凝作用的外加剂时取1.2。

7. 倾倒混凝土时产生的荷载

倾倒混凝土时对垂直面模板产生的水平荷载按表4-2采用

倾倒混凝土时产生的水平荷载　　　　　表 4-2

项　　次	向模板中供料的方法	作用于侧面模板的水平荷载（kN/m²）
1	用溜槽、串筒或直接由混凝土导管流出	2
2	用容量0.2及小于0.2m³的运输器具倾倒	2
3	用容量0.2～0.8m³的运输器具倾倒	4
4	用容量大于0.8m³的运输器具倾倒	6

在计算不同模板及支架时，应根据表4-3选择最不利的荷载组合。

项 次	模 板 结 构 名 称	荷 载 种 类	
		计算承载力	验算刚度用
1	平板、薄壳和拱的模板及支架	(1)+(2)+(3)+(4)	(1)+(2)+(3)
2	柱截面边长≤300mm、墙壁厚度≤100mm的模板	(5)+(6)	(6)
3	柱截面边长>300mm，墙壁厚度>100mm的模板	(6)+(7)	(6)
4	梁和拱的侧模板	(6)	(6)
5	梁和拱的底模板	(1)+(2)+(3)+(5)	(1)+(2)+(3)
6	厚大结构的模板	(6)+(7)	(6)

（二）模板计算

计算模板应使其满足承载力和变形的要求。模板的挠度允许值为：

结构表面隐蔽的模板　　　　　$[f]=\dfrac{L}{250}$

结构表面外露的模板　　　　　$[f]=\dfrac{L}{400}$

式中，L为计算跨度。

木模板的计算，一般情况是根据现有木料尺寸决定楞木与支柱的间距，钢模板主要是决定带（肋）的间距。

1．内力计算公式

单跨或双跨　　　　　$M=\dfrac{qL^2}{8}$　　　　　　　　　　　　　　(4-3)

三跨及以上　　　　　$M=\dfrac{qL^2}{10}$　　　　　　　　　　　　　(4-4)

式中　　q——线均布荷载设计值（kN/m）；

　　　　L——计算跨度（m）。

2．挠度计算公式

单跨　　　　　　　$f=\dfrac{5qL^4}{384EJ}$　　　　　　　　　　　　(4-5)

二跨及以上　　　　$f=\dfrac{3qL^4}{384EJ}$　　　　　　　　　　　(4-6)

式中　　E——材料的弹性模量（N/mm²）；

　　　　J——截面惯性矩（mm⁴）。

【例4-1】 楼（顶）板模板设计

某现浇钢筋混凝土板板面标高为＋4.00，板厚100mm（见图4-13）。木材为西南云杉（抗弯强度设计值$f_m=15$N/mm²，顺纹抗压强度设计值$f_c=12$N/mm²。弹性模量$E=10000$N/mm²。)现场木料情况：板厚25mm，小方木 50×100mm，大楞木 100×100mm。允许挠度值$\left[\dfrac{f}{L}\right]=\dfrac{1}{250}$。

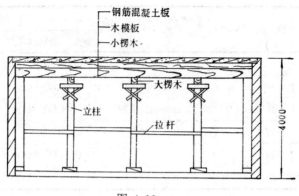

图 4-13

　　【解】　采用25mm厚木板,板宽150mm, 小楞木采用50×100mm方木, 间距1000mm; 大楞木采用100×100mm方木, 间距1200mm; 支柱采用100×100方木, 间距1500mm。

　　1. 模板计算

　　板厚25mm, 板宽150mm

　　(1) 荷载计算

$$\begin{array}{ll} \text{模板自重} & 0.5\text{kN/m}^2 \\ \text{钢筋混凝土板重} & \underline{25.1\times0.1=2.51\text{kN/m}^2} \\ & 3.01\text{kN/m}^2 \end{array}$$

工作人员和工具作用在模板上的荷载　　　　　　　　　　　2.5kN/m²

荷载设计值:

永久荷载设计值等于永久荷载乘荷载分项系数1.2, 即3.01×1.2=3.61kN/m²

可变荷载设计值等于可变荷载乘荷载分项系数1.4, 即2.5×1.4=3.5kN/m²

　　(2) 计算弯矩

小楞木的间距即为模板的跨度, 模板按双跨计算。

弯矩设计值　　$M=\dfrac{1}{8}ql_0^2=\dfrac{1}{8}\times(3.61+3.5)\times1^2=0.8875\text{kN·m}$

　　(3) 按承载力计算

$$\sigma_m=\frac{M}{W_n}=\frac{0.8875\times10^6}{\dfrac{1000\times25^2}{6}}=8.52\text{N/mm}^2<f_m=15\text{N/mm}^2 \quad (\text{满足})$$

　　(4) 挠度验算 (采用荷载标准值)

板宽150mm　　$q=5.51\times0.15=0.826\text{kN/m}$

$$E=10\times10^3\text{N/mm}^2$$

$$J=\frac{bh^3}{12}=\frac{150\times25^3}{12}=195312.5\text{mm}$$

$$f=\frac{3ql_0^4}{384EJ}=\frac{3\times0.826\times1000^4}{384\times10\times10^3\times195312.5}=3.3\text{mm}$$

$$\frac{f}{l}=\frac{3.3}{1000}=\frac{1}{303}<\left[\frac{f}{l}\right]=\frac{1}{250} \quad (\text{满足})$$

2. 小楞木计算

小楞木采用 50×100mm 方木，按三跨计算（大楞木的间距即为小楞木的跨度）

（1）荷载计算

荷载标准值 $q_k = 5.51 \times 1 = 5.51 \text{kN/m}$

荷载设计值 $q = 7.11 \times 1 = 7.11 \text{kN/m}$

（2）计算弯矩

弯矩设计值 $M = \frac{1}{10} q l_0^2 = \frac{1}{10} \times 7.11 \times 1.2^2 = 1.0238 \text{kN·m}$

（3）承载力计算

$$\sigma_m = \frac{M}{W_n} = \frac{10238.00}{\frac{50 \times 100^2}{6}} = 12.3 \text{N/mm}^2 < f_m = 15 \text{N/mm}^2 \text{（满足）}$$

（4）挠度验算

$$J = \frac{bh^3}{12} = \frac{50 \times 100^3}{12} = 4166666.6 \text{mm}^4$$

$$f = \frac{3ql_0^4}{384EJ} = \frac{3 \times 5.51 \times 1200^4}{384 \times 10000 \times 4166666.6} = 2.14 \text{mm}$$

$$\frac{f}{l} = \frac{2.14}{1200} = \frac{1}{560} < \left[\frac{f}{l}\right] = \frac{1}{250} \text{（满足要求）}$$

由以上计算可知，当 $\frac{f}{l} = \frac{1}{250}$ 时，仅按承载力计算即可。

3. 大楞木计算

大楞木采用 100×100mm 方木，按双跨计算（支柱的间距即为大楞木的跨度）。

（1）荷载计算

小楞木支承在大楞木上，应按集中荷载计算，为计算方便，仍按均布荷载考虑：

荷载设计值 $q = 7.11 \times 1.2 = 8.53 \text{kN/m}$

（2）计算弯矩

弯矩设计值 $M = \frac{1}{8} q l^2 = \frac{1}{8} \times 8.53 \times 1.5^2 = 2.32 \text{kN·m}$

（3）按承载力计算

$$\sigma_m = \frac{M}{W_n} = \frac{2320000}{\frac{100 \times 100^2}{6}} = 13.9 \text{N/mm}^2 < f_m = 15 \text{N/mm}^2 \text{（满足）}$$

4. 支柱稳定计算

支柱采用 100×100mm 方木

工作人员和工具作用在模板上的荷载按 1kN/m² 计算，则模板荷载设计值为 $3.01 \times 1.2 + 1 \times 1.4 = 5 \text{kN/m}^2$

支柱承受的荷载 $N = 5 \times 1.5 \times 1.2 = 9 \text{kN}$

支柱计算高度 $l_0 = 4000 - 100 - 100 - 25 - 100 = 3675 \text{mm}$

$$J = \frac{bh^3}{12} = \frac{100 \times 100^3}{12} = 8333333.3 \text{mm}^4$$

$$A = 100 \times 100 = 10000 \text{mm}^2$$

$$i = \sqrt{\frac{I}{A}} = \sqrt{\frac{8333333}{10000}} = 28.86 \text{mm}$$

$$\lambda = \frac{l_0}{i} = \frac{3675}{28.86} = 127.3$$

$$\varphi = \frac{3000}{\lambda^2} = \frac{3000}{127.3^2} = 0.185$$

$$\frac{N}{\varphi A_n} = \frac{90000}{0.185 \times 10000} = 4.9 \text{N/mm}^2 < f_c = 12 \text{N/mm}^2$$

【例4-2】 井壁模板计算

钢筋混凝土圆形井壁各部分尺寸如图4-14所示,井壁模板支设如图4-15所示。木材采用红松($f_m = 13 \text{N/mm}^2$,$E = 9000 \text{N/mm}^2$)。采用插入式振动器振捣,用容量为0.2m³的运输器具倾倒混凝土。

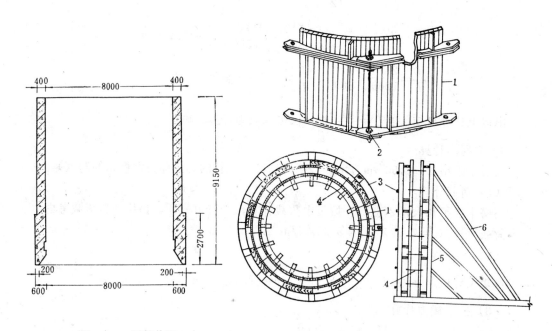

图 4-14　圆形井壁

图 4-15　池壁模板设计

1—池壁板条; 2—螺栓; 3—钢筋箍; 4—螺栓; 5—立柱; 6—斜撑

【解】 1. 模板计算

内模沿圆周均分24块,每块弧长3.14×8÷24=1.046m

板厚25mm,板宽100mm,允许挠度$\left[\dfrac{f}{l}\right] = \dfrac{1}{250}$。

(1)荷载计算

混凝土侧压力　　　　　　　　$\gamma_R = 25 \times 0.75 = 18.75 \text{kN/m}^2$

倾倒混凝土时的水平动力荷载　$\dfrac{2 \text{kN/m}^2}{20.75 \text{kN/m}^2}$

荷载设计值 $\qquad\qquad 20.75 \times 1.4 = 29.05 \text{kN/m}^2$

（2）弯矩计算

设木模横带间距为600mm，则板的计算跨度$l_0 = 0.6\text{m}$；弯矩设计值$M = \frac{1}{8}ql_0^2 = \frac{1}{8} \times$

$29.05 \times 0.6^2 = 1.307 \text{kN} \cdot \text{m}$

（3）承载力计算

$$\sigma_m = \frac{M}{W_n} = \frac{1307000}{\dfrac{1000 \times 25^2}{6}} = 12.5 \text{N/mm}^2 < f_m = 13 \text{N/mm}^2 \text{（满足）}$$

（4）挠度验算（采用荷载标准值）

板宽100mm $\qquad q = 20.75 \times 0.1 = 2.075 \text{kN/m}$

$$J = \frac{bh^3}{12} = \frac{100 \times 25^3}{12} = 130208.3 \text{mm}^4$$

$$f = \frac{3ql_0^4}{384EJ} = \frac{3 \times 2.075 \times 600^4}{384 \times 9000 \times 130208.3} = 1.8 \text{mm}$$

$$\frac{f}{l} = \frac{1.8}{600} = \frac{1}{333} < \left[\frac{f}{l}\right] = \frac{1}{250} \qquad \text{（满足）}$$

2. 木横带计算

木横带选用50×150mm方木，间距0.6m，跨度1.046m（立柱的间距）

（1）荷载计算

$$q = 29.05 \times 0.6 = 17.436 \text{kN/m}$$

（2）弯矩计算

$$M = \frac{1}{8}ql_0^2 = \frac{1}{8} \times 17.436 \times 1.046^2 = 2.384 \text{kN} \cdot \text{m}$$

（3）承载力计算

$$\sigma_m = \frac{M}{W_n} = \frac{2384000}{\dfrac{50 \times 150^2}{6}} = 12.7 \text{N/mm}^2 < f_m = 13 \text{N/mm} \text{（满足）}$$

3. 立柱计算

立柱选用100×150mm方木，间距为1.046m，按连续梁计算，计算跨度$l_0 = 0.825\text{m}$。

（1）荷载计算

$$q = 29.05 \times 1.046 = 30.386 \text{kN/m}$$

（2）弯矩计算

$$M = \frac{1}{10}ql_0^2 = \frac{1}{10} \times 30.386 \times 0.825^2 = 2.068 \text{kN} \cdot \text{m}$$

（3）承载力计算

$$\sigma_m = \frac{M}{W_n} = \frac{2068000}{\dfrac{100 \times 150^2}{6}} = 5.5 \text{N/mm}^2 < f_m = 13 \text{N/mm}^2 \text{（满足）}$$

4. 外模钢筋箍计算

（1）环向拉力计算

$$N = q \cdot r = 29.05 \times \frac{8}{2} = 116.2 \text{kN/m}$$

（2）计算钢箍

钢箍采用Ⅰ级钢筋，抗拉强度设计值 $f_y = 210 \text{N/mm}^2$.

每米高需钢筋面积 $A_s = \dfrac{N}{f_y} = \dfrac{116200}{210} = 553 \text{mm}^2$；

选用 $\phi 18$ 钢筋，扣除螺纹后的净面积为 176mm^2；

每米高需钢箍根数 $n = \dfrac{553}{176} = 3.14$（根）

外模高9.15m，共需钢箍根数 $9.15 \times 3.14 = 28.7$，取29根。

六、模板的安装

模板的安装包括放样、立模、支撑加固、吊正找平、尺寸校核、堵塞缝隙及清仓去污等工序。在安装过程中，应注意下列事项：

（一）模板安装后，须切实校正位置和尺寸，垂直方向可用垂球校对，水平长度用钢尺丈量。应使模板的尺寸符合设计标准。

（二）模板各结合点与支撑必须紧密牢固，以免在浇捣过程中发生裂缝、变形等现象。

（三）凡属承重的梁板结构，跨度大于4m以上时，由于地基的沉陷和支撑结构的压缩变形，跨中应预留起拱高度，每米增高3mm，两边逐渐减小，至两端同原设计高程相等。

（四）为避免拆模时建筑物受到冲击或震动，安装模板时，支柱下端应设置硬木楔形垫块。支撑不得直接支撑于地面，应安装在垫木（板）上，使撑木有足够的支承面积，以免沉陷变形。

（五）模板安装完毕，最好立即浇筑混凝土，以防日晒雨淋导致模板变形。为保证混凝土表面光滑和便于拆卸，宜在模板表面涂抹肥皂水、润滑油等脱模剂。夏季或在气候干燥情况下，为防止模板干缩裂缝漏浆，在浇筑混凝土之前，需洒水养护。

（六）在浇筑混凝土以前，应将模板内的木屑等杂物清除干净，并仔细检查各联结点及接头处的螺栓、拉条、楔木等有无松动滑脱现象。

（七）模板安装偏差应不超过表4-4和表4-5规定的数值。

管道基础及管座模板允许偏差 表4-4

项　　　　目	允许偏差（mm）
基础中心线每侧宽度	±5
基础高程	−5
管座肩宽及肩高	+10 −5

七、模板的拆卸

决定模板拆除时间的因素很多，主要取决于混凝土硬化的强度、模板承重情况、结构

项　　目		允许偏差（mm）
轴线位置	底板	10
	池壁、柱、梁	5
高程		±5
平面尺寸 （混凝土底板和池体的 长、宽或直径）	$L \leqslant 20m$	±10
	$20m < L \leqslant 50m$	±L/2000
	$50m < L \leqslant 250m$	±25
混凝土结构截面尺寸	池壁、柱梁、顶板	±3
	洞、槽、沟净空， 变形缝宽度	±5
垂直度（池壁、柱）	$L \leqslant 5$	5
	$5m < H \leqslant 20m$	H/1000
表面平整度（用2m直尺检查）		5
中心位置	预埋件、预埋管	3
	预留洞	5
相邻面表面高低差		2

注：1. L为混凝土底板和池体的长、宽或直径。
　　2. H为池壁、柱的高度。

的性质和混凝土硬化时的气温。及时拆模，可以提高模板的周转率，也可为后续工序创造工作面。整体式现浇结构拆模时所需混凝土强度见表4-6。如过早拆模，混凝土尚未达到一定强度而不能承受自重或受外力而变形甚至断裂，造成重大质量事故。

整体现浇混凝土底模板拆模时间所需混凝土强度　　　　　表 4-6

结构类型	结构跨度（m）	达到设计强度的百分率（%）
板	$\leqslant 2$	50
	$> 2, \leqslant 8$	70
梁	$\leqslant 8$	70
	> 8	100
拱、壳	$\leqslant 8$	70
	> 8	100
悬臂构件	$\leqslant 2$	70
	> 2	100

（一）不承重的侧模板拆除日期，在混凝土强度达到2.5N/mm²后，并能保证其表面及棱角不因拆模而受损坏时即可拆模。

（二）承重模板的拆除日期，在混凝土强度达到表4-3要求的强度后，即可拆除。

（三）拆模时应注意的事项：

1. 模板拆除工作应遵守一定的方法和步骤。拆模时要根据模板各结点构造情况,逐块松卸。首先去掉扒钉、螺栓等连接铁件,然后用撬棍将模板松动或用木楔插入模板与混凝土接触面的缝隙中,以锤击木楔,使模板与混凝土面逐渐分离。拆模时,禁止用重锤直接敲击模板,避免使混凝土受到强烈震动或将模板损坏。

2. 拆卸拱模板时,应先将支柱下的木楔缓慢放松,使拱架徐徐下降,避免拱因模板突然大幅度下落而担负全部自重,并应从跨中向两端对称拆卸。

3. 模板拆完后,应将附着在模板面上的水泥砂浆清理干净,损坏部分需加修整,板上的圆钉应及时拔除,以免扎脚伤人。钢模板清理后刷油。卸下的螺栓应与螺帽、垫圈等拧在一起,并涂油防锈。所有模板应按规格分放,妥善保管,以备周转使用。

第二节 钢 筋 工 程

一、钢筋的种类及级别

我国目前常用的钢筋按化学元素不同,分为热轧碳素钢和普通低合金钢两种。按生产加工工艺的不同分为：热轧钢筋、热处理钢筋、冷拉钢筋和钢丝四种。

（一）热轧钢筋

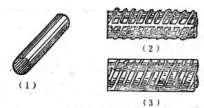

图 4-16 钢筋形状
（1）光面钢筋；（2）螺纹钢筋；（3）月牙纹钢筋

热轧钢筋由钢铁厂直接热轧制成,按其强度由低到高分为Ⅰ、Ⅱ、Ⅲ、Ⅳ4个级别。

Ⅰ级热轧钢筋（3号钢）——表面光圆,属低碳钢,强度较低,但塑性和可焊性好。

Ⅱ级热轧钢筋（20锰硅、20锰铌半）——表面有人字纹形、螺纹形和月牙纹形3种,也称变形钢筋。强度比较高,塑性和可焊性比较好。

Ⅲ级热轧钢筋（25锰硅）——表面形状同Ⅱ级钢筋,强度较高,塑性和可焊性也比较好。

Ⅳ级热轧钢筋（40硅2锰钒、45硅锰钒、45硅2锰钛）——表面形状与Ⅱ级钢相同。强度很高,可焊性较差。

图4-16表示常见钢筋外形图。

热轧钢筋的力学性能,详见表4-7。

（二）热处理钢筋

热处理钢筋是由Ⅳ级热轧钢筋经过淬火和回火处理后制成的。热处理钢筋强度高,可作为预应力钢筋。

（三）冷拉钢筋

冷拉钢筋是由热轧钢筋在常温下用机械拉伸而成。冷拉钢筋也分为四个级别：冷拉Ⅰ级、冷拉Ⅱ级、冷拉Ⅲ级、冷拉Ⅳ级。

（四）钢丝

1. 碳素钢丝

钢 筋 力 学 性 能 表 4-7

钢 筋 级 别	直 径 (mm)	屈服强度 (N/mm²)	抗拉强度 (N/mm²)	伸长率 δ_{10} (%)	冷 弯	
		不 小 于			弯曲角度	弯曲半径
Ⅰ级	≤12	280	370	11	180°	$3d$
Ⅱ级	≤25	450	510	10	90°	$3d$
	28～40	430	490	10	90°	$4d$
Ⅲ级	8～40	500	570	8	90°	$5d$
Ⅳ级	10～28	700	835	6	90°	$5d$

注: 1. d为钢筋直径;

2. 表中冷拉钢筋的屈服强度值，系现行国家标准《混凝土结构设计规范》中冷拉钢筋的强度标准值;

3. 钢筋直径大于25mm的冷拉Ⅲ、Ⅳ级钢筋、冷弯弯曲直径应增加1d。

碳素钢丝是用高碳光圆盘条钢筋经冷拉和矫直回火制成的。这种钢丝强度高，用作预应力钢筋。

2. 刻痕钢丝

刻痕钢丝是把上述碳素钢丝的表面经过机械刻痕而制成的。

3. 钢铰线

钢铰线是把七根碳素钢丝用铰盘铰在一起而成的。

4. 冷拔低碳钢丝

冷拔低碳钢丝一般是用小直径的低碳光圆钢筋在施工现场或预制构件厂用拔丝机经过几次冷拔而成的。

二、钢筋的验收与保管

钢筋是否符合质量，直接影响结构物的质量与安全。因此，对钢筋原材料必须进行认真检查验收和妥善保管。

钢筋进到现场应有出厂质量证明书或试验报告单，每捆（盘）钢筋均有标牌。验收内容包括核对标牌、外观检查，并按有关规定标准抽样作机械性能试验，合格后才能使用。

钢筋外观检查，热轧钢筋的表面不得有裂纹、结疤，钢筋表面凸块不允许超过肋纹的高度，钢筋表面不得有锈蚀的鳞片、凹坑等。

热轧钢筋的抽样，有出厂证明书或试验报告单，抽样数量及方法见有关规定。试验的方法是在每一个取样单位中，任意选两根钢筋，每根钢筋取一套试样，在每套试样中取一根试件作拉力试验（测屈服点、抗拉强度、伸长率），另一根试件作冷弯试验，试验按有关标准的规定进行。如果有一试验项目的结果不能符合规定时，应另取双倍数量的试件对不合格的项目进行第二次试验，如仍有一个试件不合格，则该批钢筋不能验收。

碳素钢丝、刻痕钢丝，以3t为一个取样单位。取样时在这批钢丝中任选19%的盘数，但不得少于6盘，由每盘钢丝端部截去50cm，再各取一套（两根）试样，其中一根作拉力试验，另一根作弯曲试验。试验都应按有关标准的规定进行。

钢筋在加工中如发生脆断、焊接性能不良或机械性能显著不正常等现象时，应进行化学成分试验分析。

钢筋储存时，必须严格按批分别堆放。垛底应垫高，防止浸水锈蚀和污染。钢筋保管应注意以下几点：

1. 钢筋不可直接堆放于地面，钢筋应置于垫木或混凝土块上，最好置于架上；
2. 钢筋按不同等级、牌号、直径、长度分别挂牌堆放，并标明数量；
3. 钢筋堆放处，禁止放酸、盐、油一类物品。

三、钢筋的冷拉

钢筋的冷拉是在常温下对钢筋施加拉力，以超过钢筋屈服点的某一应力值拉伸钢筋，使钢筋产生塑性变形，改变钢筋的内部组织结构，从而提高钢筋的强度。

钢筋的冷拉方法分两种：一种方法是在冷拉时控制冷拉应力；另一种方法是控制冷拉率。

当采用控制应力方法冷拉钢筋时，其冷拉控制应力及最大冷拉率应符合表4-8的规定。

冷拉控制应力及最大冷拉率　　　　　　　表 4-8

钢筋级别	钢筋直径(mm)	冷拉控制应力(N/mm²)	最大冷拉率（%）
Ⅰ级	≤12	280	10.0
Ⅱ级	≤25	450	5.5
	28~40	430	
Ⅲ级	8~40	500	5.0
Ⅳ级	10~28	700	4.0

当采用控制冷拉率方法冷拉钢筋时，冷拉率由试验确定，试件数量不得少于4个。在将要进行冷拉的一批钢筋中，选取试件，进行拉力试验，测定其应力达到表4-9所规定的冷拉应力时的冷拉率，计算各试件冷拉力的平均值，并以该值作为这批钢筋实际采用的冷拉率。

测定冷拉率时钢筋的冷拉应力（N/mm²）　　　　　　表 4-9

钢筋级别	钢筋直径(mm)	冷拉应力
Ⅰ 级	≤12	310
Ⅱ 级	≤25	480
	28~40	460
Ⅲ 级	8~40	530
Ⅳ 级	10~28	730

注：当钢筋平均冷拉率低于1%时，仍按1%进行冷拉。

钢筋冷拉装置如图4-17所示。

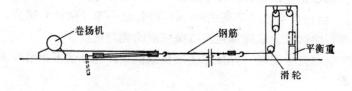

图 4-17　钢筋冷拉装置

四、钢筋配料

钢筋配料是根据构件配筋图，分别计算钢筋下料长度和根数，填写配料单，申请加工。

（一）钢筋下料长度计算

钢筋成型加工时，因弯曲或弯钩会使其长度有变化，在配料中不能直接根据图纸中的尺寸下料，必须了解混凝土保护层、钢筋弯曲、钢筋弯钩等规定进行下料计算。一般为：

直钢筋下料长度＝构件长度－保护层厚度＋弯钩增加长度；

弯起钢筋下料长度＝直段长度＋斜段长度－弯曲调整值＋弯钩增加长度；

箍筋下料长度＝箍筋周长＋箍筋调整值。

保护层厚度，见表4-10。

构筑物钢筋的混凝土保护层最小厚度（mm）   表 4-10

构件类别	工作条件	钢筋类别	保护层厚度
墙、板	与水、土接触或高温度	受力钢筋	25
	与污水接触或受水气影响	受力钢筋	30
梁、柱	与水、土接触或高温度	受力钢筋	30
		箍筋或构造筋	20
	与污水接触或受水气影响	受力钢筋	35
		箍筋或构造筋	25
基础、底板	有垫层的下层筋	受力钢筋	35
	无垫层的下层筋	受力钢筋	70

注：不与水、土接触或不受水气影响的构件，混凝土保护层厚度按《混凝土结构设计规范》（GBJ10—8⁹）采用。

上述钢筋若需要搭接，还应按图纸规定加钢筋搭接长度，见表4-11。

钢筋绑扎接头的最小搭接长度   表 4-11

项　次	钢筋级别	受 拉 区	受 压 区
1	Ⅰ级钢筋	$30d$	$20d$
2	Ⅱ级钢筋	$35d$	$25d$
3	Ⅲ级钢筋	$40d$	$30d$

注：1. d为钢筋直径。

2. 钢筋绑扎接头的搭接长度，除应符合本表要求外，在受拉区不得小于250mm，在受压区不得小于200nm。

3. 当混凝土强度等级为C15时，最小搭接长度应按表中数值增加5d。

1. 弯曲调整值

钢筋弯曲后。在弯曲处内皮长度缩短，外皮长度延伸，中线保持原长。因弯曲处形成圆弧，而量尺寸时又是沿直线量外包尺寸（见图4-18），因此，弯曲钢筋的量度尺寸大于下料尺寸，两者差值为弯曲调整值。根据理论计算，结合实践经验，弯曲调整值列于表4-12中。

弯曲角度	30°	45°	60°	90°	135°
调整值	$0.35d$	$0.5d$	$0.85d$	$2d$	$2.5d$

注：d 为钢筋直径。

2. 弯钩增加长度

弯钩的形式有三种：半圆弯钩、直弯钩及斜弯钩，见图4-19。

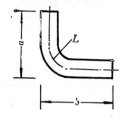

图 4-18　钢筋弯曲时量测方法

a、b—量度尺寸；L—下料尺寸

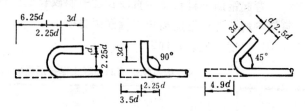

图 4-19　钢筋弯钩形式

弯钩增加长度，见表4-13。

半圆弯钩增加长度参考表（用机械弯）　　表 4-13

钢筋直径（mm）	≤6	8～10	12～18	20～28	32～36
一个弯钩长度（mm）	40	$6d$	$5.5d$	$5d$	$4.5d$

3. 弯起钢筋斜长

斜长的计算如图4-20。

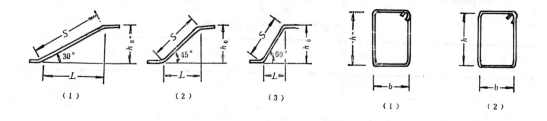

图 4-20　弯起筋斜长计算图　　　　图 4-21　箍筋量度方法

（1）弯起角度30°；（2）弯起角度45°；（3）弯起角度60°　　（1）量外包尺寸；（2）量内皮尺寸

4. 箍筋调整值

箍筋调整值为弯钩增加长度和弯曲调整值两项之差或两项之和，由箍筋量外包尺寸或内皮尺寸而定，见图4-21和表4-14。

【例4-3】已知某泵房有6根矩形梁，如图4-22所示，试计算各种钢筋下料长度。

【解】梁两端保护层取10mm，上下保护层取25mm。

1. ①号钢筋是2根 ϕ29的直钢筋，用下式计算：

箍筋弯钩增加值 表 4-14

箍筋量度方法	箍筋直径（mm）			
	4～5	6	8	10～12
量外包尺寸	40	50	60	70
量内皮尺寸	80	100	120	150～170

直钢筋下料长度＝构件长－两端保护层＋两端弯钩长

$$=6000-20+2\times6.25\times20=6230\text{mm}$$

2. ②号钢筋是2根ϕ10的架立钢筋，下料长度如下：

$$\text{下料长度}=6000-20+2\times6.25\times10=6105\text{mm}$$

3. ③号钢筋是一根ϕ18的弯起钢筋，其简图如图4-23所示

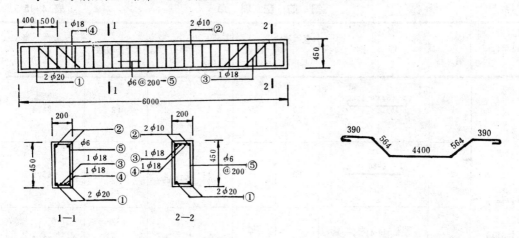

图 4-22　L_1梁钢筋图　　　　　图 4-23　③号弯起钢筋

端部平直段长：

$$400-10=390\text{mm}$$

斜端长＝（梁高－2倍保护层）×1.41＝$(450-2\times25)\times1.41=564\text{mm}$

中间直线段长为：

$$6000-2\times10-2\times390-2\times400=4400\text{mm}$$

下料长度＝外包尺寸＋端部弯钩－弯曲调整值

$$=2(390+564)+4400+2\times6.25\times18-4\times0.5\times18=6497\text{mm}$$

4. ⑤号钢筋是ϕ6的箍筋，其计算方法如下：

箍筋下料长度＝箍筋内周长＋箍筋调整值＝$(400+150)\times2+100=1200\text{mm}$

5. 箍筋的个数

$$(5980\div200)+1=31\text{个}$$

（二）配料单与料牌

配料计算完成后，需要填写配料单（表4-15），作为钢筋加工的依据。在钢筋加工中只有钢筋配料单还不够，因为加工工序很多，如切断、弯曲、直至安装，都需要根据配料单进行，因此，还需要将每一个编号钢筋制作一块料牌，作为钢筋加工过程中的依据。在钢筋安装中作为区别工程项目、构件和各种编号钢筋的标志。料牌可用100×70mm的薄木

板制成，料牌正面一般写明工程项目的编号、构件号以及构件数量，料牌背面写钢筋编号、简图、直径、钢号、下料长度及根数等。料牌如图4-24所示。

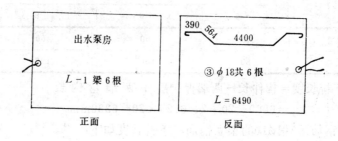

正面   反面

图 4-24 钢筋料牌

钢 筋 配 料 单

表 4-15

构件名称	钢筋编号	简图	直径(mm)	钢号	下料长度(m)	单位根数	合计根数	重量(kg)
	1	5980	20	φ	6.23	2	12	184.4
	2	5980	10	φ	6.11	2	12	45.2
L_1梁 (共6根)	3	390 564 4400	18	φ	6.49	1	6	77.8
	4	890 564 3400	18	φ	6.49	1	6	77.8
	5	400 150	6	φ	1.2	31	186	49.5

备注： φ6: 49.5kg   φ10: 45.2kg

φ18: 155.6kg   φ20: 184.4kg

五、钢筋代换

施工中如供应的钢筋品种或规格与设计图纸要求不符时，可按下述原则进行代换。

(一) 承载力相等

受力钢筋用不同级别的钢筋代换时，按承载力相等的原则进行代换，即代换钢筋的承载力应不小于施工图纸上原设计配筋的承载力。

$$f_{y1}A_{s1} = f_{y2}A_{s2} \tag{4-7}$$

式中 f_{y1}——原钢筋强度设计值；

A_{s1}——原钢筋截面积；

f_{y2}——代换钢筋强度设计值；

A_{s2}——代换钢筋截面积。

【例4-4】 某钢筋混凝土矩形截面梁,宽200mm, 高500mm,配有3Φ18纵向受力钢筋（无弯筋）, 现用Ⅰ级钢筋代换, 试确定代换后钢筋的数量。

【解】 Ⅰ级钢筋$f_y=210\text{N/mm}^2$, Ⅱ级钢筋$f_y=310\text{N/mm}^2$

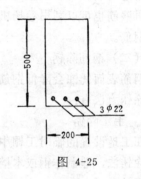

$$A_{s1}=3\times\frac{\pi}{4}18^2=763\text{mm}^2$$

$$A_{s2}=\frac{f_{y1}A_{s1}}{f_{y2}}=\frac{310\times763}{210}=1126\text{mm}^2$$

选用3φ22代换（$A_s=1140\text{mm}^2$）, 见图4-25。

图 4-25

（二）等面积代换

同级别不同直径钢筋代换或构件按最小配筋率配筋时, 可按钢筋面积相等的原则进行代换, 称"等面积代换"。即：

$$A_{s1}=A_{s2} \tag{4-8}$$

式中　A_{s1}——原钢筋截面积；

A_{s2}——代换钢筋截面积。

【例4-5】 某方沟盖板, 设计配筋每米宽为5根φ14钢筋, 拟用φ12钢筋代换, 试计算代换后每米需用的钢筋数量。

【解】 φ14的截面积为153.9mm², φ12的截面积为131.1mm²；

每米需用φ12钢筋根数 $\frac{5\times153.9}{131.1}=6.8$取7根

钢筋代换后应满足构造要求（如钢筋净距、最小直径、最少根数等）, 代换钢筋和原钢筋直径差不宜大于5mm, 在同一构件中应根据受力情况分别代换。对重要构件（如桁架吊车梁）及有裂缝控制的构件（如水池）, 钢筋代换应通过设计部门核算。

六、钢筋成型加工

钢筋成型加工顺序如下：

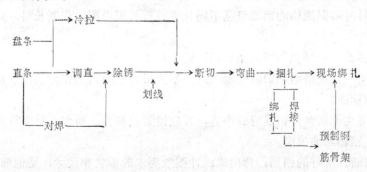

（一）钢筋的调直

钢筋调直的方法有手工调直和机械调直两种。

1. 手工调直

在工程量小、临时性工地加工钢筋的条件下，一般采取手工调直钢筋。对于冷拔低碳钢丝，可通过夹轮牵引调直；对盘圆 I 级钢筋，可采用铰盘拉直装置来调直；直条钢筋的直径较大，但弯曲平缓，可将弯折部位置于工作台的扳柱之间，利用手扳矫直。

2. 机械调直

冷拔低碳钢丝和直径不大于14mm的细钢筋，可用定型的钢筋调直机进行调直；也可以利用卷扬机拉直。调直时要注意冷拉率。

粗钢筋也可以利用卷扬机结合冷拉工序进行调直，使用后两种方法调直时，注意不要击伤钢筋。

（二）钢筋除锈

钢筋表面锈蚀会降低钢筋与混凝土的粘结力，影响结构的承载力，使用前必须除锈。通常除锈方法有：

1. 手工除锈

在工地设置的临时工棚中操作时，可用麻袋布擦或钢丝刷子刷；对较粗的钢筋，可用砂盘除锈法，即制作钢或木槽，槽盘内放入干燥的粗砂和细石子，将有锈的钢筋穿入砂盘中来回抽拉。

2. 机械除锈

对盘条钢筋，通过冷拉和调直过程自动去锈；粗钢筋用圆盘钢丝刷除锈机除锈。

对于有鳞片状锈片的钢筋，应先用小锤敲击，使锈片剥落干净，再用砂盘或除锈机除锈。

（三）钢筋切断

钢筋切断分机械切断和手工切断。钢筋切断机可切断直径6～40mm的钢筋。目前普遍用的有GJ40型和GJ40A型钢筋切断机，此外还有YQJ-32mm型电动液压切断机和GJ$_5$Y-16型手动液压切断器。手工切断又分手动切断机和克子切断法两种。克子切断法的主要工具有上、下克子、铁钻、大锤等。操作时将下克子插入铁钻中间的预留孔内，然后将钢筋放进下克子之半圆槽内，而将上克子压钢筋，并靠紧下克子，用大锤猛击上克子，使钢筋切断。

钢筋切断时应注意以下几点：

1. 断料时将同规格的钢筋根据不同长度进行长短搭配，先断长料，后断短料，以减少断头浪费。

2. 断料前，应避免用短尺量长料，防止产生累计误差。

3. 当同一种规格钢筋切断量较大时，不能用切断的钢筋作为长度度量标准，而应用同一量杆作为标准。

4. 使用克子切断，钢筋应放平直，并应钳紧或握紧，操作人员要特别注意安全。

（四）钢筋弯曲成型

将已切断、配好的钢筋，弯曲成设计图纸要求的形状和尺寸，是钢筋加工中一道主要的工序，也是技术性较高的工作。

弯曲成型的方法分手工和机械两种。手工弯曲是在成型工作台上进行，其装置如图4-26所示，所需设备包括工作台和扳手。工作台分木制和钢制两种。手工弯曲成型是现场较常用的方法，适宜弯曲直径较小的钢筋。

弯制钢筋应注意的事项：

1. 弯制钢筋前，应认真核对施工配料单，避免数字错漏造成返工。

2. 手工弯制钢筋，起弯时用力要慢，不能骤然加力，防止扳子脱滑或钢筋弯曲过多。

3. 弯制钢筋时，钢筋要放平，以免弯曲的钢筋不在一个平面上而发生翘曲。

4. 钢筋的弯钩一般应留在最后弯制，这样可以把配料、划线或弯曲过程中产生的积累误差，遗留在弯钩内，而不致影响成型钢筋的外形尺寸。

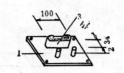

图 4-26　手摇扳手
1—底盘；2—扳柱；3—挡扳；4—扳手

（五）钢筋接头

由于钢筋长度的限制或因构件施工的原因，经常需要把钢筋接长。钢筋的连接方法分焊接和手工绑扎两种。焊接分接触焊（点焊、对焊）和电弧焊。在现场一般采用手工电弧焊，钢筋搭接如图4-27所示。手工绑扎要注意钢筋搭接长度。

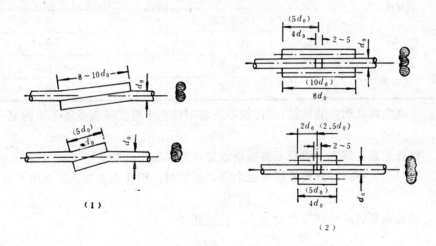

图　4-27　钢筋搭接电焊
（1）搭接焊；　（2）帮条焊

七、钢筋的绑扎和安装

为了缩短钢筋安装工期，在运输、起重条件允许的情况下，可采用先预制绑扎后安装的方法，如现浇的清水池无梁顶盖，可在钢筋加工场先分块预制成钢筋网，然后运到现场安装。

绑扎钢筋用的工具比较简单，主要是钢筋钩。绑扎钢筋所用铅丝有20～22号镀锌铝丝或20～22号钢丝（火烧丝）。绑扣形式如图4-28所示。

钢筋的绑扎应牢固，不得松动变形。绑扎接头应符合表4-11的要求。钢筋位置允许偏差应不超过表4-16的规定。

安装和绑扎钢筋时的注意事项：

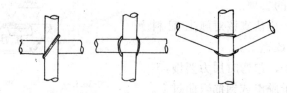

图 4-28　钢筋手工绑扎绑扣形式

钢 筋 位 置 的 允 许 偏 差　　　　　　　　　表 4-16

项　次	项　　　目		允许偏差(mm)
1	受力钢筋的间距		±10
2	受力钢筋的排距		±5
3	钢筋弯起点位置		20
4	箍筋、横向钢筋间距	绑扎骨架	±20
		焊接骨架	±10
5	焊接预埋件	中心线位置	3
		水平高差	+3
6	受力钢筋的保护层	基　础	±10
		柱、梁	±5
		板、墙	±3

（一）在高空绑扎和安装钢筋,应注意不要将钢筋集中堆在模板或脚手架的某一部位,以保安全。

（二）绑扎工具、箍筋、短筋不得随便放置在脚手架上,防止滑下伤人。

（三）尽量避免在高空修整或扳弯粗钢筋,必要时,操作人员要系安全带,防止失足摔倒。

（四）绑扎钢筋时,铅丝头要向里弯,防止扎伤。

第三节　混 凝 土 工 程

混凝土施工过程包括配料、拌制、运输、浇筑和养护等施工过程。各施工过程是相互联系又相互影响,其中某一过程操作不当均会影响浇筑混凝土的质量。因此,在浇筑混凝土过程中,应做好每一施工环节,严格按照操作规程办事。

一、准备工作

（一）场地布置

采用现场拌制混凝土时,在施工组织设计中,现场总平面布置上应确定搅拌站合理位置,并包括堆放砂、石子和水泥的位置。

搅拌站生产能力须满足混凝土浇筑高峰时的用量。其位置应靠近浇筑点,这样可缩短运距,提高工效和保证浇筑质量。运输道路要平坦、畅通,夜间施工应设置足够的照明。

（二）机具和劳动力组织

浇筑前要做好机具的配置和劳力的组合与分工。如运输工具、振捣器、水、电供应；冬雨季施工时必要措施的用具等。劳动力分工明确，并进行技术安全交底，使每位参与混凝土施工人员明确责任。在连续浇筑混凝土工程中，不应因机具或劳力不足而影响混凝土浇筑质量或中断浇筑。

（三）检查与验收

混凝土浇筑前应做好以下检查工作：

1．检查混凝土的配合比是否已根据施工现场的具体情况进行了调配。各种用料和外加剂是否符合质量要求并且备足。计量设备是否完好等。

2．检查模板支搭尺寸、标高是否符合设计要求，板缝是否严密，支搭是否牢固。预埋件、预留孔位置、尺寸是否正确。模板表面涂刷机油或肥皂水，以利拆模和使混凝土表面光洁。

3．检查钢筋绑扎是否符合设计要求。如钢筋规格、间距、接头和保护层等尺寸是否符合要求。并填写隐蔽工程验收单。

4．检查运输道路、脚手架等是否安全可靠，防止发生意外事故。

5．检查水、电供应情况，防止供应中断。

总之，混凝土开始搅拌前，要做好各项准备工作，落实到人，确保混凝土施工的顺利进行。

二、混凝土浇筑过程

（一）配料

配料系指按照混凝土配合比，根据搅拌机出料容量，确定每次投加砂、石子、水泥、水和外加剂的用量，简称配料。

配料是保证混凝土质量的重要环节之一。配料不准，使得水灰比、含砂率发生变化，直接影响混凝土强度。

1．施工配合比的换算

混凝土配合比是在试验室条件下确定的，但是，现场使用的砂、石子含有一定水份，所以，现场拌制混凝土，应随时测定砂、石的含水量，尔后将实验室配合比换算成实际含水量情况下的施工配合比。

举例说明如下：已知实验室配合比为：水泥：砂：石子＝ $1 : x : y$，现场实测砂含水量为 w_x，石子含水量为 w_y，则施工配合比应为：$1 : x(1+w_x) : y(1+w_y)$。

按实验室配合比 $1m^3$ 混凝土水泥用量为 $C(kg)$，水灰比 $\left(\dfrac{w}{C}\right)$ 保持不变，其换算后材料用量为：

$$
\begin{aligned}
\text{水泥} \qquad & C' = C \\
\text{砂} \qquad & C_{砂} = C_x(1+w_x) \\
\text{石子} \qquad & C_{石} = C_y(1+w_y) \\
\text{水} \qquad & w' = w - C_x w_x - C_y w_y
\end{aligned}
$$

【例4-6】 已知混凝土实验室配合比为 $1 : 2.5 : 5.5$，水灰比为0.6，每 $1m^3$ 混凝土水泥用量为251kg，测得砂含水量为4%，石子含水量为2%。

试求施工配合比

【解】 $1 : 2.5(1+4\%) : 5.5(1+2\%)=1 : 2.6 : 5.61$

则每$1m^3$混凝土材料用量为：

水泥	251kg
砂	$251 \times 2.6 = 652.6kg$
石子	$251 \times 5.61 = 1408.1kg$
水	$251 \times 0.6 - 251 \times 2.5 \times 4\% - 251 \times 5.5 \times 2\% = 97.9kg$

2. 施工配料

一般混凝土配料，是按工地选用的搅拌机出料容量确定每次投加整袋水泥，计算出砂、石子的每次投加量。例如上题中拌制$1m^3$混凝土，其材料用量为已知，若搅拌机一次只能投加一袋（即50kg）水泥，试问砂、石和水每次投加各为多少？

砂子	$652.6 \times \dfrac{50}{251} = 130kg$
石子	$1408.1 \times \dfrac{50}{251} = 280.5kg$
水	$97.9 \times \dfrac{50}{251} = 19.5kg$

3. 外加剂掺法

目前掺加外加剂方法有三种：

(1) 将外加剂直接掺入水泥中，如加气水泥、塑化水泥等。施工现场较少采用。

(2) 水溶液法　外加剂用水配制成一定比重的水溶液，在搅拌混凝土时，按掺加量取一定体积水溶液，投入搅拌机进行拌合。这种方法使用较为广泛。

(3) 干掺法　是以外加剂为基料，以粉煤灰、石粉为载体，经过烘干、研磨等工序制成。搅拌混凝土时，将袋装掺料按掺加量倒入水泥中，再与其骨料拌合。这种方法，操作方便，投加量较准确。

(二) 混凝土的搅拌

混凝土的搅拌是将水泥、粗、细骨料和水等组成材料进行拌合的过程。使拌合物在一定时间内质地均匀、颜色一致，具有一定的流动性。

1. 搅拌方法

混凝土搅拌方法分为人工拌合与机械拌合两种方法。

人工拌合一般需要4～6人，用小平锹在铁盘上拌合，常用"三一四"法，即按配合比先将砂子与水泥干拌三遍，拌匀后加石子干拌一遍，然后将拌合干料往四周堆放，加水再湿拌四遍，使混凝土均匀一致。

这种拌合方法质量不稳定，劳动强度大，耗用水泥量多，目前基本上不采用，但是特殊情况时，如缺少电源，混凝土用量较少时也可采用。

混凝土搅拌常采用搅拌机拌合，这种方法减轻劳动强度，生产质量较稳定，生产效率也较高。下面分述机械拌合方法有关问题

2. 搅拌机的选择

混凝土搅拌机按搅拌原理有自落式搅拌机及强制式搅拌机两类。

(1) 自落式搅拌机

自落式搅拌机的搅拌鼓筒内壁焊有弧形叶片，随着鼓筒的转动，混凝土拌合料在筒内作自由落体式翻转搅拌，达到混合均匀目的。

自落式搅拌机多用于拌制塑性混凝土和低流动性混凝土。它的优点是筒体和叶片磨损小，便于清洗。但耗用动力多，生产效率低，搅拌时间每盘需要90～120s。

(2) 强制式搅拌机

强制式搅拌机的鼓筒本身不转动，筒内设有两组叶片，搅拌时叶片旋转，将拌合料强行搅拌，直至拌合均匀。这类搅拌机搅拌作用强烈，多用于生产干硬性混凝土和轻骨料混凝土。它的优点是搅拌质量好、时间短、生产效率高等。但机件磨损严重，一般需用高强合金钢或耐磨材料做内衬。这类搅拌机多用于集中搅拌站或预制构件厂中。

选用搅拌机应依据混凝土最高日用量、浇筑速度的要求，坍落度和骨料尺寸等因素选定。

搅拌机生产率是以单位时间内搅拌次数与每次出料容量的乘积计算。

表4-17列出搅拌机主要技术规格供参考。

搅 拌 机 主 要 技 术 规 格　　　　　　　　表 4-17

项　　　　目	自　　落　　式					强　　制　　式		
	J_1-250 移动式	J_1-250A 移动式	J_1-400 移动式	J_1-400A 移动式	J_1-800 固定式	J_4-375 移动式	J_4-1500 固定式	JQ500
干料容量(L)	250		400		800	375	1500	500
出料容量(L)	160		200		530	250	1000	—
拌合时间(min)	2		2		1.5～2	1.2	2	1.5
平均搅拌能力(m³/h)	3～5		6～12		—	12.5	50	20
筒体转数(r/min)	18		18		14	—	20	28.5
电动机功率(kW)	5.5		7.5		17	10	55	30

3. 使用搅拌机注意事项

(1) 搅拌机位置应靠近混凝土构筑物附近，安装搅拌机应用方木垫起前后轮轴，使轮胎架空，防止工作时移动。

(2) 启动搅拌机前，先检查传动离合器和制动器是否灵活可靠，各部位是否正常，润滑情况等，均处于正常状态，再启动搅拌机，先空转2～3min，若正常即可投入使用。

(3) 搅拌机投入工作以后，注意运行是否正常。停机以后，及时检查叶片和螺丝有无松动。

当混凝土搅拌完成后或停机1h以上，应将余料出净，用石子和清水搅拌5min左右，将粘在筒上的砂浆冲洗干净并全部卸出。同时将筒外积灰也清除干净。

4. 搅拌制度的确定

混凝土的搅拌质量好坏，除合理地选择搅拌机的型号外，还必须合理确定搅拌制度。搅拌制度包括搅拌时间、投料顺序和进料容量等。

(1) 搅拌时间

搅拌时间系指全部组成材料投入鼓筒起至开始卸料止所经历的时间。它与搅拌质量密切相关。时间过短，拌合物不均匀，会影响混凝土的和易性和强度；时间过长，不仅影响搅拌机的生产效率，也会使混凝土粗骨料掉角、破碎而影响混凝土的质量。混凝土搅拌时间可参照表4-18。掺有外加剂时，可适当延长搅拌时间。

混凝土搅拌最短时间（s）　　　　　　　　　表 4-18

坍落度 （mm）	搅拌机类型	搅拌机进料量(L)		
		＜250	250～500	＞500
≤30	强制式	90	90	120
	自落式	90	120	150
＞30	强制式	60	60	90
	自落式	90	90	120

（2）投料顺序

投料顺序应从减少拌合物与鼓筒的粘结，减少水泥飞扬，改善工作环节，节约水泥等因素考虑。一般在上料斗中倒料顺序为：石子→水泥→砂。以便上料斗将按砂→水泥→石子的顺序进入鼓筒，这样可减少拌合物与搅拌鼓筒的粘结，最后加水拌制。

（3）进料容量

进料容量系指将搅拌前各种组成材料的体积累积起来的容量，又称干料容量。干料加水后水泥砂浆填充骨料孔隙，拌合物出料容量的体积比干料自然总体积减少。通常进料容量为出料容量的1.4～1.8倍。

进料容量不得超过搅拌机标准容量的10%，超量过多，影响拌合物在筒内充分掺合，混凝土搅拌不均匀；反之，进料少影响生产效率。

投料时必须过秤，其进料误差为：水泥→±2%；砂、石子±3%；水±2%；外加剂溶液±2%。

5．集中搅拌站

集中搅拌站是供给施工现场需用混凝土，用混凝土运输车送往施工现场。在大、中型城市，可跨企业生产商品混凝土。

这种固定式集中搅拌站，可以做到自动上料、自动秤量，大大提高了混凝土施工机械化和自动化水平，改变了传统生产方式，也有利于现场文明施工和加快施工进度。

一般集中搅拌站生产工艺流程如图4-29所示。

（三）混凝土的运输

1．运输混凝土的要求

（1）混凝土自搅拌机卸出后，应及时运至浇筑现场，保证混凝土在初凝前入模并振捣完毕；

（2）混凝土在运输过程中，应保持匀质性，做到不分层、不离析、不漏浆，具有规定的坍落度；

（3）经常清除运输容器内壁附着的硬化混凝土残渣；

（4）要有足够运输能力，保证混凝土连续浇筑；

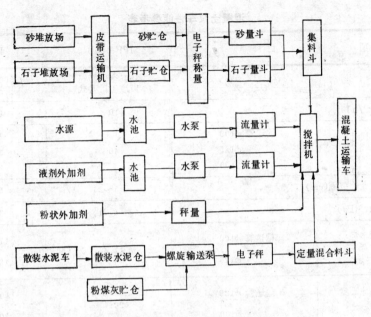

图 4-29 集中搅拌站生产工艺流程

(5) 施工时如遇雨天应加遮盖，寒冷天气应有保温措施。

2. 运输设备

混凝土的运输包括水平运输和垂直运输。

地面水平运输设备有双轮手推车、机动翻斗车、自卸汽车和混凝土运输车等。手推车和机动翻斗车多用于运距较短的现场内运输。混凝土运输车是一种较长距离运送混凝土的机械，将运送混凝土的搅拌筒安装在汽车底盘上，从集中搅拌站装入混凝土拌合物，运至施工现场。在运输中，混凝土搅拌筒不停地作慢速旋转，防止在长距离运输中，产生离析现象。在运输距离较长时，可采用装入混凝土干料，在运输途中加水搅拌，防止混凝土在运输过程中离析或临近初凝。

目前国产常用混凝土搅拌车技术性能见表4-19。

混凝土搅拌运输车主要性能　　　　　　　　　　　　表 4-19

项　目	JBC-1.5C	JBC-3T	TV-3000
拌筒容积(m³)			5.7
额定装料容积(m³)	1.5	3~4.5	5.0
拌筒转速(r/min) 运行搅拌 进出料搅拌	2~4 6~12	2~3 8~12	2~4 6~12
卸料时间(min)	1.3~2	3~5	

与混凝土运输车配套使用的有混凝土泵车，将混凝土泵装置在汽车底盘上，依靠泵的压力将混凝土沿着全回转折叠臂式布料杆，把混凝土直接输送到浇筑作业面。混凝土泵车具有输送能力大、浇筑速度快、生产效率高、节省人力，而且机动灵活，改善了施工环境。混凝土泵车技术性能见表4-20。

混凝土泵车性能参考表　　　　表 4-20

项　　　目		IPF-185B	IPF-75B
型　　　　式		360°全回转三段液压折叠式	360°全回转液压三级伸缩式
最大输送量(m³/h)		10	10~75
粗骨料的最大尺寸 (mm)	输送管 φ100		25(砾石30)
	φ125	40	30(砾石40)
	φ150		40(砾石50)
混凝土坍落度允许范围(cm)		5~23	5~23
常用泵送压力(MPa)		4.71	3.87
布料杆工作半径 (m)	输送管 φ100		17.4
	φ125	17.4	16.5
布料杆距地高度 (m)	输送管 φ125	20.7	19.8
	φ100		20.7

3. 运输道路

场内运输道路应尽量平坦，使车辆行驶平稳，防止混凝土分层离析。道路最好布置成环路，双车道，避免交通堵塞。应在开工前施工总平面图设计中统一考虑。

4. 运输时间

混凝土应以最短的时间和最少的转运次数，从搅拌站运至浇筑地点，并在混凝土初凝前浇筑完毕。混凝土延续时间可参照表 4-21 规定。若运距较长可掺加缓凝剂，其时间长短由试验确定。

混凝土从搅拌机卸出至浇筑完毕延续时间（min）　　　表 4-21

混凝土强度等级	气　　温	
	<25℃	≥25℃
≤C30	120	90
>C30	90	60

（四）混凝土的浇筑与振捣

将搅拌好的混凝土，按照要求浇入模板内，这一过程称为混凝土的浇筑（俗称入模）。入模后的混凝土摊铺一定厚度，经过机械、人工捣实这一操作过程称为振捣。浇筑与振捣二者相互联系，同时进行。它是混凝土施工中的关键工序，对混凝土的密实性、耐久性、外形是否合格等都有重要影响。

1. 浇筑前的准备工作

（1）制订浇筑施工方案

根据施工对象、结构特点、混凝土供应、施工条件等因素，确定浇筑施工方案。

（2）机具准备及检查

搅拌机、运输车辆、串筒、振捣器等机具按需要备足并布置安装就位。在使用前应进行检查和试运行。

（3）保证原材料及水、电供应

保证混凝土在浇筑中所需用的水泥、砂、石子、水、电等材料不中断。

（4）掌握天气变化情况

主动与气象预报部门联系，特别在雷雨台风季节和寒流袭击时，更应注意，备好排水设备和防寒物资。

（5）检查模板、钢筋和预埋件等是否合格，有无隐患。

由质检人员最后检查模板、钢筋等是否合格，有无松动、漏浆等现象，发现问题及时加固与修理。采用木模板时浇筑混凝土前适量洒水润湿。

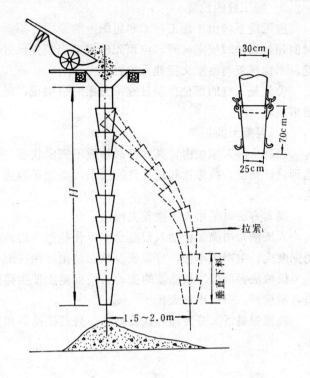

图 4-30 串筒

2. 混凝土的浇筑

（1）混凝土浇筑下料高度不宜超过2.0m，否则应设溜槽或串筒，以防混凝土产生离析现象。串筒布置如图4-30所示。

（2）在原浇筑混凝土接茬处，先凿毛冲洗后，铺15～30mm厚与混凝土成分相同的水泥砂浆，以使接茬紧密。

（3）混凝土应分层浇筑；分层厚度应根据振捣方法、搅拌供应能力、浇筑速度等因素确定。使用插入式振捣棒，其厚度小于振捣棒工作部分长度1.25倍；平板振捣器、人工振捣，其厚度小于200mm。

（4）浇筑混凝土应连续进行，以使混凝土结构有良好的整体性。应在上一层混凝土凝固前，将本层混凝土浇筑完毕。混凝土浇筑间歇时间（接茬时间），不宜超过表4-22中规定。

浇筑混凝土间歇时间（min） 表 4-22

混凝土强度等级	气 温	
	不高于25℃	高于25℃
不高于 C30	210	180
高 于 C30	180	150

3. 施工缝的设置

施工缝系指由于施工技术和组织上的原因，不能连续将结构整体浇筑完毕，而且间歇时间超过表4-22规定时间，应预先选定适当位置设置施工缝。如选在结构中伸缩缝、沉降缝、水池底板与池壁交接处等位置。

设置施工缝的部位在制订施工方案时应确定，浇筑时认真处置，防止接茬处渗漏等质量事故。

4. 混凝土的振捣

混凝土灌入模板内，其内部是松散不密实状态，含有空洞与气泡。为使混凝土密实，达到设计强度、抗渗性和耐久性的要求，必须采取适当方法，使混凝土在初凝之前加以捣实。

捣实方法可采用人工法和机械法。

人工法是用捣固铲插入混凝土中，作往返冲击运动，使混凝土密实成型。这种方法劳动强度大，生产效率低，目前较少单独使用，往往配合机械法作为辅助性振捣。

机械法振捣依靠振动器的振动力使混凝土发生强烈振动而密实成型。它的生产效率高，质量好，但噪声较大。

机械振捣器又分为插入式振捣器、外部振捣器和表面振捣器等多种形式，如图4-31所示。

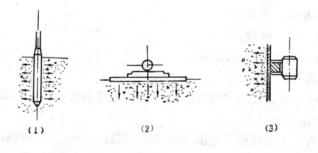

(1)   (2)   (3)

图 4-31 振捣器示意图

(1)插入式振捣器；(2)表面振捣器；(3)外部振捣器

(1) 插入式振捣器（内部振捣器）

适用于振捣基础、池壁、柱、板、梁等多种结构物。不适用于钢筋特别稠密或厚度较薄的结构物。

操作要点：

1）振捣方式可垂直振捣，即振捣棒与混凝土表面垂直插入；也可以倾斜振捣。

2）振捣器的操作 操作时应做到"快插慢拔"。快插是为了防止表面混凝土与下层混凝土发生分层；慢拔为了能填满振捣棒拔出时所形成空洞和有利排除气泡。在振捣过程中，振捣棒可略微上下抽动，有利振捣均匀。

3）振捣棒插点移动次序 振捣棒移动次序可按行列式或交错式布点，但两种方式不得混用，防止漏振。如图4-32所示。插入点间距不宜大于振捣棒作用半径1.5倍。操作时尽量避免碰撞钢筋、预埋件和模板等

4）混凝土分层浇筑时，每层浇筑厚度应小于振捣棒长度的1.25倍，在振捣上一层

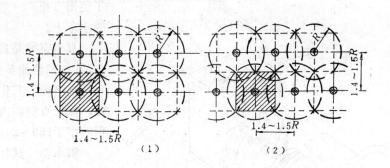

图 4-32　插点布置

(1) 行列式；　(2) 交错式

时，应插入下层中5cm左右，注意要在下层混凝土初凝前进行。

5）振捣棒在每一插点的振捣时间　其振捣时间依据经验，视混凝土表面呈水平，表面出现水泥浆和不再出现气泡和沉降为度，一般约为20~30s。过短不易振实，过长可能产生离析现象。

（2）表面振捣器（平板振捣器）

适用于水平工作面较大而且厚度较薄结构物，如混凝土路面、地面、管沟基础、池底等混凝土浇筑工程中。

使用要点：

1）将浇筑作业面划分若干条，依次平拉慢移，顺序前进，每条移动间距应覆盖已振好边缘5cm左右，以防漏振。

2）每一位置上振捣时间，以混凝土面不下沉并往上浮浆为度，一般约为25~40s。

3）表面振捣器有效作用深度，无钢筋或单层钢筋约为20cm，双层钢筋约为12cm左右。

4）振捣斜坡混凝土表面时，其顺序由低往高处移动，以利于混凝土成型和密实。

（3）外部振捣器（附着式振捣器）

适用于钢筋稠密而又较薄的直立结构，如墙、柱等。也可以配合插入式振捣器联合使用，振捣重要结构物。

它固定在模板外侧，通过模板间接地将振动力传递到混凝土中。它的振动作用深度约为25cm，设置间距约为1.0~1.5m之间。

（五）混凝土真空吸水技术

混凝土经振捣成型后，其中仍残留有水化作用以外的多余游离水分和气泡。利用混凝土真空吸水技术，可将混凝土中的游离水和气泡吸出，降低水灰比，提高混凝土早期强度，改善混凝土的物理力学性能，加快施工进度等作用。

真空处理后的混凝土具有早期强度高，收缩小，表面无裂缝，可缩短养护时间，是一项具有发展前途的施工工艺，它适用于混凝土池底、路面、地面以及预制构件施工中。

1. 真空吸水设备

一般由真空吸水泵、真空吸盘和连接软管等组成。

（1）真空吸水泵　如图4-33所示。它由真空泵、电动机、真空罐和集水器等组成。为

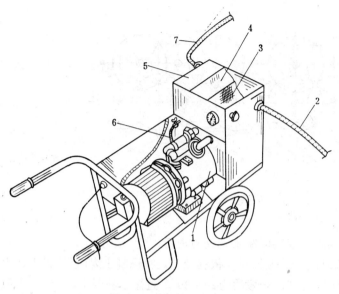

图 4-33 真空吸水泵

1—真空泵；2—进水管；3—过滤网；4—真空室；5—集水室；

6—回水管；7—排水管

了使用方便，一般安装在可移动的小车上。

真空泵 是真空吸水主要设备，其技术性能参见表4-23所示。

真空罐 其作用是真空储备，保证真空腔内的真空度，体积不小于150～200L。

集水器 其作用是收集混凝土中排出的水。

（2）真空吸盘（吸垫）

真空吸盘是与混凝土表面相接触的装置，有刚性和柔性之分。刚性真空吸盘是由金属板内装粗细两层金属丝网，形成真空腔；柔性真空吸水盘是用橡胶作为面层密封材料，腔内采用粒状或网状发泡和不发泡的塑料网格制成真空腔。柔性真空吸盘可以随意卷起和铺放，使用方便，被广泛采用。

混凝土真空吸水机组性能　　　　　表 4-23

项　　　　目	HZJ-40	HZJ-60
最大真空度(kPa)	96.99	99.33
抽吸能力(m³)	40	60
配套吸盘规格(m)	3×5	3×5
电动机功率(kW)	4	4

（3）过滤网 直接铺在混凝土表面上，用来阻止水泥等微粒通过，使水气自由通过，具有较好的透水性。可采用本色的确良布、粗布或尼龙布等。

（4）连接软管 采用加强橡胶管或塑料管，管内径为38mm，用来连接真空吸盘与集水器。

2. 真空吸水工作参数

（1）真空度 真空度越高，抽吸量越大，混凝土越密实。一般选用真空度为66.7～70kPa。

（2）开机时间 它与真空度、构件厚度、水泥品种和用量、坍落度和温度等因素有关。可参照表4-24采用。

（3）振动制度 当真空吸水时，为使混凝土内部多余的水均匀排出，防止混凝土脱水过程出现阻滞现象，可采用短暂间歇振动的办法。即开机一段时间，暂时停机，立即进行5～20s短暂振动，然后再开机，重复数次。

3. 真空吸水操作注意事项

混凝土厚度d(cm)	开机延续时间(min)
<5	$0.75d$
$6\sim10$	$3.5+(d-5)$
$11\sim15$	$3.5+1.5(d-10)$
$16\sim20$	$16+2(d-15)$
$21\sim25$	$26+2.5(d-20)$

注：1. 混凝土水灰比为0.6～0.65.

2. 真空作业的真空度为63.7kPa.

(1) 真空吸水后，混凝土体积会缩小，因此，在浇筑混凝土时，表面要比要求混凝土面高出2～4cm;

(2) 安装吸水盘时，铺平过滤网使其与混凝土紧贴，而且使吸水盘周边密封严密。在移动吸水盘时，抽吸区域应搭接3～5cm;

(3) 经检查一切正常，即可开机，当混凝土表面的水分明显被抽干，用手指压下无指痕，即可停机;

(4) 真空吸水后，混凝土表面应进一步压光找平。

(六) 混凝土的养护与拆模

1. 混凝土的养护

已浇筑好的混凝土，须保持适宜的温度和湿度，在规定龄期内达到设计要求的强度，并防止产生收缩裂缝，必须做好混凝土的养护工作。

混凝土的养护方法有自然养护和蒸汽养护之分。工地现场浇筑混凝土一般采用自然养护。自然养护是指在平均气温高于+5℃自然条件下，于一定时间内使混凝土保持湿润状态。而蒸汽养护多用于预制构件厂生产构件上。

自然养护应注意事项:

(1) 混凝土浇筑后，在12h以内覆盖适当材料洒水养护，并避免夏日阳光直晒;

(2) 在常温下洒水养护日期　普通水泥混凝土不少于7d;火山灰质水泥、矿渣水泥以及掺有塑性外加剂混凝土不少于14d;防渗混凝土不少于14d;

(3) 对较大面积的混凝土，如池底、路面等可采用蓄水养护;

(4) 混凝土养护期，其强度低于1.2MPa以前，不得在混凝土面上架设支架、安装模板，更不得撞击混凝土;

(5) 当室外昼夜平均气温低于5℃时，应按冬季施工方法进行养护。

2. 模板拆除

混凝土浇筑后，达到一定强度方可拆除。可遵照《给水排水构筑物施工及验收规范》GBJ 141—90第5.2.13条有关规定执行。

拆模工作务必慎重操作，保证混凝土表面及棱角在拆除时不受损坏，注意安全操作，防止扎伤、砸伤等事故。

一般拆模的顺序，自上而下进行。先拆侧模板，再拆承重模板及支架。

拆除后的模板、支架应及时清理、修补，以便周转使用。钢模板清理后涂油，分堆码放，待下次使用。

三、混凝土质量缺陷和防治

在混凝土工程施工中，由于对质量重视不够或者违反操作规程，造成混凝土结构构件产生各种缺陷，如麻面、露筋、裂缝、空洞等。产生上述缺陷就会影响结构寿命和使用上的要求，必须采取措施加以修补。

（一）混凝土质量缺陷和产生原因

1. 麻面

混凝土表面上出现无数小凹点，而无露筋。

产生原因一般由于木模板湿润不够，表面不光滑，振捣不足，气泡未排出，以及振捣后没有很好养护等。

2. 蜂窝

混凝土结构中局部形成有蜂窝状，骨料间有空隙存在。

产生原因可能由于搅拌不匀，浇筑方法不当，造成砂浆与骨料分离，模板严重漏浆，钢筋较密，振捣不足，以及施工缝接茬处处理不当等情况。

3. 露筋

钢筋局部裸露在混凝土表面。

产生原因由于浇筑混凝土时，钢筋保护层处理不得当，使钢筋紧贴模板，以及保护层处混凝土漏振或振捣不实等原因。

4. 空洞

混凝土结构内局部或大部没有混凝土，存在着空隙。

产生原因主要由于钢筋较密的部位，混凝土被卡住，而又漏振，或者砂浆严重分离，石子成堆等造成事故。

5. 裂缝

混凝土的表面或局部出现细小开裂现象。

裂缝原因有多种情况：有的因地基处理不当，产生不均匀沉降而产生裂缝；有的由于发生意外的荷载，以致混凝土的实际应力超过原设计而产生裂缝；而最常见的是冷缩、干缩裂缝。

干缩裂缝多为表面性，走向无规律性，裂缝宽度在0.05～0.2mm之间。这种裂缝一般出现在经一段时间露天养护后发生，并随着湿度和温度变化而逐渐发展。

产生的原因主要是混凝土养护不当，表面水份散失过快，造成混凝土内外的不均匀收缩，引起混凝土表面开裂。或者由于混凝土体积收缩受到约束，产生拉应力并超过混凝土的抗裂强度时，则产生裂缝。

冷缩裂缝（温差裂缝）冷缩裂缝多发生在施工期间，尤其冬季或者夜间温差较大时对裂缝宽度有较大影响，这种裂缝宽度一般小于0.5mm。

产生原因主要由于混凝土内部和表面温度相差较大而引起，或者由于现浇混凝土与前期浇筑混凝土二者冷缩量不同，产生拉应力，使现浇混凝土发生冷缩裂缝。如常见水池池壁产生冷缩、干缩裂缝。通常水池先浇筑底板，后浇筑池壁，当浇筑池壁混凝土时，由于水泥的水化热使混凝土升温，使池壁凝结时的温度高于底板混凝土温度。冬季池壁降温比底板降温大，因而池壁冷缩量大于底板冷缩量，因受到底板约束力，池壁产生拉应力，而引起池壁产生裂缝。

6. 混凝土强度不够

混凝土强度低于设计强度,其原因有多方面因素,诸如配合比不准确,水泥标号不足,振捣不密实,养护不当以及混凝土受冻等原因造成。

(二)混凝土缺陷的处理

1. 表面抹浆修补

对于数量较少的麻面、小蜂窝、露筋、露石的混凝土表面,主要是保护钢筋不受侵蚀,可用1:2水泥砂浆抹面修补。其作法,先用钢丝刷刷去浮渣和松动砂石,然后用清水洗净润湿,即可抹浆,初凝后要加强养护。

对于无影响的细小裂缝,可将裂缝处刷净,用水泥浆抹平。如果裂缝较深而且较宽,应将裂缝处凿毛,扫净并用水湿润,然后用1:2或1:2.5水泥砂浆分层涂抹,压实抹光。有防水要求时,应用水泥净浆和1:2.5水泥防水砂浆交替抹压4~5层,涂抹3~4h后,进行覆盖,洒水养护。

2. 细石混凝土填补

当混凝土蜂窝严重或露筋较深时,应先剔去不密实的混凝土,用清水冲洗干净,用比原强度高一等级的细石混凝土填充并仔细振捣密实。

对于空洞事故,应先剔凿掉松散混凝土,空洞顶面凿成斜面,防止形成死角,用清水冲洗干净,然后采用处理施工缝方法处置。其浇筑细石混凝土强度比原混凝土强度等级高一等。其水灰比控制在0.5以内,分层捣实,防止新旧混凝土接触面上出现裂缝。

3. 水泥灌浆和化学灌浆

对于给排水构筑物有抗渗、防水性能要求或者影响结构承载力的裂缝,应采取措施进行修补,恢复其结构的整体性和抗渗性。

一般裂缝宽度大于0.5mm,可采用水泥灌浆法修补;宽度小于0.5mm的裂缝,应采用化学灌浆法。化学浆液材料的选用应根据裂缝性质、宽度和干燥情况选用,常用浆液材料见表4-25。

常用化学浆液材料   表 4-25

用　　　途	浆液名称	适　用　条　件
作为补强用	环氧树脂浆液	用于缝宽>0.2mm以上干燥裂缝
	甲　凝	用于缝宽>0.05mm以上干燥裂缝
作为补渗堵塞用	丙　凝	能灌入0.01mm以上裂缝
	聚　氨　酯	能灌入0.015mm以上裂缝

四、钢筋混凝土施工安全技术

现场浇筑的钢筋混凝土工程由于工种多、人员集中、交叉作业,有较强时间限制,并且有时昼夜工作,若忽视安全或违章操作,会造成人身和设备事故。

现场安装模板时,应戴好安全帽,当上下交叉作业或垂直运输模板时,应有专人指挥。模板未钉牢固之前,不得上下,或者站在模板上操作,高空作业人员应系好安全带。拆模板时应有专人负责安全,非拆模人员不准进入拆模区。拆掉的模板及时运至指定堆放地点,分类堆放整齐。

模板和钢筋不要集中堆放在脚手架的某一处，以保安全。搬运钢筋人员须带垫肩、手套，除锈人员应戴口罩及风镜。电线通过钢筋处应有安全措施，可使用36V以下低压照明灯。

在进行浇筑混凝土之前，对搅拌机、运输设备与道路、脚手架、振捣器等应进行全面检查。电源安全可靠，夜间操作有充足照明。振捣操作人员必须穿胶鞋。搅拌机操作人员、搬运水泥工人应戴口罩和手套。

第四节　现浇钢筋混凝土水池施工

给排水工程中设有各种功能的池型，通常采用钢筋混凝土整体式结构，对抗渗性有较高要求。以现浇钢筋混凝土水池为例叙述其施工要点。

现浇钢筋混凝土施工过程

由于池子形状、大小和施工方法不同，其施工顺序不尽相同，一般可归纳如下主要过程。

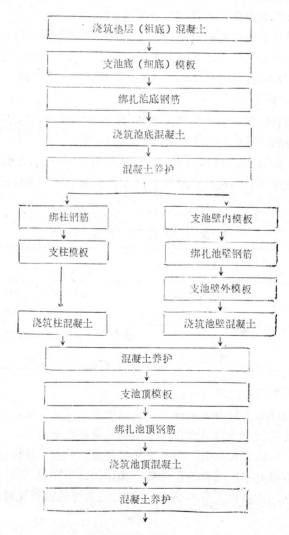

满水试验

↓

安装附属设备

↓

竣工验收

现就混凝土水池模板、钢筋和混凝土的浇筑等主要项目中，注意事项分述如下：

一、模板

模板工程已在本章第一节中叙述，现就其支设水池模板特殊要求综述如下

水池模板及其支架应根据构筑物形式、施工工艺、设备和材料供应等条件进行设计。如采用池壁与顶板混凝土连续浇筑时，池壁、顶板内模可一次支搭，但应注意顶板支架、斜杆与池壁模板的杆件分开，不得相互连接；若采用池壁与顶板混凝土分开浇筑，浇筑池壁时，一般先支好内模板，绑好钢筋后，再安装外模板、外模板应分层支设，分层高度不宜超过1.5m，并应保证每层安装模板的时间，小于浇筑混凝土的间歇时间。

遇有安装伸缩缝处止水带时，应注意安装牢固、位置准确，与伸缩缝垂直，其中心线与伸缩缝中心线对正，不得在止水带上穿孔或者钉钉来固定位置。

固定在模板上的预埋管、预埋件的安装应牢固，位置、标高应准确。

整体现浇混凝土模板安装的允许偏差见表4-5，应符合国家标准《给水排水构筑物施工及验收规范》GBJ 141—90中表5.2.12的规定。

整体现浇混凝土的模板及其支架的拆除，应符合下列规定：

1．侧模板 混凝土强度应达到表面及棱角不因拆除模板而受损坏情况下，才可拆模；

2．底模板 混凝土试块与结构同条件养护下达到表4-6的强度，才可拆除；

3．冬季施工，池壁模板应在混凝土表面温度与周围气温温差较小时拆除（温差不宜大于15℃）为宜，拆除后必须及时覆盖保温层，防止产生冷缩裂缝。

二、钢筋

钢筋的加工、接头、绑扎除按第四章第二节规定外，其预埋件、预埋螺栓及插筋等，埋入部分不宜超过混凝土结构厚度的3/4。

钢筋位置的允许偏差应符合表4-16的规定。

三、混凝土

浇筑混凝土水池施工要点如下：

（一）材料的选择

水泥 宜选用普通硅酸盐水泥、火山灰质硅酸盐水泥。当掺有外加剂时，可采用矿渣硅酸盐水泥。冬季施工宜采用普通硅酸盐水泥，有抗冻要求的混凝土，不宜选用火山灰质水泥。

水池主体结构的混凝土应使用同品种同标号水泥，若不能满足时，其池底、池壁和顶板可分别采用同品种、同标号的水泥。

粗骨料 最大粒径应小于结构截面最小尺寸的1/4，钢筋最小净距的3/4。

细骨料 宜选用中、粗砂，其含泥量应小于3%。

配制混凝土，依据施工要求可掺入适量的外加剂，钢筋混凝土水池的混凝土不准掺入

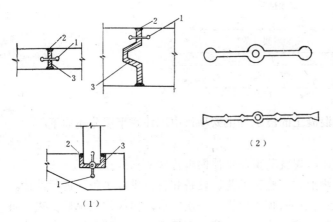

图 4-34 伸缩缝止水处置

(1) 伸缩缝构造；（2）止水带；

1--止水带；2—封缝料；3—填料

氯盐。

（二）浇筑与振捣

浇筑混凝土水池底板、池壁、顶板应分别保证连续浇筑，当需要间歇时，间歇时间应在前层混凝土初凝之前，将次层混凝土浇筑完毕，如超过时，应留施工缝。

当设计有伸缩缝时，可按伸缩缝分仓浇筑。这时分仓处的池底及池壁应做止水处置，其作法见图4-34所示。其止水带多用橡胶或塑料制成，接头处采用热接法，不得用叠接。缝的填料用木丝板或聚苯乙烯板效果更好。

浇筑大面积底板混凝土，应分组浇筑，以保证压茬时间小于混凝土初凝时间。浇筑分组方式见图4-35所示。池底混凝土由下灰平台供应，在池底上搭设运灰马道，其运灰道路布置如图4-36所示。

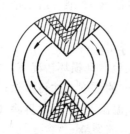

图 4-35 分组浇筑池底示意

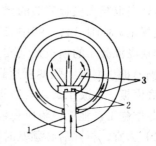

图 4-36 运输灰道示意图

1--运输道路；2--串筒；3--下层浇筑道路

混凝土浇筑结束后，随着现场气温变化应及时覆盖和洒水，养护期不小于14d，池外壁在回填土时，再停止养护。

现浇钢筋混凝土水池施工允许偏差，可见表4-26所示。

混凝土水池施工允许偏差   表 4-26

顺 次	项	目	允许偏差(mm)
1	轴线位置	底板	15
		池壁、柱、梁	8
2	高 程	垫层、底板、池壁、柱、梁	±10
3	平面尺寸（底板和池体的长、宽或直径）	$L \leq 20m$	±20
		$20 \leq L \leq 50$	±L/1000
		$50 < L < 250m$	±50

顺 次	项 目		允许偏差（mm）
4	截面尺寸	池壁、柱、梁、顶板	±10～5
		洞、槽、沟净空	+10
5	垂 直 度	$H \leqslant 5m$	8
		$5 < H \leqslant 20m$	$1.5H/1000$
6	表面平整度（用2m直尺检查）		10
7	中心位置	预埋件、预埋管	5
		预留洞	10

注：1. L为底板和池体的长、宽或直径。

2. H为池壁、柱的高度。

第五节 水下浇筑混凝土

在给排水工程施工中，有些情况不可能采用正常的施工方法在空气中浇筑混凝土，而采用水中浇筑。如沉井的封底、灌注桩以及地下连续墙等。

一、水下浇筑混凝土的配制

（一）原材料的选用

1. 水泥 宜选用硅酸盐水泥、火山灰质水泥。水泥标号应大于275号，宜为混凝土设计强度的2～2.5倍。水泥用量不少于350kg/m³，当掺入塑化剂时，可降至300kg/m³。

2. 粗骨料 宜用清洁卵石，如用碎石，含砂率应增加3％左右。最大粒径应小于导管内径的1/6～1/8和钢筋最小净距的1/4，同时不大于40mm，最小粒径不小于5mm。有良好的级配。

3. 细骨料 宜选用石英含量高的河砂，具有平滑筛分曲线的中砂。

（二）水下混凝土配制要求

1. 混凝土应具有足够流动性，坍落度为16～20cm；

2. 混凝土的含砂率为40～50％，水灰比0.5～0.7；

3. 混凝土的配制强度宜比设计强度提高10～15％。

二、水下浇筑混凝土方法

根据现场条件、结构部位与尺寸、水下深度等因素，可选用导管法或压浆法施工，一般多用导管法。

（一）导管法的设备

图4-37所示为导管法装置示意图，其设备包括装料斗、吊架、导管、活塞等组成。

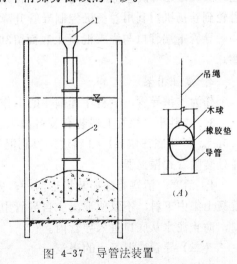

图 4-37 导管法装置

1—装料斗；2—导管

1. 导管　导管可用铸铁管、钢管或非金属管材制成，导管每节长度1～3m，采用法兰盘连接，接口要严密，防止漏水。导管伸入混凝土部分不应有法兰盘，以便在混凝土中升降。导管内壁要光滑，无弯曲，以使得混凝土在导管内顺利流动。

导管的直径应根据浇筑混凝土速度——即每小时需要通过的混凝土数量确定，可参照表4-27选用。钢导管壁厚可按表4-28选用。

导　管　直　径　表　　　　　　　　　　　　表 4-27

导管直径(mm)	通过混凝土数量(m³/h)	备　　　注
200	10	适用0.6～0.9m孔径
250	17	适用1.0～1.5m孔径
300	25	适用大于1.5m孔径
350	35	

钢　管　管　壁　厚　　　　　　　　　　　　表 4-28

导　管　长　度(m)	导　管　壁　厚　　(mm)	
	导管直径200～250 (mm)	导管直径300～350 (mm)
<30	3	4
30～50	4	5
50～100	5	6

注：最下端一节壁厚不小于5mm。

导管吊放时，用两根钢丝绳分别系在最下端一节导管两侧的吊耳上，在沿导管外壁每隔1～1.5m处用铁丝将钢丝绳与导管捆绑牢固，钢丝绳经吊架顶部定滑轮转向下部的转向滑轮到卷扬机。利用卷扬机控制导管升降。

导管下端管口与浇筑混凝土底面留30～40cm距离，导管顶端与装料斗相连处安装上活塞。

2. 灌注吊架

作为支吊导管，装料斗和漏斗的工作架，以便浇筑混凝土。

3. 装料斗　导管上端装有装料漏斗，漏斗容积略大于一次加料的数量，一般为0.8～1.0m³。料斗底部做成1∶1斜坡，以利混凝土下料，为防止混凝土在导管内阻塞，可在料斗处装附着式振捣器。

4. 活塞　活塞有球形及板形两种，安装在装料斗与导管顶端连接处。它的作用控制混凝土集中下料，不致使混凝土自导管中下落后分离冲散，并保证下落混凝土埋设导管底口，防止泥水从底口进入导管内。

（二）导管法混凝土的浇筑

浇筑水下混凝土前，对导管距底面间距、导管埋设深度、混凝土备料、设备状况进行一次全面的检查，认为合格后才允许浇筑混凝土。

浇筑水下混凝土，应停止抽水，在静水中浇筑。

开始浇筑时，将拌制好的混凝土装满装料斗并有一定备用。切断活塞上的铁丝或开启活门，混凝土迅速下泄至基底上，并使混凝土埋没导管底口，形成混凝土堆。继续浇筑混凝土，使导管底口埋入混凝土深度不小于1.0m，新注入的混凝土在先浇筑的混凝土下层，避免新注入的混凝土与水接触。浇筑时间要小于混凝土初凝时间，以保证水下浇筑混凝土的整体性。

水下浇筑混凝土，下料越快越好，尽量减少提升导管、拆卸等停顿时间，保证连续浇筑。浇筑过程中，随时测探混凝土面高度，导管埋设深度，正确控制导管的提升与拆卸。

每根导管的作用半径与导管直径、混凝土流动性、浇筑面压强等因素有关，一般为1.5～3.0m。浇筑面积较大时，可用若干导管同时浇筑。

水下浇筑混凝土厚度要大于设计厚度20～30cm，然后用风铲或其它方法去除表层混凝土，以保证混凝土平整和质量。

浇筑水下混凝土，应防止导管进水，混凝土夹泥等现象。因此，应特别注意导管的提升、安装、浇筑时间等环节。

第六节 预应力混凝土施工

预应力混凝土的特点是在混凝土结构中对高强度钢筋进行张拉，使混凝土预先获得压应力，当构件在荷载作用下产生拉应力时，首先抵消预压应力，随着荷载的不断增加，受拉区混凝土才受拉，可提高构件的抗裂度和刚度。

预应力混凝土构件与钢筋混凝土构件相比，具有截面小、自重轻、刚度大、抗裂性高、耐久性好、省材料等优点。但预应力混凝土施工、制作工序增多，需要有专门设备，工艺比较复杂，操作要求也高。

预应力混凝土的预加应力的方法，有先张法和后张法。先张法是在混凝土浇筑前张拉钢筋，预应力是靠钢筋与混凝土之间的粘结力传递混凝土。后张法是在混凝土达到一定强度后张拉钢筋，预应力靠锚具传递给混凝土。后张法中，预应力钢筋又分为粘结筋和无粘结筋两种。粘结筋通过灌浆使预应力钢筋与混凝土相互粘结，无粘结筋预应力只能靠锚具传递给凝混土。

预应力钢筋应采用：甲级冷拔低碳钢丝、冷拉Ⅱ～Ⅳ级钢筋、碳素钢丝、钢绞线、热处理钢筋及精轧螺纹钢筋等。

预应力混凝土用的强度等级不宜低于C30，若采用碳素钢丝、钢绞线、热处理钢筋作预应力钢筋时，混凝土强度等级不小于C40。

一、预应力钢材

作为预应力钢材种类较多，以下侧重介绍两种：

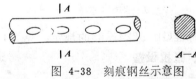

图 4-38 刻痕钢丝示意图

（一）碳素钢丝

碳素钢丝（又称高强钢丝或预应力钢丝）是由高碳钢盘条经淬火、酸洗、拉拔制成。在先张法预应力混凝土构件中，钢丝表面需经刻痕处理，如图4-38。

预应力钢丝的外形与力学性能，应符合国家标准GB5223—85的规定，见表4-29和表4

—30。

预应力钢丝的尺寸与允许偏差 表 4-29

钢丝公称直径 (mm)	直径允许偏差 (mm)	横截面积 (mm²)	每米理论重量 (kg)
3.0	+0.06 −0.02	7.07	0.056
4.0	+0.07 −0.03	12.57	0.099
5.0	+0.08 −0.04	19.63	0.154

注：1. 冷拉钢丝盘径不小于600mm，矫直回火钢丝盘径不小于1700mm。
2. 计算理论重量时钢的比重为7.85。

冷拉钢丝的力学性能 表 4-30

公称直径 (mm)	抗拉强度 f_u (N/mm²)	屈服强度 $f_{0.2}$ (N/mm²)	伸长率（%）$L_0=100mm$ 不小于	弯曲次数	
				次数不小于	弯曲半径 R（mm）
3.0	1470	1100	2	4	7.5
	1570	1180	2	4	7.5
4.0	1670	1255	3	4	10
5.0	1470	1100	3	5	15
	1570	1180	3	5	15
	1670	1255	3	5	15

注：屈服强度 $f_{0.2}$ 值不小于公称抗拉强度的75%。

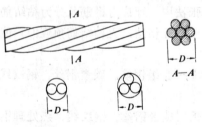

图 4-39 钢绞线截面图
D—钢绞线直径

（二）钢绞线

钢绞线一般由 7 根钢丝在绞线机上以一根钢丝为中心，其余 6 根钢丝围绕着进行螺旋状绞合，再经低温回火制成，如图4-39所示。

钢绞线的直径较粗，比较柔软，施工方便，价格比钢丝贵，但有推广使用前景。

预应力钢绞线的外形与力学性能，应符合国家标准GB 5224—85的规定，见表4-31和表4-32。

二、张拉设备

（一）夹具与锚具

夹具与锚具是锚固预应力筋（丝）的重要工具。夹具是在张拉阶段和成型过程中临时夹持预应力筋（丝），待混凝土构件制作完毕，可取下重复使用，一般用在先张法施工中。锚具设在构件端部永久锚固预应力筋（丝），与预应力筋（丝）共同受力，一般用在后张

钢绞线公称直径（mm）	直径允许偏差（mm）	钢绞线公称截面积（mm²）	中心钢丝直径加大范围（%）不小于	每1000m钢绞线理论重量(kg)
9.0	+0.40 −0.20	50.34	2.5	392.19
12.0	+0.45 −0.20	89.45	2.5	697.08
15.0	+0.50 −0.20	139.98	2.5	1001.07

钢绞线公称直径（mm）	强度级别（N/mm²）	整根钢绞线破坏负荷（kN）	屈服负荷（kN）	伸长率（%）	1000h松弛值（%）不小于			
					Ⅰ级松弛		Ⅱ级松弛	
					初　始　负　荷			
		不　小　于			70%破断负荷	80%破断负荷	70%破断负荷	80%破断负荷
9.0	1670	83.89	71.30	3.5	8.0	12	2.5	4.5
	1770	88.79	75.46	3.5				
12.0	1570	140.24	119.17	3.5				
	1670	149.06	126.71	3.5				
15.0	1470	205.80	174.93	3.5				
	1570	219.52	186.59	3.5				

注：屈服负荷是整根钢绞线破断负荷的85%。

法。但是，有些夹锚具既可作为锚具也可作为夹具使用。

夹具与锚具应满足以下要求：

1. 具有可靠的锚固能力，要求不小于预应力筋规定抗拉强度的90%（无粘结预应力筋抗拉强度的95%）；

2. 使用中不致发生变形或滑移，加工尺寸准确，受力充分安全可靠，而且预应力损失少；

3. 构造简单、便于加工、体形小、成本低；

4. 与预应力筋（丝）的品种、规格及张拉设备相匹配；

5. 夹具应耐用、张拉迅速和拆卸方便。

下面介绍几种夹具与锚具：

1. 镦头式锚具

（1）张拉端锚具

图4-40所示为利用钢丝的镦头来锚固预应力钢丝的一种支承式锚具。这种锚具加工简单、张拉方便、锚固可靠、成本较低。

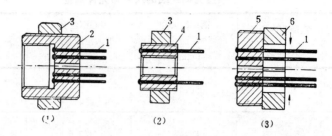

图 4-40 张拉端镦头锚具

（1）锚杯型；（2）锚环型；（3）锚板型

1—钢丝；2—锚杯；3—螺母；4—锚环；5—带螺纹的锚板；6—半圆环垫片

（2）固定端锚具

图4-41所示为固定端锚具。又分为镦头锚板（图4-41（1））和带锚芯的镦头锚板（图4-41（2））。后者便于镦头穿束。

2．钢绞线束夹片式锚具

这类锚具是利用夹片来锚固预应力钢绞线的一种楔紧式锚具。

（1）JM型锚具　如图4-42所示，是由锚环和楔块（夹片）组成。楔块的两个侧面设有带齿的半圆槽，每个楔块卡在两根钢绞线之间，这些楔块与钢绞线共同形成组合式锚塞，将钢绞线束楔紧。

这种锚具的优点是钢绞线相互靠近，构件端部不扩孔，其缺点是一个楔块损坏会导致整束钢绞线失效。

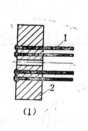

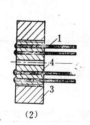

(1) (2)

图 4-41　固定端镦头锚具

（1）镦头锚板；（2）带锚芯的锚板

1—钢丝；2—锚板；3—螺母；4—锚芯

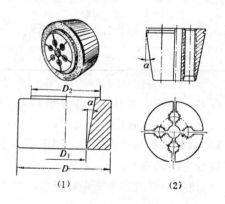

(1) (2)

图 4-42　JM型锚具

（1）锚环；（2）楔块

（2）XM型锚具　如图4-43所示，是由多孔的锚板与夹片组成。这种锚具的优点是任何一根钢绞线锚固失效，不会引起整束锚固失效，但构件端部需要扩孔。

（二）张拉设备

张拉预应力钢筋（丝）机具与设备，按其作用可分为液压式和机械式张拉设备，其选用可根据使用条件选择。一般采用液压式拉伸机。

液压拉伸机主要由千斤顶、油泵和外部油管等部分组成。

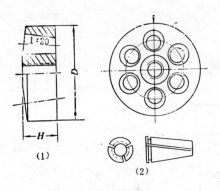

(1)

(2)

图 4-43 XM型锚具.

(1) 锚板；(2) 夹片

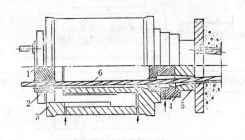

图 4-44 YCD型穿心式千斤顶

1—工具锚；2—千斤顶活塞；3—千斤顶缸体；

4—顶压器；5—工作锚；6—钢绞线

图4-44为一种大孔径穿心式单作用千斤顶。它与XM型锚具配套使用，其前端装有顶压器，尾部设置工具锚，可以同时张拉整束钢绞线。

表4-33列出YCD型千斤顶的技术性能。

YCD型千斤顶技术性能 表 4-33

项　　目	单　　位	YCD-100	YCD-200	YCD-300
额定油压	MPa	50	50	50
理论张拉力	kN	1450	2200	3830
张拉缸液压面积	cm²	290	440	766
张拉行程	mm	180	180	250
穿心孔径	mm	128	160	200
重　　量	kg	190	270	390

三、先张法

先张法是在浇筑混凝土之前，在台座或模板上先张拉预应力钢筋（丝），用夹具临时固定，然后浇筑混凝土，当混凝土达到规定强度值，放张或切断预应力筋，借助混凝土与预应力筋间的粘结，对混凝土产生预压应力。

先张法施工工艺过程如下：

（一）台座

台座是先张法主要设备，承受预应力筋的张拉力。台座应有足够的强度和刚度。

台座按支座结构形式分为墩式和槽式两种。其选择应根据构件种类、张拉力大小和施工条件确定。

图4-46为简易墩式台座，图4-47为槽式支座。

（二）操作要点

张拉前先检查模板、钢筋、张拉设备是否符合设计和工艺要求，待一切正常后再开始张拉。

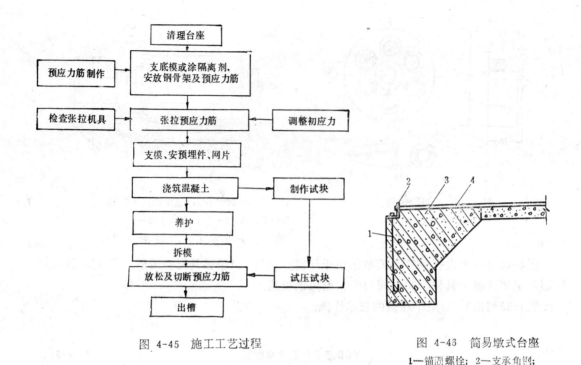

图 4-45　施工工艺过程　　　　　　　图 4-46　简易墩式台座
1—锚固螺栓；2—支承角钢；
3—支座；4—预应力筋

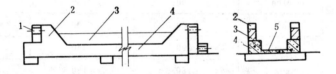

图 4-47　槽式支座
1—横梁；2—承力支座；3—砖墙；4—传力柱；5—槽内台面

1. 张拉时注意事项

（1）先将张拉参数如张拉力、油压表值、伸长值等标在牌上，供操作人员掌握；

（2）多根钢筋成组张拉时，先调整好各根预应力筋松紧程度一致，张拉至5～10％时检查，保证初应力一致；

（3）分批张拉时，先张拉靠近台座截面重心部位的筋，避免台座偏心受力过大；

（4）张拉时以稳定的速度逐渐加大拉力，使其拉力传到台座横梁上。

2. 锚固时注意事项

（1）张拉完成后，持荷2～3min，待预应力值稳定后，再锚定；

（2）锚定时，顶塞圆锥形锚塞、齿板、夹片等，不宜突然用力过猛撞击；拧螺母时，注意压力表维持在控制张拉力的读数上；

（3）张拉质量及各项数值，按规定填写好记录。

3. 混凝土的浇筑与养护

（1）做混凝土配合比设计时，应使混凝土的收缩与徐变减少，以减少预应力损失；

（2）采用翻斗车、吊头下料，应注意铺料均匀，若构件上面有构造网片，不得用翻斗车、吊车直接下料，避免压弯网片。可采用人工反铲法下料；

（3）浇筑混凝土振捣器不得触动预应力筋；

（4）必须在混凝土初凝前覆盖，保湿养护，若进行湿热养护时，注意控制温差引起的预应力损失。

4．预应力筋放张

设计有要求时，按设计要求进行。设计无要求，可按下列原则放张：

（1）粗钢筋（钢丝束、钢绞线）不宜逐根放张，应将承力横梁整体放张，并掌握对称、同步、缓慢进行；

（2）对于轴心受压构件，所有预应力筋应同时放张；

（3）偏心受压构件，应先放张预压力较小区域的预应力筋，然后同时放张预压力较大区域的预应力筋；

（4）断筋方法要恰当，钢丝及细钢筋可用断线钳、砂轮锯等方法切断，不得用反复弯曲方法扭断。钢筋、钢丝均不得用电弧烧断。

四、后张法

后张法与先张法在施工工艺上有所不同，后张法是先制作构件，在预留孔道位置，穿入预应力筋（束），待混凝土强度达到设计规定数值后，用张拉机进行张拉，并用锚具把预应力筋（束）锚固在构件的两端，张拉力由端部锚具传给混凝土构件，使其产生压应力。张拉完毕后在预留孔道内灌浆。

（一）后张法的施工流程如下：

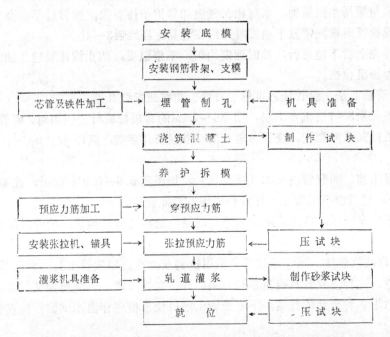

后张法施工优点是直接在构件上张拉，不需要专门的台座，适用于现场生产大型构件，如大型预制桥梁。它也可以作为一种预制构件的拼装手段，可先在预制厂制作小型构件，运到现场，拼装成整体，然后施加预应力。如装配式预应力水池。但是，后张法需要设置

专门的锚具，加工精密，而且永久留在构件上，不能重复使用。同时，由于留孔、穿筋、灌浆及锚具处预应力集中需加强配筋等原因，造成施工操作复杂，造价一般比先张法偏高。

后张法常用预应力筋有单根粗钢筋、钢绞线和钢丝束。由冷拉Ⅱ～Ⅳ级钢筋、冷拉5号钢钢筋、碳素钢丝和钢绞线制成。

（二）后张法施工

为了减少重复，重点介绍后张法的孔道留置、预应力张拉和孔道灌浆三部分。

1. 孔道留置

构件预留孔道的直径、长度、形状应由设计部门确定。

孔道形状有直线、曲线和折线三种形式。

孔道直径随预应力筋和锚具而定。通常粗钢筋，孔道直径比预应力筋外径、钢筋对焊接头外径大10～15mm；钢丝束或钢绞线，孔道直径比预应力束外径或锚具外径大5～10mm。且孔道面积大于预应力筋面积的两倍。

孔道成型方法有钢管抽芯、胶管抽芯和预埋波纹管等方法。

孔道成型基本要求　孔道尺寸、位置应准确，孔道平顺，端部预埋件钢板应垂直于孔道中心线。

（1）钢管抽芯法　钢管抽芯用于直线孔道。要求钢管表面平直圆滑，预埋前应除锈、刷油。钢管接头处要紧密，防止漏浆堵塞孔道。

混凝土浇筑后，抽管前每隔10～15min转动管芯一次，如发现表面混凝土产生裂纹，用铁抹压实抹平。

抽管时间与采用水泥品种、水灰比、气温和养护条件有关。抽管过早，会造成塌孔；太晚，则造成抽管困难。常温下抽管时间约在混凝土浇筑后3～4h。

抽管次序先上后下地进行，抽时速度均匀，平整稳妥，防止构件裂缝。抽管方法可用小型绞磨或卷扬机拉拔。

（2）胶管抽芯法　胶管抽芯可用于直线、曲线或折线孔道。

胶管一般采用5～7层帆布夹层，壁厚6～7mm的普通橡胶管。使用时，胶管一端密封，另一端接上闸门充水或充气。胶管固定方法可用钢筋井字架，间距小于0.5m，并与钢筋骨架扎牢。

浇筑混凝土前，向胶管内充水（或充气），加压到0.5～0.8N/mm²，此时胶管外径胀大3～5mm。然后浇筑混凝土，注意振捣棒不要碰胶管。

抽管时先放水降压，待胶管断面回缩与混凝土脱离后即可抽管。抽管时间比钢管抽芯略长。

（3）预埋波纹管法　预埋波纹管是采用镀锌双波纹金属软管永久地埋设在构件中而形成预留孔道。这种波纹管具有重量轻、刚度好、弯折方便、容易连接又与混凝土粘结良好等优点可适用各种形状的孔道，不要抽管工序。使用前应作灌水试验，检查有无渗漏现象。

波纹管的安装，采用钢筋井字架，用铁丝绑牢，安装以后检查管壁有无破损，接头是否严密。

孔道灌浆前，其曲线波峰顶部位和两端应设排气孔，以保证孔道灌浆饱满密实。

2. 预应力筋张拉

构件混凝土强度达到设计值，才可张拉，若设计无要求，其混凝土强度应大于设计强度的75%再进行张拉。

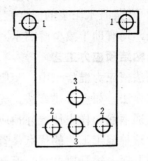

图 4-48 某梁张拉顺序

（1）预应力筋张拉顺序

在满足张拉时，以混凝土不产生超应力，构件不扭转与侧弯，结构不移位为原则。因此，张拉时应有一定顺序，要分批、分阶段、对称地进行。如图4-48为一根预应力混凝土梁的预应力筋张拉顺序（用两台千斤顶）。

上部两束直线预应力筋先张拉，下部四束曲线预应力筋采用两端张拉并分批进行。为使构件对称受力，每批两束选择一端张拉方法进行张拉，待两批四束均进行一端张拉后，再分批在另一端补张拉，可减少先批张拉所受的弹性压缩损失。

（2）张拉注意事项

在预应力张拉时，必须特别注意安全，操作人员不得站在预应力筋的两端，同时在张拉千斤顶的后面设立防护栏。

操作千斤顶和测量伸长值的人员，应站在千斤顶侧面操作，油泵开动后，不得离开岗位。

张拉时应认真做到孔道、锚环与千斤顶三对中，以便张拉工作顺利进行，不使孔道增加摩擦损失。

张拉后的构件，应检查端部是否有裂缝，填写张拉记录。

预张力筋锚固后外露长度不小于20mm，并用混凝土封堵，以防腐蚀。

3. 孔道灌浆

预应力筋张拉后，其孔道尽快利用灰浆泵将水泥浆灌入，其作用：一是保护预应力筋，以防锈蚀；二是使预应力筋与构件混凝土有效的粘结，以减轻两端锚具的负荷状况，并能控制超载时裂缝的状况。

灌浆用的材料 宜采用标号不低于425号的普通硅酸盐水泥，水灰比为0.4～0.45。为了增加灌浆密实性，在水泥浆中可掺入占水泥重量0.25%的木质素磺酸钙减水剂，或占水泥重量0.05%的铝粉。但不得掺入氯化物或其它对预应力筋有腐蚀性的外加剂。

灌浆用的设备包括：灰浆搅拌机、灰浆泵、贮浆桶、过滤器、橡胶管和喷嘴等组成。

灰浆泵多为电动柱塞式泵，泵的柱塞与灰浆间橡胶隔膜隔开以保护柱塞。

灌浆嘴处设置阀门，以保安全和节约灰浆量。橡胶管采用带5～7层帆布夹层的厚胶管。

灌浆工艺 按配合比搅拌好水泥浆，然后经过滤器，放入贮液桶，为防止泌水沉淀，需要不断搅拌。

灌浆顺序一般先下层后上层孔道，灌浆从构件一端向另一端注入灰浆，注浆压力为0.4～0.6MPa。灌浆应缓慢均匀地进行，中间不得停止，并要排气通畅，直至排气孔排出空气→水→稀浆→浓浆时为止。然后封闭排气孔，再继续加压至0.5～0.6MPa，稍后再封闭灌浆孔。

冷天施工，灌浆孔道周边的温度应在5℃以上，水泥浆的温度在灌浆后至少有5d保持在5℃以上。灌浆时水泥浆的温度宜为10～25℃。工程实践中在水泥浆中加入适量的加气剂或减水剂，均有助于减少游离水，避免冻害。

五、无粘结预应力工艺

在后张法预应力混凝土中，预应力筋可分为有粘结和无粘结两种。有粘结预应力是后张法的通常作法，如上所述方法。无粘结预应力是在预应力筋表面刷涂料或包塑料管后，然后如同普通钢筋一样先放置好预应力筋，再浇筑混凝土，当混凝土达到规定强度后进行张拉锚固。这种施工工艺的优点是省掉预留孔道与灌浆等工序，施工方便。但预应力筋强度不能充分发挥，锚具要求高。无粘结预应力是近年来发展的新技术，有较大的发展前途。

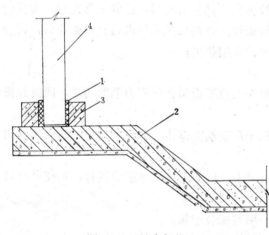

图 4-49 池底部位
1—填料；2—池底；3—环形杯口；4—池壁

六、装配式预应力水池施工

现有某地配水厂修建容量为15000m³圆形地下式清水池，设计池壁采用装配式预应力钢筋混凝土结构。池内径51.5m，池壁高5.8m，池壁由120块预制钢筋混凝土板拼装而成。池壁下端深入现浇环形杯口基础内，环形杯口与池底采用整体现浇混凝土。池壁板缝浇筑二期混凝土，待混凝土强度满足要求后，池壁外侧缠绕预应力高强钢丝，再喷水泥砂浆作为保护层，周围再砌保护墙。

（一）池底混凝土的浇筑

池底形状呈盆状，其剖面如图4-49所示。池底混凝土共计650m³，采用一次连续浇筑，环形杯口基础混凝土为二期浇筑。

1. 测量放线

浇筑池底混凝土的平整度及圆度，其测量工作是关键之一。该池作法，基坑开挖以后，在池中心预埋一根钢管，其上安装可活动的中心支架，作为放线找圆的圆心。池底按柱子间距6×6m布置测桩。所有测桩从基坑开挖直至混凝土浇筑完毕一次定死，以减少测量误差。

环形杯口中心是保证全池圆度的关键，因而杯口中心也是一次定死。在杯口混凝土浇筑完毕后，再将中心反到杯口里的平台混凝土面上，以备吊装池壁板时使用。

2. 混凝土浇筑

采用现场拌制供应混凝土，因混凝土浇筑量较大，浇筑速度要满足混凝土接茬时间的要求，因此，要分组浇筑。

池底分为平底、斜坡、上平台三部分组成。考虑斜坡混凝土下料困难，搭设了手推车环形运输道，手推车由灰溜口接灰，然后运至浇筑位置，如图4-50所示。

混凝土振捣密实后，先用木抹子找平，然后再用铁抹子抹二遍，压实成活。覆盖草帘洒水养护。

3. 壁板吊装

（1）分块定位，调整间隙，全池由120块预制壁板拼装面成。在现场实际丈量，编写号码，对号入座。

（2）壁板间的板缝，进行凿毛　为了保证板缝间二期混凝土与壁板粘结牢固，防止板缝渗水。

（3）杯口槽内铺放油毡或胶皮板　为了提高壁板下端的铰接性能，在杯口槽内铺设1～2层油毡或一层4mm厚橡胶板，宽度与杯槽相同。

（4）壁板起吊就位　壁板按测量位置就位，相邻两块壁板用木夹板固定，杯口处用木楔背牢。

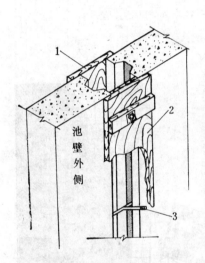

图 4-50　板缝模板图
1—内模板；2—外模板；3—丁字螺栓

图 4-51　池壁板缝及锚碇槽

4. 壁板缝二期混凝土浇筑　壁板缝混凝土浇筑前，支板缝模板，其作法如图4-50所示。模板采用丁字螺栓法固定模板，外侧模板凹入缝内20mm，作为找平层，保证缠丝时外壁的平整，同时每隔一定板块处预埋锚碇槽，以锚固预应力筋。如图4-51所示。

因板缝狭小，混凝土入模及振捣应分层捣实，设专人洒水养护，拆模后，用1：3水泥砂浆，抹平板缝凹槽，再洒水养护。

5. 缠绕预应力钢丝

预应力钢丝的缠绕工序用缠丝机完成。缠丝机由回转车（上车）通过回转臂杆围绕中心柱作圆周运动，回转车带动缠丝小车（下车）沿大链条在池壁上作水平圆周运行，张拉预应力钢丝。如图4-52所示。

缠丝机工作原理如图4-53所示。缠丝小车围绕池壁转动，预应力钢丝由钢丝盘被拉出，绕入缠丝盘上，缠丝盘与大链轮由同一轴转动，但缠丝盘的周长小于大链轮的节圆长度，当大链轮转动一周，缠丝盘还没有自转一周，则大链轮所放出的链条长度略长于缠丝盘放出的钢丝长度，所以，钢丝被拉长，产生预拉应力。同时，钢丝牵制器也对钢丝施加初应力，初应力大小为预应力的1/8左右。可使缠丝盘上的钢丝不致于打滑。

缠丝开始时，先将钢丝的一端锚固定锚碇槽内，然后开动缠丝机。缠丝机顺着大链条

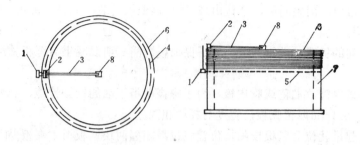

图 4-52　缠丝机装置

1—绕丝小车；2—回转车；3—臂杆；4—行驶轨道；5—链条；6—预应力钢丝；
7—池壁；8—中心柱

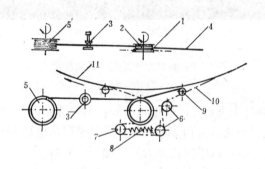

图 4-53　缠丝机工作示意

1—大链轮；2—缠丝盘；3—牵控器；4—钢丝；
5—钢丝盘；6—固定链轮；7—活动链轮；8—调
节弹簧；9—支轮；10—大链条；11—池壁

图 4-54　缠丝

行走，缠丝工作从上往下进行缠绕，其缠绕情况如图4-54所示。张拉后的钢丝，每隔一定间隔用夹具固定在锚碇槽内，如图4-55所示。

　　6. 喷涂保护层　池壁缠丝以后，为了防止钢丝锈蚀，提高水池抗渗性，应进行水泥砂浆喷涂，形成保护层。如图4-56所示。

　　喷涂前，先将基层清扫干净，湿润，喷浆机罐内压力控制在 0.5MPa 左右，使出浆连续、厚度均匀、密实。防止出现空鼓，露筋等缺陷，喷完后及时养护，防止曝晒。

图 4-55　锚碇

图 4-56　池壁外防护层

第七节　混凝土冬季施工

混凝土的凝结、硬化是由于水泥颗粒与水接触后产生水化作用，温度高低对水化作用有较大影响，温度高，水化作用的进展就迅速、完全，混凝土的强度增长也快；相反，温度越低，水化作用缓慢，当温度降到0℃以下时，水泥的水化作用就暂时停止。当温度降到−3℃时，混凝土中水开始结冰，这时水泥、砂、石和冰就形成了一种互不起作用的混合物，强度无法增长，混凝土发生冰涨性破坏，从而大大降低了混凝土的密实性和耐久性。

实验证明，混凝土在终凝前遭到冻结，要比终凝后严重得多，而且难以挽回。当混凝土的强度增长到设计强度的40％以上时，如再遭到冻结，则对强度的影响不大，但增长速度缓慢，待温度升高时仍能继续增长。为此，规范中规定，当室外平均气温连续5昼夜低于

5℃，即进入冬季施工。

混凝土进入冬季施工应采取相应技术措施。这些措施的依据主要是热工计算，防止早期受冻，保证混凝土在受冻前达到受冻临界强度。这些措施的要点是对混凝土的材料、运输工具、设备和模板等采取加热和保温，促使混凝土早强和降低冰点或对混凝土加热养护等。

常用的混凝土冬季施工方法有冷混凝土法、蓄热法和外部加热法。具体选用应根据当地气温、工程特点、施工条件、工期紧迫程度等，在保证质量、加快进度、节约能源、降低成本的前提下，选择适宜的冬季施工措施。

一、冷混凝土法

冷混凝土法是促使混凝土早强，降低混凝土冰点。此法施工简便、耗用费用少。适用于初冬和冬末季节。在严寒时可与蓄热法配合使用。对有特殊要求的结构采用此法时应进行论证。

（一）改善混凝土的配合比

在初冬、冬末季节，气温在0℃以上。可改变配合比，增加早期水泥水化热，加快混凝土强度的升高，使混凝土受冻前达到受冻临界强度，具体措施有：

1．采用高标号普通硅酸盐水泥、早强型水泥；

2．选用低水灰比、低坍落度，加强混凝土硬化；

3．适当提高混凝土强度等级。

（二）掺入外加剂

掺入外加剂使混凝土产生早强、抗冻、催化等作用，防止混凝土的冻害。

常用外加剂有氯盐系；硅酸、亚硝酸、碳酸盐系；醇胺系等。

掺加外加剂施工时应注意事项：

1．严格控制氯盐的掺加量，在钢筋混凝土中，氯盐掺量不大于水泥重量的1%；无筋混凝土中不大于3%。掺氯盐的混凝土宜用普通硅酸盐水泥，水灰比小于0.65，拌合时均匀投入，适当延长搅拌时间。振捣密实，不宜采用蒸汽养护。

2．外加剂配比要准确，拌合均匀，掺加次序按照外加剂的使用规定执行。

3．搅拌后的混凝土在运输中适当覆盖，浇筑时加强振捣，及时覆盖保温。

二、蓄热法

蓄热法是先将混凝土的拌合水或骨料加热拌成具有适当温度的热混凝土，再浇入模板中。利用这种预加热量和水泥在硬化过程中放出的水化热，使混凝土在正温条件下达到预定的设计强度。

蓄热法适用一般室外最低气温不低于−15℃地区。这种方法操纵方便，应用较为广泛。

（一）原材料加热方法

水的加热，可用锅或用水箱内通入蒸汽等方法加热。砂石加热，一般用蒸汽管直接插入被加热的砂石堆中；或在砂石贮料斗中安设蒸汽蛇形盘管加热；少量的可用铁盘下面生火直接烤热，但不得用火直接加热骨料。

混凝土拌合物的最高允许温度可按表4-34采用。混凝土的温度一般控制在35℃以内，温度过高，会引起拌合物水量不足或导致假凝或热收缩裂缝。

水　泥　品　种	拌合水（℃）	骨　料（℃）
小于525号普通水泥、矿渣水泥及火山灰水泥	80	60
标号≥525号硅酸盐水泥、普通水泥、矿渣水泥、火山灰水泥及快硬水泥	60	40

拌合时，先投入砂石与水拌合，然后再投入水泥，不得将水泥与热水直接拌合，防止水泥产生假凝现象，使混凝土和易性差，降低后期强度。

（二）热工计算

1．混凝土拌合物温度计算

$$T_0 = [0.84(C \cdot t_c + S \cdot t_s + G \cdot t_g) + 4.19 t_w(W - P_s \cdot S - P_g \cdot G)$$
$$+ b(P_s \cdot S \cdot t_s + P_g \cdot G \cdot t_g) - B(P_s \cdot S + P_g \cdot G)] / [4.19W$$
$$+ 0.84(C + S + G)] \qquad (4\text{-}9)$$

式中　T_0——混凝土拌合物的理论温度（℃）；

W、C、S、G——分别为水、水泥、砂、石的用量（kg）；

t_w、t_c、t_s、t_g——分别为水、水泥、砂、石的温度（℃）；

P_s、P_g——砂、石含水率；

b——水的比热（kJ/kg·K）；

B——水的溶解热（kJ/kg）。

当骨料温度＞0℃时　　$b=4.19$　　$B=0$

　　　　　≤0℃时　　$b=2.10$　　$B=330$

2．混凝土在搅拌机倾出时的温度计算

$$T_1 = T_0 - 0.16(T_0 - T_d) \qquad (4\text{-}10)$$

式中　T_1——混凝土自搅拌机倾出时的温度（℃）；

T_0——混凝土拌合物理论温度（℃）；

T_d——搅拌棚内温度（℃）。

3．混凝土自运输至成型的温度损失计算

$$T_2 = (\alpha \cdot Z - 0.032n)(T_1 - t) \qquad (4\text{-}11)$$

式中　T_2——混凝土运输至成型损失的温度（℃）；

α——温度损失系数

用人力手推车$\alpha=0.5$；

开敞式自卸汽车$\alpha=0.20$；

滚筒式搅拌车$\alpha=0.25$；

Z——混凝土运输至成型间隔时间（h）；

n——混凝土倒运次数；

T_1——混凝土自搅拌机倾出时的温度（℃）；

t——室外气温（℃）。

混凝土在搅拌、运输以及浇筑过程中的温度损失可参照表4-35估算。

混凝土搅拌、运输及浇筑时热量损失（℃）　　　　　表 4-35

搅拌温度与环境温度差（℃）	15	20	25	30	35	40	45	50
搅拌时的热损失（℃）	3.0	3.5	4.0	4.5	5.0	6.0	7.0	8.0
一次运转的热损失（℃）	0.55	0.65	0.75	0.90	1.0	1.25	1.5	1.75
浇筑时的热损失（℃）	2.0	2.5	3.0	3.5	4.0	4.5	5.0	5.5

【例4-7】 已知某工程浇筑混凝土，其 $1m^3$ 混凝土材料用量为：水泥300kg，砂600kg，石子1350kg，水150kg。冬季施工材料加热温度采用：水 40℃，砂20℃，石子5℃，水泥1℃。用人力手推车运输、加覆盖保温，需倒运一次，运输至成型历时0.5h，砂含水率 P_s＝3%，石子含水率 P_g＝2%，室外气温－8℃。试计算混凝土成型后的温度。

【解】 混凝土拌合物理论温度

$$T_0 = [0.84(300 \times 1 + 600 \times 20 + 1350 \times 5) + 4.19 \times 40(150$$
$$- 600 \times 0.03 - 1350 \times 0.02) + 4.19(600 \times 0.03 \times 20 + 1350$$
$$\times 0.02 \times 5)/[4.19 \times 150 + 0.84(300 + 600 + 1350)]$$
$$= 16.6℃$$

混凝土从搅拌机倾出时的温度

$$T_1 = 16.6 - 0.16(16.6 - 8) = 15.2℃$$

混凝土由运输至成型后的温度

$$T_2 = (0.5 \times 0.5 - 0.032 \times 1)(15.2 - 8) = 1.57℃$$

三、外部加热法

当蓄热法不能满足要求，可采用外部加热来促进混凝土的硬化。外部加热法有暖棚法、蒸汽加热法和电热法等。

（一）暖棚法

暖棚法是在混凝土结构物周围用保温材料搭成暖棚，棚内生火或设热风机加热，也可用在棚内安装散热器的方法采暖，使混凝土保持在正温下养护至设计强度。

此法适用于气温较低、建筑物体积不大、混凝土结构又较集中的工程。本法需搭设暖棚，需用较多木料和围护保温材料，以及耗用较多燃料，致使施工费用提高。尚须特别注意防火安全，避免火灾的发生。

此法可与蓄热法或外加剂法结合使用，以缩短养护时间。

（二）蒸汽加热法

蒸汽加热法是利用低压饱和蒸汽对混凝土构件均匀加热，使之得到适宜的温度和湿度，以促进水化作用，加快混凝土的硬化。采用这种方法时，混凝土强度增长快，易于保证质量，广泛用于构件厂成批生产构件中。施工现场要求混凝土养护时间短时也可采用。但是需要增加锅炉和蒸汽管路系统。

蒸汽加热法应注意事项：

1. 应利用低压饱和蒸汽（小于70kPa），使用高压蒸汽需减压；

2. 蒸汽加热温度要均匀，最高温度控制在30℃以内；升温速度不宜大于10℃/h；降温速度不宜大于5℃/h；

3. 混凝土冷却到5℃以后，才允许拆除模板，拆后应进行围护，使混凝土慢慢冷却。

防止产生裂缝；

　　4．设置测温孔，定时观测，做好记录。

　　（三）电热法

　　电热法是在混凝土内部或外表面设置电极，通入低压电流，利用未硬化混凝土中游离水份具有导电性，产生热量来加热混凝土。如果材料的成分相同、温度相同，砂浆中电流分布亦均匀，能使混凝土均匀加热。而钢筋混凝土由于材质不同，导电性不同，电流分布不均匀，致使温度分布也不均匀，因此，电极分布要合理，且不得靠近钢筋。

　　电热法一般用于表面系数大于6的构件，可在任何气温条件下使用，但是，由于电热法要耗用大量电能，一般情况下较少采用。

复 习 思 考 题

1．现浇钢筋混凝土包括哪几个施工过程？

2．叙述模板的作用及支设要求。

3．如何进行模板设计？

4．模板拆除时注意事项。

5．钢筋有几种类型，写出表示符号？

6．钢筋冷拉方法及其作用。

7．如何计算钢筋下料长度？怎样编制钢筋配料单？

8．钢筋代换应满足哪些原则？怎样进行代换？

9．钢筋绑扎接头和焊接接头有哪些要求？

10．钢筋除锈有哪几种方法？

11．浇筑混凝土施工过程及注意事项。

12．浇筑混凝土为什么要分段分层浇筑？怎样保证混凝土的接茬时间？

13．泵送混凝土有什么优点？

14．浇筑混凝土常出现哪些缺陷？怎样防治？

15．何谓先张法？何谓后张法？

16．预应力混凝土施工中有哪些锚具和张拉设备？

17．预应力混凝土施工中后张法工艺过程。

18．孔道灌浆设备及操作步骤。

19．叙述预应力装配式水池的施工过程。

20．预应力钢丝的缠丝设备及方法。

21．水中浇筑混凝土有什么特点？

22．水中浇筑混凝土设备及操作要求。

23．混凝土冬季施工有哪些方法？

24．冬季混凝土施工在选择方法时应从哪些因素考虑？

25．钢筋混凝土施工中应贯彻哪些安全技术措施？

第五章 沉井工程

第一节 概 述

沉井施工是在地面上先预制好井筒，然后在井筒内挖土，靠井筒自重或在附加荷载作用下，克服井外壁与土之间的摩擦力和土对刃脚的支持力，逐渐下沉到设计标高，再进行底板封底，其过程称为沉井施工。

沉井施工比开槽法施工的优点是占地面积小，开挖土方量少，尤其当遇有地下水情况时，施工更为安全可靠，所以，在给水排水工程中，修建取水构筑物、地下式泵房等工程中，常采用沉井施工。

选择沉井法施工时，应结合工程地点、地质条件、水文资料、现场环境等具体情况，经过技术经济比较确定。

沉井大多为钢筋混凝土结构，横断面为圆形和矩形，纵断面形状大多为阶梯形，如图5-1所示。井筒内壁与底板相接处有环形凹口，下部为刃脚。刃脚的作用就是切土，通常用型钢加固刃脚，保证刃脚的强度，如图5-2所示。

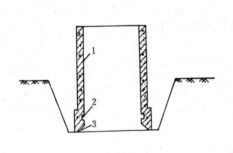
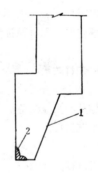
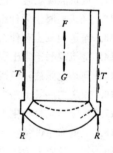

图 5-1 沉井断面示意图　　　图 5-2 沉井刃脚加固　　　图 5-3 沉井下沉平衡力系
1—井壁；2—凹槽；3—刃脚　　　　1—刃脚；2—角钢

沉井下沉时，必须克服井壁与土壁之间的摩擦力和土层对刃脚的反力，下沉时井筒的重力及附加重物的重力应满足下列关系，如图5-3所示。

$$G-F \geqslant T+R \qquad (5-1)$$

式中　G——井筒自身及附加重物的重力（kN）；

F——井筒所受浮力（kN）；井筒内无水时$F=0$；

R——刃脚反力（kN）；刃角底面及斜面的土方挖空，则$R=0$；

T——井筒外壁所受摩擦力（kN）。

其中　　　　$$T=K \cdot f_0 \pi D \left[h + \frac{1}{2}(H-h) \right] \qquad (5-2)$$

式中　K——安全系数，一般取1.15～1.25；

　　　D——井筒外径（m）；

　　　H——井筒总高度（m）；

　　　h——刃脚高度（m）；

　　　f_0——单位摩擦力（kN/m^2），见表5-1。

摩擦力f_0值　　　　　　　　　表 5-1

土的种类	单位摩擦力f_0(kN/m^2)	土的种类	单位摩擦力f_0(kN/m^2)
粘性土	24.5～49	砂砾石	14.7～19.6
砂性土	11.8～23.5	软土	9.8～11.8
砂卵石	17.6～29.4		

当沉井地点的土层由几种不同土壤组成时，可按下式计算平均摩擦力：

$$f_0 = \frac{f_1 n_1 + f_2 n_2 + \cdots + f_n n_n}{n_1 + n_2 + \cdots + n_n} \tag{5-3}$$

式中　f_1、f_2、…、f_n——各层土的单位摩擦力（kN/m^2）；

　　　n_1、n_2、…、n_n——各层土的厚度（m）。

井壁厚度是按沉井受压条件设计的，往往使沉井不能有足够的重力下沉，若过分增加沉井壁厚，经济上又不合理。一般采用附加荷载或采用振动方法使之下沉，也可以采用泥浆套或气套方法减小下沉时井壁与土的摩擦力使之下沉。

沉井施工时，井筒的制作可在原地面上，也可以在基坑内。通常井筒是分段制作的，下沉时分段下沉。若在水中施工时，除在下沉地点筑岛制作井筒外，也可以在陆地上制作，浮运到下沉地点下沉。

沉井下沉时，若附近有永久性建筑物时，应经常对建筑物进行沉降观测，必要时应采取相应的安全措施。

沉井施工前应对沉井地点进行地质钻探，掌握详细的工程地质及水文地质资料和柱状图。沉井面积在200m^2以内时，钻孔数不少于1个。沉井面积在200m^2以上时，钻孔数不少于4个。应设在沉井四角或相互垂直直径与圆周交点附近，钻孔深度不得小于井筒刃脚设计高程以下5m。

沉井施工前应对沉井施工制订各项技术措施，保证井筒的顺利下沉。

第二节　井筒制作

沉井施工时，井筒常在沉井地点现场制作。为了减少井筒下沉时的井内挖方量；降低井筒在地面上的高度，有利于缩短垂直运输距离，提高工效；易于清除表土层中的障碍物；降低轻型井点系统总管埋设高程，增加降水深度，通常采用开槽方法挖设基坑。

基坑的开挖深度应根据施工地点的周围环境、地质条件、水文条件来确定。一般基坑坑底标高应在地下水位以上0.5m为宜，使坑底有一定承载能力。若干燥土层，则根据技术经济条件确定基坑的开挖深度。

133

在水中沉井施工时，应在水中筑岛，筑岛应采用透水性好和易于压实的砂或其他材料填筑不得采用粘性土。筑岛四周应设有护道，其宽度不得小于1.5～2m。筑岛地面标高应高于周围水域最高水位0.5m以上。

一、基坑坑底处理

井筒的重力借刃脚底面传递给地基，为了防止井筒在制作中或下沉前产生不均匀沉降，应对坑底地基进行加固处理。

当原地基承载力较大时，可以满足刃脚下的压力，可在刃脚底面接触的地基范围内，采用原土夯实、砂垫层、砂石垫层、灰土垫层等方法处理，垫层厚度一般为30～50cm。然后在垫层上制作井筒。这种方法称无垫木法。

当原地基承载力较弱时，应在人工垫层上设置垫木，增加受压面积。所需垫木的面积应满足下式：

$$F \geqslant \frac{Q}{P_0} \tag{5-4}$$

式中　F——垫木面积（m²）；

　　　Q——井筒重力，分段制作时为第一段井筒的重力（kN）；

　　　P_0——地基允许承载力（kN/m²）。

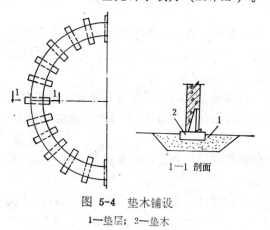

图 5-4　垫木铺设
1—垫层；2—垫木

垫木铺设情况，如图5-4所示。垫木的数量、尺寸及间距应通过计算确定。铺设垫木时，垫木面必须抄平，垫木之间，应用砂填实。

二、井筒制作

在沉井施工时，井筒过高稳定性差，下沉时易倾斜，一般高度大于12m时，宜分节制作，在沉井下沉过程中或在井筒下沉各个阶段间歇时间，继续加高井筒。

井壁模板采用定型组合钢模板或木模板组装而成。

采用定型组合钢模板时，应先根据井筒的尺寸，模板尺寸进行试拼装，同时检查模板的外形，将试拼后的模板进行编号。然后再进行井筒井壁模板拼装。拼装时，为了使池壁厚度准确，用螺栓穿过模板拧紧。池壁模板采用工字钢柱支设，内外或相邻两钢柱间用钢筋连接固定。

采用木模板时，外模朝混凝土一面应刨光，内外模均采取竖向分段支设，每段高1.5～2.0m，用斜撑支于底板，外立柱用钢筋箍加固。

模板支设应满足井筒的尺寸，保证模板支设稳定。

钢筋绑扎加工，可用人工绑扎，或在沉井旁预先绑扎钢筋骨架或网片。用吊车垂直吊装，竖向筋可一次绑好，水平筋分段绑扎，绑扎时，应保证竖向筋的间距，竖向筋的垂直度、水平筋的位置以及钢筋保护层厚度的准确等。

分段制作时，连接处伸出的插筋采用焊接连接，接头错开1/4。若井筒内有内墙时，应在井壁与内墙连接处按设计要求预留插筋。

井筒混凝土浇筑通常采用以下几种方法：

1. 在沉井周围搭设脚手架平台，用运输机将混凝土送到脚手平台上，再用手推车沿沉井均匀分布的串桶浇灌。

2. 用翻斗汽车运送混凝土、塔式履带式起重机吊混凝土吊斗，通过串桶沿井壁均匀浇灌。

3. 用混凝土运输搅拌车运送混凝土，用混凝土泵车沿井壁进行分布均匀浇灌。

在施工中，应根据施工现场的条件，施工单位的机械设备条件等综合考虑，选择合适的浇灌方式。

混凝土浇筑的方法与一般钢筋混凝土施工相同。但在井壁混凝土浇灌时应注意以下几点：

1. 浇灌混凝土时，应将沉井分成若干段同时对称均匀分层浇灌，每层厚30cm，防止模板受力不匀产生倾斜。

2. 混凝土应一次连续浇灌完成，分节浇灌时第二节混凝土应在第一节混凝土强度达到设计强度70%后进行。

3. 对于有抗渗要求的井壁，接缝应设置水平凸缝，接缝处应凿毛处理。

4. 分节浇灌时，前一节下沉应为后一节混凝土浇灌工作预留0.5～1.0m高度，以便操作。

混凝土浇灌后，应及时进行养护。一般采用自然养护。冬季为加快拆模下沉，也可以采用蒸汽养护或采用抗冻早强混凝土浇筑。

混凝土拆模时间按设计规定进行，但刃脚处模板应待混凝土强度达到设计强度的70%以后，方可拆除。拆除的模板应清理，堆放整齐。

三、沉井制作质量要求

沉井制作应保证沉井外壁平滑，沉井的尺寸应符合设计要求。沉井制作的允许偏差见表5-2。

沉 井 制 作 的 允 许 偏 差　　　　　　　　　　　表 5-2

项　次	项　　　目		允 许 偏 差
1	平面尺寸	长　宽	±0.5%，且不得大于100mm
		曲线部分半径	±0.5%，且不得大于50mm
		两对角线的差异	1%对角线长
2	钢筋混凝土井壁厚度		±15mm

第三节　井　筒　下　沉

一、井筒下沉前的准备工作

(一) 拆模后核算混凝土的强度，分节下沉时，第一节混凝土的强度应达到设计强度的100%，其上各节达到70%后，方可开始下沉。

(二) 封堵井壁上的预留孔、洞和预留管，对于较大孔洞，制作时可在洞口预埋钢框、螺栓用钢板、方木封堵，洞中填与空洞混凝土重量相等的砂石，对进水孔应一次做好，内侧用钢板封堵。

（三）为使沉井封底的混凝土底板与井壁粘结牢固，增加抗渗性，井筒下部的凹槽进行凿毛处理。

（四）在井筒外壁四面中心对称画出标尺，在内壁画出垂线，以供观测用。

（五）拆除刃脚下的垫木，应分区、分组、依次对称、同步地进行。圆形井筒先抽一般垫木，后抽定位垫木。矩形井筒先抽内墙下垫木，然后分组对称抽短边下垫木，再后抽长边下垫木，最后同时抽定位垫木。抽垫木时，先将垫木下部的土挖去，每抽出一根，刃脚下应立即填砂，捣实。

（六）检查井筒的中心位置和井筒的垂直度。由于拆除垫木，会导致井筒中心，井筒垂直度的偏差。保证井筒下沉前的正确位置和垂直度，有利于井筒下沉的质量。

二、井筒下沉

沉井施工中，应根据沉井地点的地质条件、水文条件等选择井筒下沉的方法。一般在地质条件好、渗水量不大、稳定的粘性土或在砂砾层中渗水量大，但排水不困难时使用排水下沉法，在地质条件较差、有流砂地层和渗水量大的砂砾层中使用不排水下沉法。

（一）排水下沉

排水下沉就是用人工方法将地下水位降低，使井筒内的操作不受地下水的影响，施工条件较好，且易于保证井筒下沉的质量。

排水方法通常采用集水井法排水或井点排水。

1. 集水井法排水，在沉井内离刃脚1～2m挖一圈排水沟，将水引入集水井，深度比地下水位低1～1.5m，排水沟及井底深度随井筒挖土而不断加深。其上安装水泵，如图5-5所示。也可选用潜水泵。

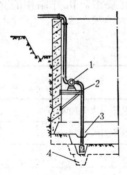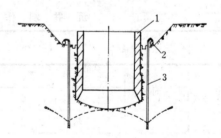

图 5-5　钢支架上设水泵排水　　　　图 5-3　轻型井点降水系统
1—水泵；2—钢支架；3—排水沟；4—集水井　　　　1—沉井；2—总管；3—井点管

当沉井下沉较深时，集水井法排水会使井筒内外动水位差增大，导致涌砂，引起井筒地面沉陷。

2. 井点排水，在井筒周围布设井点，降低地下水位，使井筒内保持干燥。常用轻型井点系统排水，如图5-6所示。

排水下沉挖土方法，通常根据土质情况，选择正确的挖土方法。常用人工或用抓斗分层开挖。挖土必须对称、均匀地进行，使沉井均匀地下沉。

（1）普通土层　挖土时由沉井中间开始逐渐挖向四周，每层挖土厚度40~50cm，在刃脚处留1~1.5m台阶，然后沿井壁，每2~3m为一段，逐层全面、对称、均匀的切削土层，每次切削5~10cm，每挖削一层土，沉井便在自重作用下均匀下沉，挖土过程如图5-7所示。

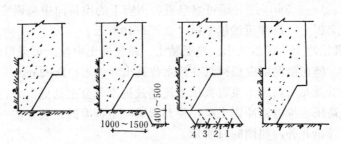

图 5-7　普通土层挖土过程

（2）砂夹卵石或硬土层　挖土时，由中心向四周进行。每层挖40~50cm，当挖至刃脚后，沿井壁每2~3m为一段，对称均匀的将刃脚下挖空。

挖土时，为了加快挖土速度，可采用合瓣式抓铲挖土机在井筒中部挖土，四周用人工挖土。

挖出的土应及时吊起出井筒，卸在指定地点，卸土地点距井壁保持一定距离，以免井壁土方坍塌，导致井筒下沿的摩擦力增加，对于大型沉井工程，一般采用塔式起重机或履带式起重机，如图5-8所示，也可以采用起重机吊多瓣抓斗。

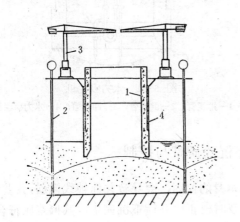

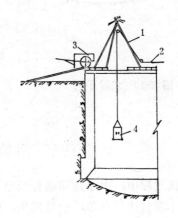

图 5-8　大型沉井下沉　　　　　　图 5-9　人字桅杆吊运土

1—井筒壁；2—井点管；3—塔式起重机；　　　1—人字桅杆；2—卷扬机绳索；3—手推车；
4—泥浆套　　　　　　　　　　　　　　　　　4—活底吊桶

对于中小型沉井工程可在井上搭设独脚或人字桅杆，用卷扬机垂直提升，如图5-9所示。

沉井内土方吊运出井时，井下操作的工人必须带上安全帽，吊斗下严禁站人，避免吊斗及泥土落下伤人。

（二）不排水下沉

不排水下沉就是在水中挖土，将土吊运出井筒，井筒在自重作用下下沉，为了避免流砂现象产生，井中水位应与原地下水位相同，有时还要向井筒内注水，使井筒内水位稍高于地下水位。

水下挖土时，一般采用抓斗，水力吸泥机挖土。

1. 抓斗挖土　用吊车吊抓斗挖掘井底中央部分的土，形成锅底。在砂类土中，一般中部挖深比刃脚低1～1.5m，沉井即可靠自重将刃脚下的土挤向中央锅底，沉井下沉，然后用抓斗再从中央抓土，沉井可继续下沉。如图5-10所示。

2. 水力机械冲土　在亚粘土、轻亚粘土、粉细砂土中挖土可采用水力吸泥机冲土，不受水深的限制，但在淤泥中应保持沉井内水位高出井外水位1～2m。

水力吸泥机就是用高压水泵将高压水流通过进水管分别送进沉井内的高压水枪和水力吸泥机，利用高压水枪射流冲刷土层，使其形成一定稠度的泥浆汇流至集泥坑，然后用水力吸泥机将泥排出井外，如图5-11所示。

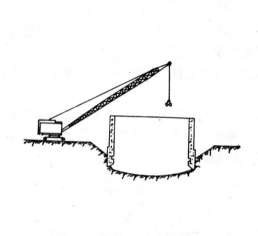

图 5-10　机械开挖

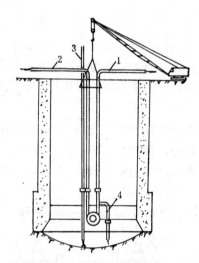

图 5-11　水力吸泥机

1—排泥管；2—供水管；3—冲刷管；4—水力吸泥导管

第四节　井筒下沉的质量与控制

井筒下沉过程中，由于地质条件或施工本身的原因，会导致井筒轴线倾斜，井壁裂缝，不能下沉或下沉过快等现象，一旦发生，应及时校正。井筒下沉完毕，其偏差应符合以下规定：

1. 标高偏差　刃脚平均标高与设计标高偏差不得超过100mm。

2. 水平位移偏差　井筒平面中心的水平位移不得超过下沉总深度的1%，下沉总深度小于10m时，水平位移允许100mm。

3. 倾斜偏差　矩形井筒四角中任何两角的刃脚底高差，不得超过该两角间水平距离的1%，且最大不得超过300mm；如两角水平距离小于10m时，其刃脚底面高差允许为100mm。

一、井筒倾斜与校正

（一）井筒倾斜的观测

井筒倾斜的原因很多，主要是在同一地层中土的分布不均匀；刃脚附近的土开挖速度不同或深度不均匀和挖土不对称；井筒本身及附加重物的重力分布不均匀；刃脚下遇到障碍物。所以在井筒下沉过程中，应经常观测。以保证井筒下沉的质量，常用的观测方法有井内观测和井外观测两种，而井内观测采用垂球法或电测法，井外观测采用标尺法或水准测量法。

1. 垂球法　垂球法就是在井筒内壁均匀对称地挂4个或8个垂球，分别依垂球的投影在井内壁画竖线，井筒下沉位置正确时，垂球与竖线平行且重合，否则井筒已发生倾斜。这种方法简单实用，观测方便，但不能自动观测。

2. 电测法　电测法就是用电信号代替垂球的人工观测，电测装置如图5-12所示。井壁四周均匀、对称布置4个或8个指示灯，当井筒倾斜时垂球导线与裸导线相接触，指示灯亮。若垂球导线在裸导线的内侧，井筒倾斜于亮指示灯的反面，反之亦然。当倾斜校正后，指示灯全部熄灭。为了安全，电测设备采用24～36V低压电源。这种方法自动观测，易于发现倾斜，即刻校正，但不能定量测定。

以上两种方法只适用于排水下沉。

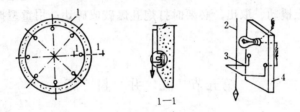

图 5-12　电测法观测

1—井筒；2—垂球导线；3—裸导线；4—木板

3. 井外观测法　井筒不排水下沉时采用，首先应在下沉前在井筒外壁四个对称点(两个互相垂直外径的端点)上绘出高程标记，并设置水平标尺。水平标尺设置位置应不受井筒下沉的影响，一般应距井外壁不小于3～3.5m。水平标尺应对准高程标记。

观测时，同时移动四个水平标尺，使标尺一端与井壁接触，分别读出井壁四点高程数，及4个标尺的水平读数，若高程读数相同，井筒没有发生倾斜，若水平读数相同，井筒没有发生水平位移，否则，井筒发生水平位移或倾斜，应及时校正。这种方法可以定量观测，但不够准确，若需更精确测定时，可以采用水准仪进行测量。

(二)井筒倾斜的校正

井筒倾斜校正的方法常用挖土校正和加载校正两种。也可以采用振动器振动或高压水枪冲击。

挖土校正就是在井筒下沉较慢一侧多挖土，在井筒下沉较快一侧少挖土或将刃脚处填砂夯实，使井筒恢复垂直。也可以在下沉较慢一侧井壁外开挖土方，相对另一边回填土方并夯实。

加载校正是在井筒下沉较慢一侧增加荷载，加快下沉速度，也可以在下沉较慢一侧加振动器促使井筒下沉，或者在下沉较慢一侧井筒壁外用高压水冲击，减少摩擦力，有助于倾斜校正。

二、井筒下沉中异常现象的处理

首先分析产生异常现象的原因，然后采取相应的处理措施。

（一）井筒下沉中产生裂缝 裂缝有环向和纵向两种，重要原因是结构设计的混凝土标号低，钢筋布置不合理，或是井筒没有达到设计强度即开始下沉，下沉技术不高，多次校正致使井壁受力不匀，以及土中有障碍物和土的侧压力过大等。

如有裂缝产生，应采取措施防止裂缝扩大，用水泥砂浆、环氧树脂补强加固。

（二）井筒下沉产生困难 主要原因是井壁与土壁间的摩擦力过大；井筒自重不够；遇有障碍物。采取的措施是在井壁外用高压水枪冲刷井筒周围土，减小摩阻力；增加井筒的重力，如加荷载，用人工方法清除障碍物。

（三）井筒下沉过快 主要原因是土层软弱，土的耐压强度小；井壁与土壁间摩擦力小；井壁外部土液化。采取措施是刃脚下少挖土或不挖土；在井壁填粗糙材料或夯实，增加摩阻力；在液化土虚坑内填碎石。

（四）井筒下沉遇障碍物 局部遇孤石、大块卵石等、小块孤石可将四周土掏空后取出；较大孤石或大块卵石可用风动工具或用松动爆破方法破碎或小块取出。

（五）井筒下沉遇硬质土层 遇厚薄不等的黄砂胶结层，质地坚硬，开挖困难，通常用钢钎打入土中向上撬动、取出，必要时打炮孔爆破成碎块；用重型抓斗、水枪冲击和水中爆破联合作业。

第五节 沉 井 封 底

当沉井下沉到设计标高后，经2～3天后下沉已稳定，为保证沉井的正确位置，发挥沉井的各种动能，必须进行沉井封底。

沉井封底方法，主要取决于有无地下水等情况，无地下水时，封底方法同一般钢筋混凝土工程相同。有地下水时，可分为排水封底和不排水封底两种。

沉井封底前，应检查沉井下沉标高，并观测8h内累计下沉量不大于10mm；对井底进行修整使之成锅底形；将刃脚凹槽凿毛处冲刷干净。

一、排水封底

排水封底就是在井筒内设置排水沟、集水井继续排水，保持地下水位低于基底面0.3m以下，再进行钢筋混凝土浇筑的施工方法。

（一）排水沟、集水井的布置 由刃脚向中心挖放射形排水沟，填以卵石作成滤水暗沟。排水沟尺寸、数量据土质、渗水量计算确定。在井筒中部设2～3个集水井，深1～2m，插入$\phi600$～$800mm$四周带孔眼的钢管或混凝土管，四周填以卵石。各集水井间用盲沟连通。集水井中水由水泵排走。

（二）封底 先浇一层厚为0.5～1.5m的混凝土垫层，达到50%设计强度后，绑扎钢筋，两端伸入刃脚凹槽内，然后浇钢筋底板混凝土。浇筑混凝土时，应在整个沉井面积上分层，同时，不间断地进行，由四周向中央推进，每层厚30～50cm，并应振捣密实。混凝土采用自然养护。养护期间继续排水。

（三）封堵集水井：待底板混凝土强度达到70%后，集水井逐个停止抽水，逐个封堵。封堵时采用干硬性的高标号混凝土填塞集水井并捣实，然后安设法兰盘盖板用螺栓拧紧或焊接，其上部用混凝土垫实捣平。

排水封底的结构构造如图5-13所示。

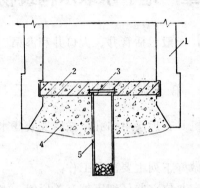

图 5-13 排水封底的构造
1—沉井；2—底板；3—法兰盖板；4—封底混凝土；5—集水井

二、不排水封底

不排水封底就是直接在水中浇筑混凝土垫层和钢筋混凝土底板的施工方法，详见第四章第五节。

复 习 思 考 题

1. 叙述沉井施工过程。

2. 沉井施工的特点及其应用场合。

3. 如何防止井筒制作时地基产生不均匀沉陷？

4. 如何选择井筒下沉的挖掘方法？

5. 简述排水下沉的施工过程。

6. 绘图说明井筒倾斜如何纠正。

7. 沉井下沉时易发生哪些异常现象？如何处理？

8. 简述排水封底的施工过程。

第六章　地下水取水构筑物施工

地下水取水构筑物类型，一般包括管井、大口井和渗渠三种类型。

第一节　管　井　施　工

管井施工是用专门钻凿机具在地层中钻孔，然后安装滤水管和井管等过程。

一、施工前的准备

在进行管井施工前，应做好下列主要准备工作：

（一）会同有关部门确定井位，并仔细审核有关资料，查清地下有无障碍物。

（二）施工前按照施工组织的要求，平整施工现场；接通水、电源，修好施工道路使钻机进入现场。

（三）确定钻机位置，架设钻机，安装井口护管，同时将泥浆系统准备就绪。

（四）储备好粘土和人工填料，并配制好泥浆。

二、钻孔施工

管井是垂直式的深入地下的集水装置，它的建造是依靠凿井设备和相应的方法来完成。

（一）凿井设备

凿井设备品种较多，用于给水工程凿井施工中常用设备如下：

1. 钻机

（1）绳索式冲击钻机　这种钻机如图6-1所示。适用于松散的土质。国产冲击式钻机技术数据见表6-1。目前常采用CZ20、CZ22、CZ30型号，其冲程0.45～1.0m，每分钟冲击次数40～50次。

（2）旋转式钻机　这种钻机如图6-2所示。它的工作依靠钻杆旋转，带动钻具切碎岩层，形成井孔。它适用于各种土、砂、砂砾及基岩地层。钻进深度比冲击式钻机深，设备比冲击式复杂。

2. 钻头

钻头用于破碎岩层，钻出井孔。

（1）用于冲击式钻机的钻头

1）一字型钻头　如图6-3（1）所示，适用于岩层、卵、漂石地层的冲孔，但冲进速度较慢，钻头摆动严重，致使孔型不够规则。

2）十字型钻头　如图6-3（2）所示，适用于岩层及卵、漂石地层冲击钻孔，效果较好。

（2）用于旋转式钻机的钻头

1）蛇形钻头　如图3-4（1）所示，适用于钻进粘性土、砂质粘土等地层。

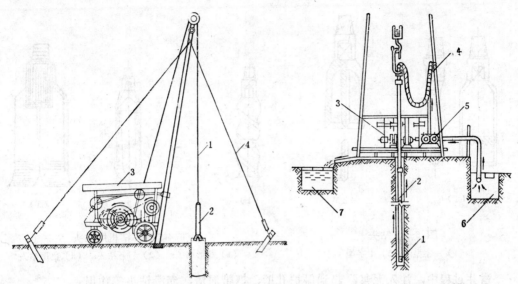

图 6-1 冲击式钻机

1—绳索；2—钻头；3—钻机；4—拉线

图 6-2 旋转式钻机

1—钻头；2—钻杆；3—工作绞盘；4—注水管；

5—水泵；6—注水池；7—循环水池

冲击式钻机规格性能表　　　　　　　表 6-1

摘　　　要		CZ-20	CZ-22	C2-30
钻孔直径(泥浆护壁法)(mm)		700	800	1200
钻孔深度(泥浆护壁法)（m）		150	200	300
钻具冲程（m）		0.45～1.0	0.35～1.0	0.5～1.0
冲击次数（次/min）		40、45、50	40、45、50	40、45、50
钢丝绳平均速度 （m/s）	钻　具	0.52～0.65	1.1～1.4	1.1～1.42
	抽砂（掏泥）	0.92～1.27	1.2～1.6	1.21～1.68
钢丝绳直径 （mm）	钻　具	19.5	21.5	26
	抽砂（掏泥）	13	15.5	17.5
钻具最大重量（kg）		1000	1300	2500
电动机功率（kW）		20	22	40
运输中行走速度（km/h）		20	20	20

2）勺形钻头　如图6-4（2）所示，适用于质弱地层。

3）鱼尾钻头　如图6-4（3）所示，是一种常用钻头。

（二）凿井方法

根据水文地质勘察资料，合理选择钻机和钻进方法，并做好施工组织工作。由于凿井过程中，破坏了地层的平衡状态，如不采取适当措施，井壁会发生坍塌，变形等事故，所以，在凿井过程中对井壁应加以临时性保护。目前保护方法有泥浆护壁法和套管护壁法。

1. 泥浆护壁法

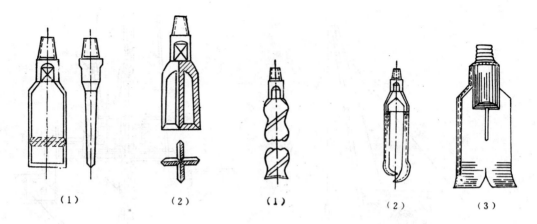

图 6-3　钻头
(1) 一字型；(2) 十字型

图 6-4　旋转钻机用钻头
(1) 蛇形钻头；(2) 勺形钻头；(3) 鱼尾钻头

凿井过程中，注入泥浆，起到保护孔壁，携带泥渣，润滑钻头等作用。

泥浆护壁法的优点：

(1) 方法简便，凿井成本低；

(2) 钻进效率高，比套管法减少了下套管和起套管的工序；

(3) 终孔口径较大，有利于人工填料（反滤层）的回填工作。

泥浆护壁法的缺点：

(1) 含水层（取水层）有可能被泥浆封堵，影响含水层透水性；

(2) 地层采样不够准确，变化的界线不明显；

(3) 泥浆护壁只能保护暂时稳定，也可能发生突然塌孔，一旦发生事故，处理工作较困难。

为了防止泥浆护壁法的上述缺点，在开凿时，井口处安设一护口管，防止井口坍塌。同时，不断地向孔内注水，保持井孔内液面不低于地面0.5m，井孔内液面静水压力能对孔壁起保护作用。

井孔钻进达到设计深度后，应及时下井管，进行洗井，以防含水层被泥浆堵塞，影响井的出水量。

2. 套管护壁法

凿井过程中，边凿孔边下钢制套管，形成稳固的临时性护壁，待凿井完成后，下完井管，再拔出套管。

套管护壁法的优点：

(1) 能保证含水层的透水性，便于洗井工作；

(2) 套管护壁安全可靠，能防止坍孔等事故；

(3) 能取得可靠的地层样品，地层变化界线明显。

套管护壁法的缺点：

(1) 套管护壁法操作复杂，要求技术较高；

(2) 套管法比泥浆护壁法增加了工作量，钻进速度较慢。

上述两种方法，选用时视工程具体情况和现有设备的条件，综合考虑。目前一般采用泥浆护壁法较为广泛。

3. 凿井中容易发生的事故与预防

凿井过程中，常出现的事故有：井孔坍塌、井孔倾斜、钻井卡钻、钻具掉入井内、钻机发生故障等情况。任何事故，部会给凿井施工带来很大困难。因此，施工中必须严格遵照操作规程，做到经常维护钻具，预防各类事故的发生。

(1) 井孔坍塌

1) 井孔坍塌的原因　泥浆（清水）钻进时，保护井壁的稳定主要依靠泥浆的静水压力来平衡孔壁压力和地下水侧压力。若泥浆的静压力小于孔壁的侧压力和地下水的侧压力时，孔壁的急定性遭到破坏，导致塌孔事故。产生井孔坍塌原因可分为地质因素和工艺因素。地质因素主要由于所钻地层岩性、结构及应力平衡受到破坏等方面的影响；工艺因素常因井位选择不当，护口管未及时安装或安装不当，以及泥浆配制或注入不当等所致。

2) 井孔坍塌的预防　可从以下几个方面采取措施：

a. 选择井位要适当。井位应选择距河流、旧井、铁路等有一定距离。

b. 根据当地水文地质条件配制适宜的泥浆。钻进中根据钻孔的具体情况随时调整泥浆的各项指标。

c. 根据施工地点上部地层情况，下入合乎要求的护口管，其深度应下至潜水位以下1.0m。

d. 孔内泥浆液面应保持高出自然水位2.0m以上。由于提钻所引起泥浆液面下降时，应随时补充泥浆。

(2) 井孔倾斜

1) 井孔倾斜的原因　井孔倾斜的原因有地质条件、钻深设备的安装和操作等方面因素所致。

a. 地质方面　如在松散的第四纪地层中钻进，遇到卵石、砾石、砂等软硬不均为地层或遇到裂隙基岩，当钻孔方向与裂缝方向相近时，钻孔沿裂隙方向倾斜。

b. 钻机安装方面　如钻机的地基软硬不均、安装不牢，井架左右摆动以及护口管安置不正诸因素造成斜孔。

c. 操作方面　开孔钻进时，井台板上没有控制冲击钢丝绳左右摇摆的措施；钻头的切削刃不对称；钻具连接部分不在同一条中心线上等因素形成斜孔。

2) 孔斜的预防

当井孔发生倾斜，冲击或旋转钻进就会增加阻力，钻进效率显著下降，钻具提升费力。因此，在钻进时，必须对钻机设备安装、钻进操作精心施工，经常检查，及时纠正，防止孔壁倾斜。

(3) 钻孔卡钻

卡钻是凿井施工中经常发生的事故之一。如果对卡钻的原因判断准确，即可迅速排除。如果处理不当，会继续恶化，甚至有造成报废钻具、报废钻孔等事故。

1) 卡钻的原因

a. 钻头镶焊不合规格　如图6-5（1）所示为钻头主刃磨损过快，形成上大下小，如图6-5（2）为钻头的焊补宽度E过大或过小，影响井孔圆整，极易造成偏孔卡钻；

b. 冲击钻进，操作不当，钻具不转动；软粘土地层冲程过大，一次松绳过多；钻进

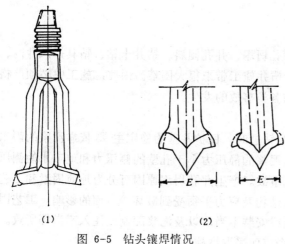

图 6-5 钻头镶焊情况

漂石层，凸出孔壁的大石块影响钻具转动等均易造成卡钻；

c. 使用泥浆不符合要求，钻进中操作不当，钻头碰撞孔壁形成坍塌掉块，造成卡钻。

2）冲击钻进卡钻的预防

a. 使用镶焊合乎规格的钻头；

b. 冲击钻进过程中，掌握钻具在井底的转动情况；钻进软粘土地层，不可使冲程过大，一次松绳过大；

c. 使用合乎要求的泥浆，发现泥浆质量变坏，及时进行调整。

（4）钻进中工具事故

钻进过程中，冲击钻进常发生的工具事故有：钻头、钻杆折断，钢丝绳折断；钻杆、钻头脱扣；钻头刃角折断；钻进抽筒、掏泥筒脱落等。

发生上述事故的基本原因，由于对选用的钻具没有进行严格检查，使用了已磨损或质量不好的钻具，以及操作不当所造成。因此，开工前应详细了解地层情况，选择适宜钻进方法，使用合乎要求的钻具，认真遵守操作规程并熟悉操作方法等，防止各类事故的发生。

三、管井的安装

井孔凿至设计深度后，及时进行井管的安装工作。井管的安装包括下沉砂管，滤水管和井壁管，回填人工滤料和井管外围的封填等工作。

（一）下滤水管及井管

下管前，先测量井孔深度，检查井孔是否圆直，根据钻井纪录核实地层结构，正确地排列井管和滤水管位置。

下井管一般利用凿井机架，管卡等专用设备，依照管井排列顺序及长度，吊起井管，依次单根的拧紧井管接口，并送入井孔，直至全部滤水管和井管下完为止。

下井管应置于井孔正中，以保证滤水管周围人工填料厚度相同。

井管采用钢筋混凝土管或无砂混凝土滤水管时，宜用托盘下管法。托盘下管法装置如图6-6所示。井管下端安装一个托盘，托盘承受井管的自重。托盘通过钢丝绳与地面上设备相连接。随着托盘的下降，使井管逐节下入井孔中，直至全部井管下完，然后抽出中心销钉3和钢丝绳5，即可取出钢丝绳2。

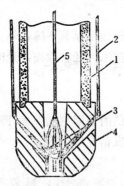

图 6-6 托盘下管法

1—井管；2—起重钢丝绳；3—销钉；4—托盘；
5—中心钢丝绳

（二）回填人工填料

滤水管周围填充人工填料，是管井施工中的一项重要工作。填料的规格、质量和回填的方法均影响管井出水量。填料规格不当，会使井的出水量减少，或者造成向井内涌砂，长期工作能导致滤水层抽空，井壁坍塌，影响井的使用寿命。填料方法不当，可能造成填料层薄厚不均，层次混乱而达不到设计要求。

1. 填料规格

人工填料的规格，由设计部门提出，一般控制为

$$\frac{D_{50}}{d_{50}} = 8 \sim 10$$

式中　D_{50}——填料计算粒径（系指颗粒成分中按重量计算有50%粒径小于这一粒径）；

d_{50}——含水层计算粒径。

填料粒径与含水层粒径之比在上述范围内，过滤器的透水性好，出水含砂量较少。

填料层厚度一般为150～200mm，具体厚度按照设计要求确定。

2. 填料质量

作为填料材料应质地坚硬，化学成分稳定。一般采用豆石或石英砂，不宜采用碎石。填料应经过筛分，填料内不得含有过多土粒及其他杂物。

3. 填料方法

填料前，按照井孔柱状图，根据取水层各段井孔直径和各层填料厚度，计算出各段需用填料数量。填料时应做到以下几点：

（1）填料应徐徐填入，不可一次填入过多，使填料充塞在井孔上部。

（2）每填入一定数量填料，待沉淀一定时间，用测锤测量填入的填料是否达到预定位置。每填2～3m厚度可测量一次。

（3）当填料已填至设计位置后，再高出滤水管1.0m以上为止，即可进行管外部封闭。

（三）井管外封闭

所谓井管外的封闭系指管井在非取水层用粘土填充，防止地表水沿井口渗入地下，污染井下水质；防止取水含水层与不良含水层的相互串通；防止自流井从管外流至地面。

井管外封闭的一般方法是：

1. 进行井管外封闭之前，按照井孔柱状图将所需的粘土及粘土球的数量、填入深度计算妥当，并备一定余量。一般粘土球比计算数量多25～30%，粘土比计算数量多10～15%。

2. 井管外填粘土球的方法与回填人工填料相同，粘土球的直径一般为25mm，用优质粘土制成。

3. 封闭不良含水层，参照图6-7所示。图中Ⅰ、Ⅲ含水层水质较好，水量充沛，第Ⅱ含水层水质差，应进行封闭。其步骤先填入第Ⅲ含水层所需的填料至预定位置，再填半干状粘土球至计划位置，再填第Ⅰ含水层所需人工填料。这样利用粘土封闭第Ⅱ含水层与第Ⅰ、Ⅲ含水层的串通。

4. 管井井口封闭一般采用粘土，封闭前先将粘土捣成碎块，再填入井孔内至井口为止，并注意填实。有特殊要求时，可采用混凝土封闭井口。

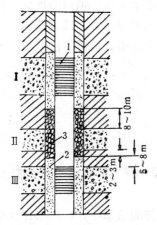

图 6-7 封闭不良含水层

1—滤水管；2—人工填料；3—粘土球

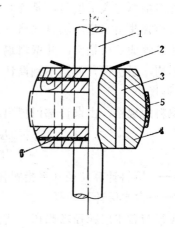

图 6-8 钻杆式活塞

1—钻杆；2—胶皮盖活门；3—水孔；4—木活塞；
5—橡胶板；6—捆绑铁丝

四、洗井及抽水试验

（一）洗井

洗井是凿井过程中一项重要步骤，因为凿井时，泥浆和岩屑滞留在井壁和含水层中，若不清除，影响含水层透水性。通过洗井，清除井内泥浆、破坏井孔泥浆壁、抽出含水层及人工填料中的泥土、细砂及渗入含水层的泥浆，使井的滤水管周围形成良好的滤水层，借以增大井孔周围的渗透性，以达到正常的出水量。

洗井的方法较多，常用的有活塞洗井，空压机洗井以及水泵和泥浆联合洗井等方法。

1. 活塞洗井法

活塞式洗井法是利用活塞在井内上下拉动，在井内过滤器周围引起水流速度和方向的反复变化。当活塞向下移动时，使井内水的压力升高，水流通过过滤器流向含水层；当活塞向上提起时，使井下部形成负压，井外的水经过过滤器涌向井中。反复多次，即可破坏井孔泥浆壁，抽出含水层中的细小颗粒及渗入的泥浆，达到洗井目的。

（1）活塞的构造

洗井活塞种类较多，应根据具体情况选用和制造。

1）木制活塞　一般用松木或榆木制成，由两个半圆木块用粗铁丝捆绑于冲击钻杆上或掏泥筒上，外面钉一层橡胶板，使活塞外径小于井管内径10mm左右。图6-8为钻杆式活塞，图6-9为掏泥式活塞。

2）钢制活塞　图6-10为一钢制活塞，在钻杆上装一组或两组橡胶板，每组厚约10～15mm，用两个钢制法兰盘夹紧。法兰盘的直径与使用的井管材料有关。采用铸铁井管时，其直径比井管内径小30mm；采用无缝钢管时，其直径比井管内径小20mm；采用砾石、水泥井管，要比井管内径小60～80mm。每组法兰盘之间用长300mm的短管套在钻杆上，以隔开各法兰盘。

（2）活塞洗井注意事项

1）活塞洗井时，井管外的人工填料层将要下降，因此，填料层应有足够富裕量，防止因填料降至滤水管顶部以下而向井内涌砂。

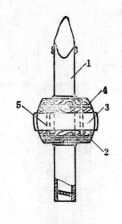

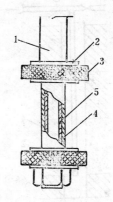

图 6-9　掏泥筒式活塞　　　　　　　　图 6-10　钢制活塞

1—抽泥筒；**2**—铅丝；**3**—橡胶板；**4**—木活塞；**5**—水孔　　**1**—钻杆接头；**2**—法兰盘；**3**—橡胶板；**4**—套管；**5**—钻杆

2）使用木制活塞时，应事先浸泡24h后再行使用，以免因活塞膨胀而卡在井内。

3）活塞洗井自上往下进行，即从第一含水层开始，每抽一层再转向下一层。

4）活塞提升速度，当井管采用金属管材时为0.6～1.2m/s；非金属管材时为0.3～0.5m/s。活塞不宜在井内停留时间过长，防止沉淀砂粒淤住。

5）活塞洗井时间，因井深和地层情况而不同，不宜过长或过短，一般对于中砂、细砂含水层控制在15～24h；对于粗砂、砾石含水层控制在20～30h。

2. 空气压缩机洗井

空气压缩机洗井，一般用于活塞洗井之后，清除井内泥浆和含水层中的细砂，形成滤水管外壁的天然滤水层。

空气压缩机洗井也有多种方法，其中有同心正吹法、喷嘴反冲洗法，激动反冲洗法和封闭反冲法等。

（1）同心正吹法　同心正吹法是较常用的洗井方法。它是将空气管放入井管内，其位置自滤水管底部向上分段进行吹洗，每段2～3m，待各段的泥浆和细砂抽清以后，再移至下一段，直至将各含水层全部抽清为止。

（2）喷嘴反冲洗法　其装置如图6-11所示。空气管上端接至空气压缩机，下端接喷嘴。喷嘴设置3～4个，每个喷嘴可用钢管在其顶端焊块钢板，并在钢板上钻成斜孔，钢管另一端焊在空气管上，当压缩空气以较高速度自斜孔向井壁喷射时，借气水的混合冲力，破坏泥浆壁。

空气管淹没深度根据空压机的压力决定，当使用686kPa压强的空压机时，空气管淹没深度可在70m以内，若淹没水深度大，可按每增加10m水深，其空压机可增加98kPa压强来计算。

（3）激动反冲洗法　激动反冲洗法靠用大量高压空气向井内猛裂喷射，借以破坏泥浆壁，此种方法需设置一个空气罐，其装置如图6-12所示。装置系统包括空气罐，空气管路和出水套管及其阀门和压力表等附件组成。

具体冲洗时，用起吊设备将空气管放入出水套管内，然后吊起放入井管内，使出水套管底口距被冲洗滤水管底端一段距离，然后将空气管向下，伸出出水套管1～3m。洗井前

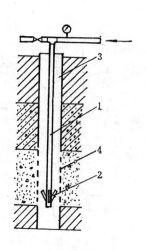

图 6-11　喷嘴反冲洗法

1—空气管；2—喷嘴；3—井管；4—含水层

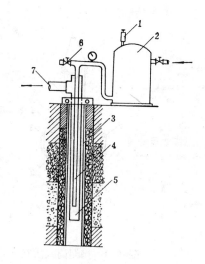

图 6-12　激动反冲洗

1—安全阀；2—空气罐；3—井管；4—压缩空气管；
5—出水管；6—放气管；7—出水口

先开动空压机，使罐内储满高压空气。冲洗时，快速开启空气阀，大量高压空气涌入滤水管处，冲击泥浆壁，反复冲洗若干次。然后将空气管提起至出水套管底口内 2～3m 处，再压入压缩空气，形成一个空气扬水机，靠气水混合液，将井内泥浆和砂粒通过出水套管排出井外，直至出水清晰为止，再将空气管和套管提升数米，进行上一段的含水层冲洗，直至全部洗清为止。

此种方法适用于泥浆壁较厚，或者未进行活塞洗井而直接使用此种方法。

（二）抽水试验

管井洗井之后，安装临时抽水试验设备，进行现场抽水试验，其目的为了正确评定单井或井群的出水量与出水水质。为设计和使用（运行）提供可靠依据。

抽水试验应做好抽水设备、计量设备、电源以及排水系统和人员组织等项准备工作。

1. 抽水试验的出水量和水位下降值

抽水试验的最大出水量，应大于设计出水量（生产出水量）的75％。

抽水试验中的水位下降次数，至少不少于3次，这样可绘出出水量与水位下降值（Q～S）关系曲线和单位出水量与水位下降值（q～S）关系曲线。设三次抽降中最大抽降值为 S_3，则 $S_2 = \frac{2}{3}S_3$，$S_1 = \frac{1}{3}S_3$，试验时各次水位抽降差和最小一次抽降值宜大于1.0m。

2. 抽水试验的延续时间

抽水试验延续时间的长短与含水层构造有关，一般卵石、砾石等富水含水层，水位、水量和水质易于稳定，延续时间较短；粉、细砂含水层，水位、水量和水质不易稳定，试验延续时间较长。

抽水试验稳定水位后延续时间的要求见表6-2。

3. 抽水试验期的观测工作

观测工作包括静水位、动水位、出水量、水温、水质等项数据。

抽水试验开始前先测出静水位值，再开始抽水。

抽水试验稳定水位延续时间				表 6-2
单井抽水	含 水 层	稳定试验稳定水位延续时间（h）		
		第一次抽降	第二次抽降	第三次抽降
	中砂、细砂，粉砂层	24	48	72
	粗砂、砾石层	24	36	64

（1）动水位 抽水试验开始时，每隔5min观测一次水位，30min以后，每隔30min观测一次。水位观测误差±1cm。

（2）水量的观测 抽水试验开始时每隔5min测量一次，30min以后，每隔30min测量一次。在连续3h内，出水量变化差值小于平均出水量的5%，即可认为出水量已经稳定。

（3）抽水试验结束后，应观测水位恢复情况，最初每隔1～2min一次，以后变为5min、30min、1h一次。如水位在3～4h内，变化不超过1.0cm，即可认为水位已恢复。

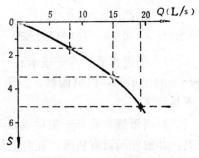

图 6-13 $Q \sim S$ 关系曲线

根据上述观测记录，以横坐标为出水量，纵坐标自零点往下为水位下降值，绘出出水量与水位下降值关系曲线。如图6-13所示。

在抽水试验中，检查水位下降和水位恢复曲线中，两者大约相对称，说明抽水试验工作是正确的。否则说明洗井或抽水试验存在问题，应及时分析原因，采取措施进行纠正。

第二节 大 口 井 施 工

大口井适用于取浅层地下水的取水构筑物，按进水位置分为井壁进水、井底进水和井壁、井底同时进水3种形式。

建造大口井的材料可就地取材，一般采用钢筋混凝土、砖、石等材料，当选用砖或块石砌筑井筒时，砖的强度不宜小于MU15；块石选用未风化，组织紧密、六面平整的石材。

大口井的施工方法可采用大开槽法和沉井法施工。大开槽法适用于井深小于7～8m，地下水量较少，土质情况较好的场合。大开槽法施工可使井壁较薄，而且可采用砖、石等材料砌筑，但此法挖方工作量大，要有足够降水设备，回填要求高，若处理不当，会影响含水层的出水量。

沉井法施工适用于井深较大，水量充沛，可采用降水方法或者不降水方法施工。详细作法可见第五章。

下面重点介绍大口井的特点及其作法

一、井壁进水形式

井壁进水的形式有水平进水孔和斜形进水孔。如图6-14所示。

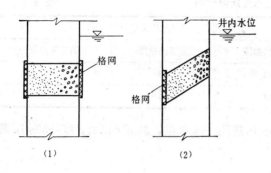

图 6-14 进水孔形式

(a) 水平进水孔; (b) 斜形进水孔

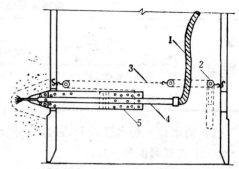

图 6-15 射流顶进法

1—高压水管; 2—吊链; 3—钢丝绳; 4—喷嘴; 5—辐射管

(一)水平进水孔 水平进水孔一般做成直径100～200mm的圆孔或100×150～200×250mm的矩形孔,内填滤料,为防止滤料漏失,在孔的两侧装设格网。优点是容易施工,不易堵塞。

(二)斜形进水孔 一般做成$D=50～150mm$的圆孔,孔的倾斜角$\phi<45°$,为防止滤料漏失,井壁外侧设有格网,孔内滤料在井筒下沉到设计标高时才填入孔内。

(三)透水井壁 采用砾石水泥混凝土(无砂混凝土),孔隙率一般为15～25%。灰石比1:6,水灰比0.36～0.46,砾石水泥透水井壁每隔1～2m高设一道钢筋混凝土圈梁,以提高井筒整体性和强度。

(四)进水孔内滤料 孔内填滤料2～3层,其级配按含水层颗粒组成确定,与含水层接触的第一层滤料直径d_1按下式确定

$$d_1 \leqslant (7～8)d_i \tag{6-1}$$

式中 d_i——当含水层为细砂或粉砂$d_i=d_{40}$;

当含水层为中砂时, $d_i=d_{30}$;

当含水层为粗砂时, $d_i=d_{20}$;

当含水层为砾石、卵石时, $d_i=d_{10～15}$。

$d_{10～15}$, d_{20}, d_{30}, d_{40}为指小于这一粒径的含水层颗粒占总重量的百分数。

进水孔中第二、第三层滤料直径d_2, d_3, 各为前一层直径的3～5倍。

二、井底进水

井底进水需做反滤层,反滤层一般由3～5层组成。作用是防止涌砂。保证安全供水。

井底反滤层的滤料级配与井壁进水孔中填料相同。粒径自下而上逐渐变大,每层厚度一般为200～300mm,当含水层为细、粉砂时,应增至4～5层,当颗粒较粗时,可为两层。

回填井底及滤料层时,应满足下列要求:

1. 宜将水位降至井底以下,便于操作;

2. 分层铺填,每层铺完经验收合格后,再填上一层;

3. 每层厚度应满足设计厚度的要求

三、辐射式大口井

辐射式大口井施工方法,应先将井筒下沉至设计标高,然后再进行辐射管的施工。

辐射管的施工,视所使用管材而定,如采用钢管、铸铁管时,可利用顶管法施工;若

用非金属管材或带有缠丝的滤水管，可用套管法或水平钻机钻出水平方向孔以后，再放入辐射滤水管；也可以采用射流顶进法进行，如图6-15所示。

射流顶进利用高压水经喷嘴射出水柱，冲松土层，一边水冲，一边顶进，直至辐射管全部到位为止。在用高压水在辐射管内冲洗，最后将井壁与辐射管之间间隙封闭，防止漏砂。

大口井井口周围应用粘土封填。回填土中不应有卵石、杂物。冬季施工不得回填冻土块。回填土应分层夯实，密实度不小于95%。

第三节　渗　渠　施　工

渗渠是埋设在地下的多孔水平方向集水构筑物。渗渠的施工一般采用大开槽方法施工。当施工排水困难，不能直接开槽，或在深水中埋设时，也可采用水下作业法施工。

一、大开槽法

在没有地面逕流的地段，或者利用围堰进行排水后，可采用大开槽法进行施工。施工期安排在枯水季节为宜。若在讯期施工时，在采取措施保证汛期施工安全，防止洪水浸入基坑，影响施工。如某市水源工程，施工时洪水漫过开挖基坑，结果造成淤塞了已开挖的基坑，不但影响了施工进度，而且因为泥砂淤塞含水层，使出水量减少。

当河水位较浅，可采用围堰法或导流法施工。渗渠位置多处于砂砾含水层，若采用围堰法施工，应特别注意因渗漏造成垮堰事故的发生。

当渗渠埋深较大时，可采用板桩支撑，防止塌方或滑坡。当埋深较浅时，可采用1∶1～1∶0.75的边坡。沟槽底宽可按渗渠结构外部尺寸，每侧加0.75m的工作宽度确定槽底宽度。

渗渠材料，一般常用钢筋混凝土或混凝土穿孔管，每节长度为1～2m，也有用浆砌块石或装配式混凝土廊道等。

渗渠基础和接口

1. 基础　当含水层较薄，可做成完整式渗渠，可不另作基础，将渗渠直接安放在基岩上。当含水层较厚，渗渠为非完整井时，可采用混凝土基础或混凝土枕基。

2. 接口　一般钢筋混凝土管可采用套环式或承插式接口，接口间隙留10～15mm，接口周围回填砾石和卵石。

渗渠本身安装与排水管渠的施工基本相同。渗渠施工还要特别注意人工填料层（人工滤层）的回填质量。

3. 人工填料层　填料层的层数和厚度依据设计提供，一般常为三层，总厚度800mm左右，做成上厚下薄，上细下粗。

人工填料的颗粒直径可按公式（6-2）计算，但最下层粒径大于进水孔直径。

与含水相邻一层的填料粒径

$$d_I = (7 \sim 8) d_i \qquad (6-2)$$

两相邻人工填料层的计算粒径比

$$\frac{d_{II}}{d_I} = \frac{d_{III}}{d_{I}} = 2 \sim 3 \qquad (6-3)$$

式中　d_I、d_{II}、d_{III}——各层人工填料的粒径（mm），由上至下分别为第一层、第二层、第三层填料粒径；

d_i——含水层的颗粒计算粒径（mm）

当含水层为细砂或粉砂层，$d_i=d_{40}$；

当含水层为中砂层，$d_i=d_{30}$；

当含水层为粗砂层，$d_i=d_{20}$；

当含水层为砾石和卵石层，$d_i=d_{10\sim15}$。

d_{40}、d_{30}、d_{20}、$d_{10\sim15}$分别为小于该粒径的颗粒占总重量的40%、30%、20%、10~15%时的颗粒粒径（mm）

人工填料中不应夹有粘土、杂草、风化岩石等。填料层上部回填的原河砂应冲洗干净。当渗渠埋深较浅，人工填料有被冲刷可能性时，上面应铺厚度为0.3~0.5m的防冲块石等。

二、水下作业法

当采用大开槽法施工困难时，可以考虑用水下作业法施工。

有关水下作业法施工见第七章第四节所述，这里重点指出：第一，水下铺管时，要有坡向集水井的坡度，以保证水在渗渠中流向集水井；第二，要采取措施，保证渗渠的基础和管接口质量，防止基础下沉造成管口错口；第三，渗渠外周人工填料应按设计要求的颗粒级配和尺寸仔细回填，以保证渗渠的透水性。

渗渠施工结束，也应进行抽水试验，待抽出清水，基本符合设计要求的水质和水量后，才能交付使用。

复习思考题

1. 管井施工前应做好哪些准备工作？
2. 凿井机械有哪两种型式？各自适宜场合？
3. 凿井过程中有几种护壁方法？
4. 凿井过程中常见故障及防止方法。
5. 管井施工过程，填料注意事项。
6. 洗井方法有几种？各有何特点？
7. 抽水试验目的及其方法。
8. 大口井施工方法及注意事项。
9. 辐射井施工特点。
10. 渗渠施工过程及注意事项。

第七章　地下连续墙施工

地下连续墙施工法是四十年来在地下工程和基础工程中被广泛应用并不断发展着的一门技术。它解决了大开挖必须降水，沉井（箱）面积受到局限等传统施工法不能解决的难题。对加快施工进度，减免降水费用，节省土方及支撑工作量，降低工程造价有相当重大的意义和作用。可广泛应用于地下防渗，高层建筑基础以及各种地下构筑工程。诸如给水排水泵房、水池、顶管或盾构工程的工作坑（竖井）、桥梁基础、地下铁道、隧道、河岸码头的挡土墙以及船坞等。

地下连续墙施工法我国于50年代末由国外引进时，还是以连锁管柱成墙，因为感到接头（缝）过多，结构整体性差，影响墙体防渗和应有刚度，1959年北京某工程试验在砂砾石地基钻挖槽形孔成功并浇筑成地下连续墙段的施工。最长槽段竟达30.2m，一般槽段长度10.8m，槽深45m左右。1960年曾在北京召开的国际间先进施工技术经验交流会上交流。钻挖槽形孔浇筑混凝土构成地下连续墙，为至今所做的许多工程所沿用。这一工法，比管柱法大大减少了墙体内的接头（缝）数量，增强了全墙结构的整体刚度，也提高了防渗及耐久性能。目前钻挖槽孔最大深度已达70余米，墙厚由600mm发展到1400mm。在钻挖槽孔的机械上国内一些单位继用YKC20、22、30型之后，曾试用过冲击循环钻机、回转式钻机、抓斗（蟹式）机、正反循环式钻机，近十几年来还引进了日本和意大利的多头式钻机等。随着机械种类的增加与改进，地下连续墙墙段间的接头连接形式也在不断创新。这一切都在使这一施工技术日臻完善，从而适用范围更加广泛。

第一节　地下连续墙施工方法概述

一、施工前的准备工作

根据墙体结构设计和施工地段水文地质资料以及施工条件、施工环境等因素，编制施工组织设计，包括施工方法和钻挖机械设备的选择；施工进度计划；各项供应计划；各项技术、质量、安全措施以及平面及剖面布置图等。

地下连续墙施工前尚需做好以下具体施工准备；包括平整场地，开挖导沟，设置或现浇导墙，铺设轨道，组装钻挖机械，水、电、风、暖供应系统的设置，泥浆制备、供应及回收系统，钢筋制作及吊装设备，接头管（接头箱）的配备，混凝土拌制及泥浆下浇筑混凝土系统的准备，以及场区道路等。其中供电应备有双电源，以保证地下连续墙连续施工。因此，各项施工准备，事先必须齐备，才能使这项施工工序间紧密配合，连续进行。

二、主要施工程序

地下连续墙施工程序归纳为：修筑导墙→制备泥浆→槽段钻挖→安放接头管及钢筋笼→泥浆下浇筑混凝土→拔除接头管等工序。如图7-1所示。

地下连续墙的施工是以分段法进行，即采取分一期和二期槽段相间隔的布置，做完一期再做二期，使一期二期墙段连在一起，形成一道连续墙的整体，如图7-2所示。

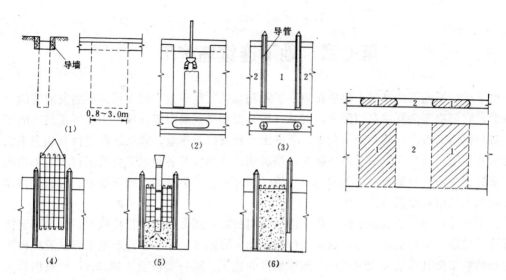

图 7-1　地下连续墙施工程序

（1）修筑导墙；（2）槽段钻挖；（3）安放接头管；
（4）安放钢筋笼；（5）水下浇筑混凝土；（6）拔除接头管

图 7-2　分段（期）施工布置

1——期施工；2—二期施工

施工过程中常需按以下要求进行

1．槽段钻挖前，导向沟槽内先充满泥浆，随着钻挖深度的增加，泥浆也随时向槽段内补充，保持槽内浆面高度，维护槽壁稳定。全槽段钻挖完毕，经检验槽形尺寸合乎质量要求时，即可用比重适宜的泥浆，将槽内的稠浆（比重大的）置换，使槽内泥浆性能达到不影响混凝土对钢筋的握裹力和方便混凝土浇筑的要求指标为止。

2．一期槽段两端放入接头管（又称连锁管）或其它易于墙段连接的接头等。

3．把预先制作的钢筋笼安设在槽内设计位置，如因槽孔较深，钢筋笼一次吊设困难时，可分节制作，先将底节吊入槽内架置于导墙上，再将上节吊起与底节对正进行焊接，如此逐节连接下设。

4．将混凝土浇筑导管按施工设计位置下设于槽内，并至预计高程，即可按水下浇筑混凝土工艺要求浇筑混凝土。

5．地下连续墙用于给排水构筑物的泵房、顶管工作坑时，内部土方开挖应按施工设计，对墙体做必要的支护。内墙面清泥后，做喷浆或按设计要求做混凝土内衬处理，使墙面符合要求。

第二节　导　墙

导墙是地下连续墙施工必须先做的临时构筑物。它是施工全过程指导与检查验收的根据。必须做牢、做好，方可进行下步工序的施工。

一、导墙的作用和要求

1．导墙是地下连续墙施工全过程进行检验各部尺寸的基准，两侧导墙间的中心应与

156

地下连续墙的中心线一致；

导墙顶面应在同一高程上，用以控制各项施工高程；

导墙竖向应保持垂直，对槽段钻挖起导向作用；

导墙可据以确定道轨安装和钻挖机械的定位；

两侧导墙间设置距离比地下连续墙设计厚度宜加大5～10cm。

2. 挡土作用　导墙是保证槽口成型，防止槽口周壁坍塌，直至钻挖成槽的首要环节，尤其当槽口部位土质不好时，施工荷载和钻挖机械的冲击振动，都直接影响槽口土体的稳定，故在两侧导墙间沿墙长的方向每隔1～3m即需加临时支撑一道。

3. 支撑台的作用　在整个施工过程中，有钻挖机械钻孔，提吊钢筋笼，下及和起拔接头管和浇筑混凝土设施等，在导墙上和导墙周围操作，导墙就必然承受着各种动静荷载。

4. 导墙内可以控制槽段内泥浆浆面稳定，保证对钻挖槽壁起液体支撑的作用。泥浆浆面高度，一般不宜低于导墙顶面以下50cm。

5. 导墙设置一般宜高出施工地面20～30cm，施工地面高程也必须高出周围环境地面，以防止地面水流入槽内污染泥浆，并保持施工现场各项操作的方便进行。

二、导墙的形式及尺寸

导墙选用的结构形式和各部尺寸，应根据地质条件、施工荷载以及选用的钻挖方法而定。对于松软土层、施工荷载较大，或以泥浆循环出碴时，导墙高度宜大些，否则宜小些，国内施工经验一般为150～200cm，导墙的厚度当以混凝土制作时为10～20cm，墙趾宽度不宜小于20cm，否则稍有超挖即有失去支撑之虞。导墙应尽量穿过回填土做在原状土上，墙后填土应分层夯实。

制作导墙选用的材料有木材、钢筋混凝土，也有用钢板制做的，其中以钢筋混凝土制作的居多。钢筋混凝土导墙又分现场就地浇筑和预制安装两类。当地下水位较高时，采用预制较好；当遇到比较稳定的土层时，也可采用钢板制作导墙，它的优点是能够多次周转使用。图7-3为钢筋混凝土导墙的几种断面形式。

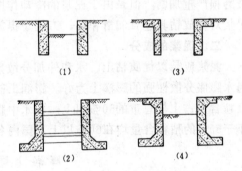

图 7-3　导墙断面形式

(1) 板墙形；　(2) L形；　(3) 倒L形；　(4) 工字形

三、导墙的施工

钢筋混凝土导墙就地现浇时，内侧需支设模板，外侧则利用土壁做外模。浇筑导墙的每m³混凝土中，水泥用量宜为250～300kg，且内部加少量钢筋，混凝土强度等级应达C15～C20，如遇地表土质松软时，需普遍开挖后，支设内外模进行浇筑，并应待导墙混凝土强度达到规定要求时，再于导墙背侧按密实度要求，进行回填土，以免应用时泥浆渗入引起坍方。

导墙施工的接头位置，应与地下连续墙的墙段接头位置错开，另外在导墙相接处可设置插铁拉接，以保持导墙的连续性。

总之，导墙的制作与安装，必须做到位置准确，牢固稳定，作为检验各项要求时，基准可靠。

第三节　泥　浆

一、泥浆的作用

地下连续墙施工，必须在地面以下钻挖成狭长的具有一定深度的沟槽，通常称之为槽孔。由于地下土层颗粒组成复杂，结构强度软硬不均，颗粒疏密不同，地下水渗流强弱有别，设想使钻挖形成的槽壁直立不塌，就必须自始至终在钻挖槽内充满适宜比重的泥浆，藉以固住槽壁，并形成对槽壁的液体支撑。直至槽内浇完混凝土地下连续墙，同时，将泥浆全部排出。泥浆在槽内的主要作用有以下几点：

1. 固壁作用　从槽段钻挖开始，槽内即注满泥浆，并保持一定液面高程，泥浆对新钻挖的槽壁保持浆柱压力，阻止地下水渗入。相反，泥浆却可逐渐渗入地层，由少而多在槽壁表面形成一层致密的泥皮，泥皮借助槽内泥浆柱的压力，使地层中的水不能侵入槽内，从而固住槽壁。

2. 携砂作用　槽孔钻挖过程中，孔底不断被钻具搅动起不同粒径的砂砾，随着提钻悬浮在泥浆中，可方便用抽筒或循环法将泥砂抽除至槽外，由于泥浆的携砂，使钻具得以钻挖新的土层，可提高钻挖工效，加快钻挖深度。

3. 冷却和润滑钻具　槽孔钻挖过程中，无论是采用冲击式还是回转式钻具，与地层（岩、砾）频繁重复的冲击或回转摩擦，使钻具产生较大热量，当产生温度较高时，钻具被磨损严重加剧，但是由于泥浆的冷却作用，使磨损大为减慢。因而提高钻进效率，同时，泥浆对提放钻具还有润滑作用，方便了提放。

二、泥浆的成分

泥浆应是以优质粘土、水和外加分散剂拌制而成。其中优质粘土应以颗粒细小成分多，遇水膨胀分散性强的膨润土为好。膨润土制浆性能较好的土粒组成，宜是粒径小于$2\mu m$的胶粒含量占土样总重的50%以上；在水中膨胀后的重量比干土重可增加7倍以上。土粒粒径小于$5\mu m$的粘粒含量均在60%以上。国内各地优质粘土颗粒分析情况见表7-1。

膨　润　土　颗　粒　组　成（%）　　　　表 7-1

粒别 粘土样总重(%) 土样产地	砂　粒 >0.05mm	粉　粒 0.05～0.005mm	粘　粒 <0.005mm	备　注
辽宁黑山	20	16	64	土色为蛋白色
北京密云	12	29	59	金巨罗红土
河北峰峰	1	28	71	磁县淡紫红土

从化学成分含量上讲，优质粘土中氧化硅含量越多越好，硅铝率比值≥4者为好。硅铝率系指：

$$硅铝率 = \frac{SiO_2}{Al_2O_3 + Fe_2O_3}$$

有条件时对选用土质进行化学分析，可充分了解土的亲水和分散性质，并有针对性地选用分散剂，以较快的获得造浆性能好的优质粘土。

泥浆的配合比，应根据不同地层对泥浆性能的要求进行试配，在选用的粘土充分湿润后，加水拌制的泥浆不能满足该地层泥浆性能要求时，可根据粘土的化学性质选择适宜的外加剂掺入泥浆，以调整其泥浆性能。

泥浆配合比一般为：水为100，膨润土5%～15%及适量的外加剂。其膨润土掺加量与地层有关，参见表7-2。

不同地层中泥浆的膨润土掺加量　　　　　　表 7-2

地　　层	膨润土掺加量（占水重%）
粘性土	5～8
砂	8～12
砂砾	12～15

新拌制泥浆性能指标见表7-3。

新 拌 制 泥 浆 的 性 能 指 标　　　　　　表 7-3

项 次	项　　　　目		性 能 指 标		检 验 仪 器
			粘性土	砂类土	
1	比重(g/cm³)		≥1.05	1.03～1.20	比重计或比重瓶
2	粘度(s)		18～20	20～30	500/700漏斗法
3	含砂量(%)		<5	<5	洗砂瓶
4	胶体率（%）		>95	>98	100CC量杯法
5	失水量(mL/30min)		<30	<20	失水量仪
6	泥饼厚(mm)		1～2	2～3	失水量仪、板尺
7	稳定性(g/cm³)		<0.02	<0.03	稳定仪
8	pH值		7～9	7～9	试纸法
9	静切力	初切(1min)	5～10	10～20	静切力计
		终切(10min)	10～20	20～50	

新拌制的泥浆要贮放24h以上，使未充分分散的团粒浸透水化后再经搅拌，使泥浆质量均匀，触变性能良好，适于应用。

三、泥浆制备

用于地下连续墙施工的泥浆制作、供应和回收利用工艺过程如图7-4所示。

拌制泥浆工艺过程，先在泥浆搅拌机内加水至指定水位，然后逐步加土搅拌，同时加入分散剂，搅拌均匀，待检查泥浆比重、粘度、含砂量三项指标是否接近可用泥浆指标，确定可否放浆。放入新制泥浆池静沉24h以后，再启动池内搅拌器，使浸泡后的泥

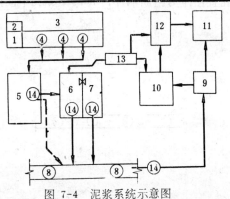

图 7-4　泥浆系统示意图

1—水箱；2—外加剂；3—土料台；4—泥浆搅拌机；5—新制泥浆储浆池；6—可用泥浆池；7—大比重浆池；8—钻挖槽段；9—振动筛；10—回收泥浆沉淀池；11—排渣池；12—废弃泥浆池；13—旋流器；14—输浆泵

浆中的粒团再次分散均匀，经化验泥浆性能符合要求后，送入泥浆池中待用。需用可用泥浆时，再用泵输送至钻挖槽段内，随钻挖随向槽内补充泥浆。在钻挖过程中，槽底部分混入地层泥块、砂粒等成份，使泥浆比重、稠度过大，影响钻挖效率时，应用抽泥筒等工具将槽底泥浆抽除，维持钻挖正常进行。抽除泥浆携砂较多，需经振动筛9清除较大粘土块或砂砾，再经旋流器13清除残存在泥浆中的细粉砂和土粒团，经过上述处理，泥浆可输入回收泥浆沉淀池10，必要时加入外加剂，搅拌均匀后，经检验符合使用指标，再将泥浆送入可用泥浆池中待用。

需要注意从槽底抽出泥浆，需经过抽样试验，来确定是否回收，如果泥浆质量太差，失去回收价值时，可直接排入废弃泥浆池12。

第四节 槽 段 钻 挖

槽段钻挖要依据地下连续墙构成结构的性质、用途和要求，工程地质与水文地质条件，施工环境等因素，选用适宜的钻挖机械、槽段长度和施工程序。

一、钻挖机械的选择

由于各地地质及施工环境等条件的种种不同，目前还没有完全适应各种条件的机械。当前所使用的钻挖机械按其钻挖功能可分为抓斗式、冲击式和回转式等三种。具体选用可视条件而定，比如，施工可占的场地大，地层颗粒组成比较复杂（有时卵石、孤石较多），但地上地下构筑物对施工干扰少，排除泥渣方便等，可选用冲击钻挖机械为主的钻挖方法。倘若现场地域狭窄，建筑物临近，交通及地下设施干扰多，地层土质较软，常选用无振动、无爆声的多头钻为宜。

二、钻挖方法

钻挖方法类型较多，下面侧重介绍常用冲击钻工法和多头钻（BW工法）工法。

1. 冲击钻工法 钻机系以CZ-22及30型为主，所用钻具与第五章凿井机具相同，其功能：钻挖直径为600～1300mm，钻挖深度60～80m，钻孔偏斜率能达1/350～1/400以下。

槽段钻挖程序先钻导孔后钻挖副孔，然后连通成槽段，其槽段钻凿布置如图7-5所示。导孔直径即为槽断墙厚，每两个导孔中间的副孔长度一般为1000～1200mm。

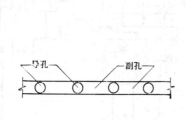

图 7-5 钻孔布置图

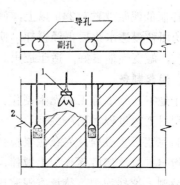

图 7-6 副孔钻进示意图

1—钻头；2—提篮

冲击钻头在冲击钻凿过程中，一是扰动地层，二是冲击挤压对导孔周壁形成圆拱形挤密结构，同时形成泥浆周壁，对未成槽的槽壁起着可靠的支撑作用，并且对钻挖副孔起着导向作用。

采用钻头冲击劈钻副孔的施工方法有两种：一是人字劈钻法，另一是在副孔中间劈钻法。人字劈钻法（又称两劈一平法）即在两相邻导孔中各设一个提篮，下设到距副孔顶面不小于5m处，准备接副孔劈渣，然后将冲击钻头对准副孔的一个端面劈钻成斜茬形，移动钻头再对准副孔的另一端面进行劈钻成斜茬形，副孔顶端即成一个人字型，如图7-6所示。这时将两侧导孔中的提篮提出，将渣倒掉，再将提篮放入导孔中，然后将钻头对准中间人字型顶端进行冲凿直至使副孔顶面平齐，提倒篮内掉渣，至此，称为一个钻进进程。如此往复钻凿副孔的方法称为人字劈钻法。当地层为砂砾石时，采用此法施工其速度比较快，除碴效果较好，而且可节省大量泥浆，减少输送泵的磨损等优点。另一种劈钻法是先在相邻导孔中下设好接碴提篮，然后在副孔中间钻凿一类似导孔，其深度控制在1～2m，提钻劈凿两侧剩余的宽度的剩茬，用提篮将碴倒掉，这算一个钻孔进程，如此往复直钻到底。这种劈钻法，在进行副孔中间钻凿过程中，将两侧剩余宽度的窄墙，因震动坍入两侧导孔设置的提篮中，或者下钻一扫即清除干净，所以，这种劈钻效率有时比人字型劈钻法要高。

冲击钻工法注意事项：

(1) 导孔钻挖要垂直　冲击钻凿导孔过程中，要勤测勤量，发现偏斜，及时纠正，务必使钻孔垂直度达到允许偏差范围内，防止槽段与槽段间底部出现相离现象。

(2) 导孔钻进应防止在土层钻进时产生唑钻，卵、砾石层中卡钻等事故发生，钻进过程中应经常对磨损了的钻头补焊，使钻头直径略大于设计地下连续墙厚度。同时也应防止砂层钻进时产生坛形超径孔。

(3) 全槽段钻挖完毕，应对孔形进行检验。可自槽段一端向另一端用钻头对准钻位，每移动半个钻孔直径，下、上一次，检查有无丢钻和探头石等缺陷，发现问题及时处理。

(4) 槽段钻挖应连续施工。地层复杂地段其施工次序应先深后浅。如遇易坍塌的不稳定槽段，钻挖完成并按规定清孔后，要尽快的浇入混凝土，否则一旦塌孔，使处理复杂化。

2. 多头钻工法　采用多头钻机，从机械性能上说，它是多轴转动的多头钻，底面积较大。一次成孔长度1920～2800mm，成孔厚度400～1200mm。而且钻削土层适用范围广，对于软土、硬土、砂砾石层均适用。这种机械每钻到底即可成一槽段，也可以根据需要与可能连钻两钻、三钻或更多钻成一个槽段。

多头钻机与冲击钻机一样，都是用钢丝绳悬吊的无杆钻机，依靠钻具自重保持钢丝绳的垂直，也就保证了多头钻头切入土层深度上的垂直。

多头钻挖槽壁平整是多头钻一大特点，由于它有侧刀装置，使成槽质量优于其它方法。而且钻机上装有偏位检测器，仪表发现偏斜，即可及时调整，所以钻孔偏斜率比其它机械精度高，可达钻孔深度的1/500。

无论用哪种钻挖机械成槽后，均应进行孔形验收，检查槽段长、宽、深及偏斜率是否符合设计要求和施工规范规定的允许偏差值，检验合格后即可进行清理槽底沉积，更换槽内比重大的泥浆，注入新制泥浆。在孔底以上1m位置取出泥浆，若比重小于1.15，粘度小于30s，含砂量小于8%时，即可进行泥浆下浇筑混凝土准备工作。

第五节 泥浆下浇筑混凝土

地下连续墙混凝土的浇筑是在泥浆下进行的，属于水中浇筑混凝土范畴，其内容已在本教材第四章中叙述，以下针对泥浆下浇筑混凝土特点加以介绍。

泥浆下浇筑混凝土是体现连续墙成墙质量的关键工序，施工人员必须周密计划，使浇筑各个环节既要符合质量要求，又要做到各个环节紧密衔接。

混凝土浇筑前应将接头管、钢筋笼吊放至槽段设计位置和标高，其过程分述如下：

一、下设接头管 当槽段钻挖成槽，经清孔换泥验收合格后，按要求在钢筋笼两端各自垂直下设接头管一根，如图7-1（3）所示。接头管当一期混凝土浇筑完毕应拔出，待二期混凝土浇筑时与一期混凝连接严密，提高止水效果。

二、钢筋笼的加工和吊放 钢筋笼的加工应按施工设备条件，尽可能按单元槽段组成一个整体。当连续墙墙体较深，可分段加工，在吊放时用帮条焊接，注意接头位置错开墙体应力较大处。钢筋笼长度一般不宜超过10m，但当吊装设备能力允许时，也可适当延长。

钢筋笼吊放时在钢筋笼外侧每隔一定距离绑砂浆垫块或钢制定位块，以保证浇筑混凝土时钢筋保护层的厚度。

钢筋笼吊放时，应有防止钢筋笼不致产生变形和较大晃动措施。入槽时应对准槽段中心，缓慢下放，控制笼体摆动，防止碰撞槽壁，做到一次下放成功。

三、混凝土的浇筑

泥浆下浇筑混凝土，是利用混凝土与泥浆二者的比重差，产生分液面，使浇入的混凝土能严格的与泥浆分开，保证混凝土的质量。一般泥浆比重小于1.2，混凝土比重约为2.3左右。而且混凝土应有良好的和易性，水灰比应小于0.60，坍落度应在20cm左右，必要时可掺入适量减水剂。

浇筑混凝土通过导管进行，导管内径为200～300mm为宜，导管数量与浇筑槽段长度有关，槽段长度小于4.0m时，可设一根导管，大于4.0m时可用两根或两根以上，导管间距一般不大于3m，导管距槽端应小1.5m。下设导管应保持垂直，径检查高程位置均符合要求后，即可组织混凝土的浇筑。

每根导管，在一开始浇筑时应备足够数量的混凝土，在撤出导管上隔球或隔板后，使混凝土满管下落，并一举把导管底口端埋入，防止浇入混凝土的数量不足，而使导管底部混凝土脱空，导管内进入泥浆之类的事故发生。

正常浇筑混凝土应连续进行，一般有间断时，也不宜超过30min，以保持混凝土的均匀连续施工。浇筑中导管底口埋入混凝土的深度不小于1～1.5m，最大埋深不宜超过6.0m，以防提拔困难。提动导管时，只能垂直移动，不得横向移动，防止导管产生折断或变形。

混凝土浇筑速度越快越好，但开始浇筑阶段（大约深度的1/3左右）浇筑速度尚应放慢，待下部混凝土达到终凝后，再以正常速度浇筑，控制在混凝土浇筑面上升速度每小时不小于4.0m。

若两根以上导管同时浇筑，其各导管间混凝土面的上升高度应尽可能匀步上升，高差不宜超过0.50m。随着浇筑面的上升，接头管亦应不断适当提动，开始时当混凝土接近终凝，可采取提提放放，不致被固住，此后每隔30min提起20～30cm，控制在混凝土不会坍落，直至最后全部拔出。

　　混凝土浇至最后阶段，其表面常混有稠泥，需进行清除，所以，一般混凝土浇筑面比设计高程超出0.3～0.5m，备终凝后将混凝土混有泥浆部分清除掉。

复 习 思 考 题

1. 地下连续墙施工有什么特点？
2. 地下连续墙施工主要程序。
3. 导墙有什么作用？施工时注意事项。
4. 槽段钻挖方法。泥浆制配及循环系统。
5. 泥浆中浇筑混凝土特点及其过程。
6. 连续墙钢筋笼制作与吊放。
7. 地下连续墙施工方法适用场合。

第八章 地下构筑物防水工程

给排水工程中各类水池属于水工构筑物，常常埋入地下，因此，要求防水性能良好，否则会影响构筑物的使用效果。工程实践中由于防水工程设计、材料选用、施工操作等原因，造成质量事故而降低构筑物的使用寿命。

地下构筑物防水措施主要有两大种，一类是采取疏导地下水，防止向构筑物渗入，另一类是提高构筑物的抗渗性。根据防排结合的原则，可以采用其中的一种或两种兼用，以达到防水目的。

第一节 疏 导 地 下 水 法

疏导地下水法将地下水有效地经过地下排水系统排走，以减少水对构筑物的压力，从而减轻水对构筑物的渗透作用，起到构筑物防水目的。

一、渗排水

适用于地下水为上层滞水，且埋深较深的地下构筑物。此法为自流式排除地下水，可使构筑物不致于漏水，是一种比较经济、有效的防水方法。

（一）渗排水防水层构造

渗排水作法较多，常用的为两种：

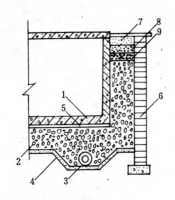

图 8-1 渗排水层示意

1—防水构筑物；2—渗排水层石子滤水层；3—渗排水管；4—砂滤水层；5—隔浆层；6—保护墙；7—300mm厚细砂层；8—300mm厚粗砂层；9—300mm厚小砾石层

1．渗排水沟系统 将整个渗水层作成1%的坡度，基底下每隔20m左右设置渗水沟，与基底四周的渗水墙或渗排水沟相连通。地下水经渗排水系统流入集水井，再由水泵排出。

2．渗排水层系统 基底下满铺砾石渗水层，渗水层下按一定间距设置渗水沟，沟内安设渗排水管，地下水经渗排水管流入集水井，汇集至泵站，再由水泵排出。

作渗水层材料宜用粒径为20～40mm的卵石，要求干净、坚硬、不易风化。砂子宜用中砂或粗砂，无杂质、含泥量小于2％。渗水管可用铸铁管、钢筋混凝土管、陶土管。

（二）施工方法

图8-1所示为一种渗排水层构造图。分述施工过程及其注意事项。

1．先进行基坑挖土，依据结构底面积，渗水层和保护墙的厚度以及施工工作面，综合考虑确定基坑开槽断面尺寸。开挖基坑的同时将渗水沟挖成。

2. 按要求砌筑周围的保护墙。

3. 在基坑土层上铺厚度为100～150mm，豆石或粗砂滤水层2。

4. 沿渗水沟敷设渗排水管3,管口留10～15mm的间隙,将排水管稳实,坡度不小于1%,严防出现倒坡或积水现象。

5. 分层铺设渗排水层直至构筑物底面,渗排水总厚度不小于300mm。施工时每层应轻振压实,密实度均匀一致。

6. 铺抹隔浆层5,作法有用油毡或抹1:3水泥砂浆,厚度为30～50mm。水泥砂浆应控制拌合水量,需要抹实压平。

7. 隔浆层养护后,即可施工防水结构物,要注意避免破坏隔浆层。

8. 将结构至保护墙之间的隔浆层除净,再分层施工渗水墙部分的排水层和渗滤水层。

9. 施工时,基坑内有地下水,应先排水后作滤水层。

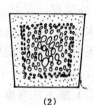

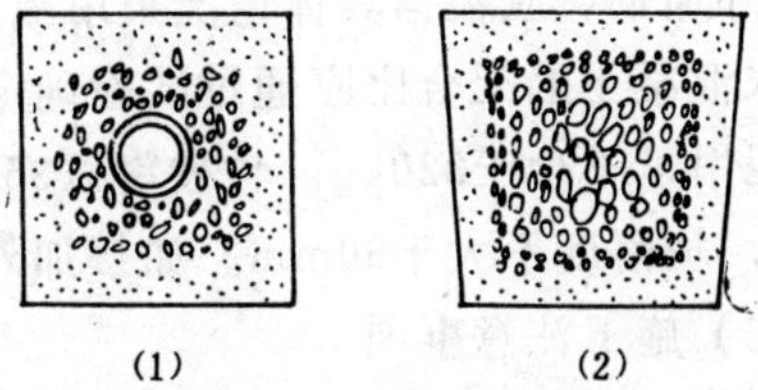

(1)   (2)

图 8-2 盲沟示意图

(1) 有埋管盲沟; (2) 无埋管盲沟

二、盲沟排水

盲沟排水适用于弱透水性土层,水量不大,排水面积较小,常年地下水位在地下建筑物底板以下或在丰水期水位高于底板以上的防水构筑物。

盲沟排水可以降低地下水对构筑物的浸泡,对基础的坚固、构筑物的正常使用,起到了有利作用。

盲沟分有埋管和无埋管两种。如图8-2所示。

盲沟施工程序:

(一) 按盲沟位置、尺寸放线,进行挖土,沟底按设计坡度找坡(一般不小于3%)。

(二) 经过验槽后,铺设滤水层。一般底部先铺厚度为100mm的粗砂层,再铺厚度100mm豆石滤水层,盲沟中间分层铺石子滤水层,同时将两侧豆石和粗砂层铺好。盲沟中间卵石粒径为60～100mm,宽度不小于300mm,高度不小于400mm。

滤水层应选用清洁砂和豆石,不含有杂物,含泥量小于2%。

(三) 铺设各层滤料要保证厚度和密实度均匀一致,层次分明。

(四) 盲沟出水口处设有滤水箅子,防止滤水层滤料流失。

第二节 地下构筑物防水

地下构筑物防水作法有防水混凝土、水泥砂浆防水层、卷材防水层和涂料防水等。

一、防水混凝土施工

防水混凝土是指以本身的密实性而具有一定防水能力,并兼有承重、围护和抗渗的功能。

混凝土是一种非均质的多孔人造石,其内部分布许多大小不等孔隙或裂缝,这是造成混凝土渗漏的主要原因,因此,怎样减少混凝土的孔隙,防止产生裂缝,提高密实度,是提高混凝土抗渗性的关键所在。

（一）防水混凝土选材要求

1．水泥　在不受冻融作用下，宜采用普通硅酸盐水泥，火山灰质硅酸盐水泥，粉煤灰硅酸盐水泥。如掺加适当外加剂时，可用矿渣硅酸盐水泥。在受冻融作用的条件下，宜用普通硅酸盐水泥，不宜选用火山灰质硅酸盐水泥和粉煤灰硅酸盐水泥。在受酸、碱、盐侵蚀介质作用下，可选用火山灰质硅酸盐水泥，粉煤灰硅酸盐水泥。

选用的水泥标号不宜低于425号。

2．砂、石　应符合普通混凝土用砂、石标准，石子最大粒径不宜大于40mm，石子吸水率不大于1.5%。

3．外加剂　应根据具体情况采用减水剂、加气剂、防水剂及膨胀剂等。

防水混凝土的配合比应通过试验确定。其各项技术指标应符合下列规定，每 m^3 混凝土的水泥用量不少于320kg；含砂率以35%～40%为宜，灰砂比为1：2～1：2.5，水灰比小于0.6，坍落度不大于60mm。如掺加外加剂或用泵车送混凝土时，不受此限。

（二）施工注意事项

由于防水混凝土长期受水的毛细管作用，并处在地下复杂环境，所以对防水混凝土合理选材外，关键还要保证施工质量。因此，对施工中的各主要环节，诸如混凝土的搅拌、浇筑、振捣、养护等，均应严格把好质量关。

1．防水混凝土尽量做到一次浇筑完成，减少施工缝。对于大体积混凝土工程，采取设置伸缩缝分区浇筑。

2．模板的固定不宜采用螺栓拉杆或铁丝对穿，避免造成漏水通路。如固定模板必须用螺栓穿过时，应采取止水措施。方法有螺栓加焊止水环、螺栓加堵头和套管加焊止水环等。

3．严格控制钢筋保护层厚度，防止沿钢筋渗水。

4．混凝土在运输过程中，防止产生离析和坍落度、含气量的损失。

5．在浇筑混凝土结构处设有预埋管、预埋件以及钢筋稠密处，可采用具有同抗渗标号的细石混凝土，并加强振捣。

6．施工缝是防水混凝土薄弱环节之一，应尽量不留或少留。若留可按伸缩缝划分施工段，每一施工段做到一次浇筑完毕。浇筑时做到分层连续进行，每层厚度控制在300～400mm，两层浇筑接茬时间小于2h。

7．防水混凝土的养护对抗渗性能影响较大。当混凝土进入终凝（约浇筑后4～6h），即应开始浇水养护，养护时间不少于14d。

8．防水混凝土构筑物地下部分，拆模后应及时回填土，防止混凝土表面温度与周围气温的温差过大，造成混凝土表面局部产生温度应力而出现裂缝，影响混凝土抗渗性能。

9．冬季浇筑防水混凝土时应注意：

（1）防水混凝土不得采用电热法和蒸汽加热法进行养护。厚大结构物可用蓄热法，薄壁构筑物可用暖棚法。

（2）采用蓄热法时，水温不宜大于60℃，骨料温度不超过40℃，混凝土出料温度不超过35℃。

（3）采取措施防止由于水化热过高，水份蒸发过快，致使混凝土表面干燥开裂。一般表面覆盖塑料薄膜或湿草帘进行保温。

二、水泥砂浆防水层施工

水泥砂浆防水层属于刚性抹面防水技术，分为普通水泥砂浆防水层和掺外加剂的水泥砂浆防水层两种。

刚性抹面防水层具有操作简便，易于检查和修补，成本较低等优点。

刚性抹面防水层是用素灰、水泥浆和水泥砂浆，交替抹压均匀而构成坚硬封闭的整体。

（一）材料的要求

水泥　常用普通硅酸盐水泥、矿渣硅酸盐水泥、火山灰质硅酸盐水泥。水泥标号宜大于325号。

砂、石　选用颗粒坚硬、粗糙干净的粗砂，平均粒径不小于0.5mm，最大粒径不大于3mm。砂中含泥量、硫化物应符合高标号混凝土用砂要求。

（二）基层处理

基层处理十分重要，操作不当会造成空鼓、结合不牢等质量事故。基层处理包括清理、浇水、补平等工序。

1. 混凝土基层处理

（1）新浇筑混凝土　拆除模板后，立即用钢丝刷将混凝土表面刷毛，抹面前须浇水冲刷干净。

（2）旧混凝土面补作防水层时，将混凝土表面凿毛，清理平整后用水冲洗干净。

（3）对混凝土基层表面凸凹不平及蜂窝孔洞，依情况不同分别处理。一般剔掉松动部分，浇水冲洗干净，用素灰和水泥砂浆压实找平。

（4）混凝土施工缝应沿缝剔成八字形凹槽，用水冲洗后，用素灰打底，水泥砂浆压实找平。

2. 砖砌体基层处理

新砖墙砌体，先将表面残留的砂浆等污物清除干净，用水冲净。对旧砖墙，去掉表面酥松表皮，露出坚硬砖面，并浇水冲净。

（三）施工方法

1. 普通水泥砂浆防水层

水泥砂浆抹面防水层是用水泥净浆和水泥砂浆交替抹压密实而成。

防水层的层数和材料配比，根据构筑物防水要求确定。一般防水层不直接与水接触处，可采用四层做法；防水层与水直接接触的应采用五层做法。水泥砂浆抹面层结构如图8-3所示。由于防水层是分层交替抹压密实的，各层的残留毛细孔就不致于互相贯通。

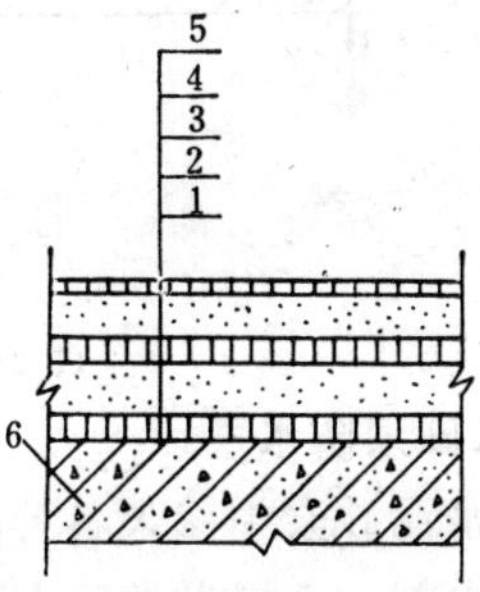

五层做法的水泥浆的水灰比一般为0.37～0.40，面层水泥浆的水灰比为0.55～0.60。水泥砂浆配合比一般为1：2.5，水灰比为0.40～0.45。

（1）防水层的施工操作

图 8-3　五层水泥砂浆防水层
1、3—水泥浆层；2、4—水泥砂浆层厚4～5mm；5—水泥浆层厚1mm；6—结构基层

第一层 素灰层，厚2mm，水灰比 0.37～0.4，主要起防水作用，它可以封闭结构基层细小孔隙和毛细通路，并有基层与防水层紧密粘结作用。操作时先抹一层厚1mm厚素灰，用铁抹子往返抹压4～5遍，起到填平基面。随即再抹厚1mm的素灰均匀找平，并用毛刷横向轻刷一遍，以打乱毛细孔通道，也有利于与第二层的结合，在初凝期间做第二层。

第二层 水泥砂浆层，厚4～5mm。本层有一定厚度和强度，对素灰层起着养护和加固作用。操作时在初凝的第一层上轻轻抹压水泥砂浆，使砂粒能压入素灰层（但不应压穿素灰层），以使两层间结合牢固。在水泥砂浆层初凝前，用扫帚将砂浆层表面扫成横向条纹，待其终凝并有一定强度时（一般隔一夜）再做第三层。

第三层 素灰层，厚2mm。其作用和操作方法与第一层相同。它是主要防水层，如果水泥砂浆层在硬化过程中形成白色薄膜，应刷洗干净，以免影响粘结。

第四层 水泥砂浆层，厚 4～5mm。按照第二层做法抹水泥砂浆，在初凝前，用铁抹压5～6遍，增加密实性，一般间隔1～2h。

第五层 素灰层，在第四层水泥砂浆抹压两遍后，用毛刷均匀涂刷水泥浆一遍，随第四层一并压光。

抹好防水层以后，养护工作非常重要，一般在砂浆表面终凝后表面呈灰白色，即可洒水养护，在阳光照射下，应覆盖湿麻袋或草袋。

（2）施工缝

做防水层时尽量减少施工缝，施工缝应留斜坡梯形茬，其接茬的层次要分明，不允许水泥砂浆和水泥砂浆搭接，而应先在阶梯坡形接茬处均匀涂刷水泥浆一层，以保证接茬处不透水，然后依照层次操作顺序层层搭接。防水层留茬与接茬方法如图8-4所示。

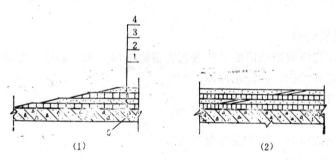

图 8-4 防水层留茬与接茬示意图

（1）留茬图；（2）接茬图

1、3—素灰层；2、4—砂浆层；5—结构层

2. 防水砂浆防水层

在普通水泥砂浆中掺入各种防水剂可提高砂浆的密实性和抗渗性。防水剂采用氯化物金属盐类防水剂，金属皂类防水剂和氯化铁防水剂。例如掺入占水泥量3%的氯化铁防水剂，水泥砂浆抗渗标号可从S_2提高到S_6～S_8。

氯化铁防水砂浆层操作时，在清理好的基层上刷水泥浆一道，接着分两遍抹第二层防水砂浆，厚度共12mm。待砂浆初凝时，用木抹均匀揉压一遍，形成麻面，阴干后按照同样方法，抹第二遍防水砂浆。约间隔12h后，刷水泥浆一道，随刷随抹第一遍面层防水砂浆。待阴干后再抹第二遍面层防水砂浆，面层砂浆共厚13mm。面层防水砂浆抹完后，在终凝前应反复多次抹压密实，抹完后做好养护工作。

防水砂浆干缩性大，容易产生裂纹。不宜在35℃以上或烈日下施工。也不适宜平均气温低于−5℃的季节施工。

三、卷材防水层施工

卷材防水层是用防水卷材和沥青胶结材料胶合而成的一种多层防水层。卷材防水层具有良好的韧性和可变性，能适应微小变形。但卷材耐久性差，机械强度低，施工时操作麻烦，劳动条件差，出现渗漏修补困难。

（一）基层和材料要求

卷材防水层适用于铺贴在整体的混凝土结构基层上或整体水泥砂浆找平层上。

铺贴卷材的基层表面必须牢固、平整、清洁干燥。在垂直面上铺贴卷材，为提高粘结力，应满涂冷底子油。在平面上，不会产生滑脱，可不涂冷底子油。

1．卷材的选择

地下工程使用的卷材应要求强度高，延伸率大，具有良好的韧性和不透水性，膨胀率小而且有良好的耐腐蚀性。因此，应尽可能采用沥青矿棉纸油毡、沥青玻璃布油毡和沥青石棉纸油毡等。

2．胶结材料的选择

（1）铺贴石油沥青卷材应用石油沥青胶结材料，不得使用焦油沥青胶结材料。

（2）沥青胶结材料的软化点，应比基层及防水层周围介质的可能最高温度高出20～25℃，软化点最低不应低于40℃。

（3）铺贴卷材层前，基层表面上满铺冷底子油，以保证卷材粘贴牢固。

（二）地下防水层施工

地下防水结构物一般将卷材防水层设置在结构物的外侧，称为外防水。外防水的卷材防水层铺贴方法，分为外贴法和内贴法两种。

1．外防水

（1）外贴法 如图8-5所示，其施工工程序为：

1）在构筑物底板垫层上抹水泥砂浆找平层，待干燥后，铺贴底板卷材防水层并伸出与墙卷材搭接的长度。

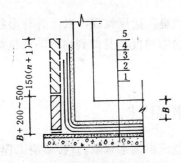

图 8-5 外贴法示意图

1—垫层；2—找平层；3—卷材防水层；
4—保护层；5—地下结构

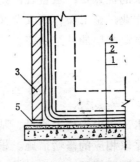

图 8-6 内贴法示意图

1—垫层；2—卷材防水层；3—保护墙；4—尚未施
工结构物；5—干铺油毡

2）在垫层周围砌筑永久性保护墙，墙下铺一层干油毡，墙高度不小于结构底板厚度＋200～500mm。上部接砌临时性保护墙，可用石灰砂浆砌筑，高度一般为150×(油毡层数＋1)mm。

3）在垫层和永久性保护墙上抹1∶3水泥砂浆找平层，临时性保护墙上用石灰砂浆抹找平层。

4）待找平基层干燥后，满涂一道冷底子油。

5）铺贴平面和立面卷材防水层，在永久性保护墙和垫层上粘结牢固，在临时保护墙上将卷材防水层临时贴附，并分层临时固定在保护墙顶端。

6）在底板卷材铺贴后，铺30～50mm厚的水泥砂浆或细石混凝土，防止绑扎钢筋，浇筑混凝土时穿破防水层。然后进行构筑物施工。

7）当构筑物施工完毕做防水层之前，将临时保护墙拆除，清除砂浆，将卷材剥出用喷灯微热烘烤，逐层揭开，然后分层错茬搭接向上铺贴。

8）最后继续向上砌筑永久性保护墙。

（2）内贴法　如图8-6所示。混凝土垫层浇筑以后，在垫层上将永久性保护墙全部砌完，并且将卷材防水层铺贴在永久保护墙和垫层上，其施工程序如下：

1）在垫层上砌筑永久性保护墙，并用1∶3水泥砂浆做好垫层及永久性保护墙上的找平层，同样在保护墙下铺一层干油毡。

2）找平层干燥后刷冷底子油，待冷底子油干燥后再铺卷材防水层。铺贴次序先铺立面，后铺平面，先铺转角，后铺大面。

3）铺完防水层以后，抹水泥砂浆保护层，待干燥后再进行防水结构物施工。

2. 内防水

内防水系指在结构层的内侧粘贴防水层，然后在防水层上再设一道衬砌（一般采用10～12cm厚混凝土）紧压防水层。这种方法常用在维修工程、地下暗挖法施工中。内防水与内贴法是不同的两个概念，内贴法目前较少采用。

四、涂料防水

涂料防水技术从80年代初开始，我国高分子弹性防水材料有较快的发展，并用于工程中。涂料防水是在需要防水结构的混凝土面上涂以一定厚度的合成树脂、合成橡胶，经过常温交联固化形成弹性的、具有防水作用的结膜。

涂料防水的优点是：重量轻，耐水性、耐蚀性优良，适应性强，对于各种形状的部位均适用；冷作业，施工操作既安全又简便。但是，涂布厚度不易做到均匀，抵抗结构变形能力差，与潮湿基层的粘结力差。

第三节　防水工程堵漏技术

地下防水工程由于施工质量、基础下沉等原因造成渗漏水现象，直接影响工程的使用，因此应及时采取相应的修堵措施。根据漏水的情况采取不同方法进行修堵。

一、丙凝灌浆堵漏

（一）材料的组成与配比

丙凝材料在适量的氧化剂和还原剂引发下可以产生凝液，为了便于适应堵水施工需要控制凝固时间，可加入强还原剂或阻凝剂。

丙凝灌浆堵漏材料由六种不同的化合物组成，见表8-1。

丙凝灌浆堵漏材料组成　　　　　　　　表 8-1

组成序号		名　　　称	作　用	比重	性　　质	配方用量（%）
A 液	1	丙烯酰胺（AAM）	单体	0.6	易吸湿、易聚合	5～20
	2	N-N′-甲撑双丙烯酰胺（MBAM）	高联剂	0.6	与单体交联	0.25～1.0
	3	β、二甲胺基丙腈（DMADN）	还原剂	0.87	稍有腐蚀性	0.1～1.0
	4	氯化亚铁Fe^{++}	强还原剂	1.93	易吸湿、氧化高铁盐	0.0～0.05
	5′	铁氰化钾（$K_3Fe(CN)_6$）	阻凝剂	1.89	水溶液徐徐分解	0.0～0.05
B 液	6	过硫酸胺（AP）	氧化剂	1.98	易吸湿、易分解	0.1～1.0

在实际应用时，以AAM、MBAM的10%作为标准溶液浓度。

标准溶液成分的百分比如下：AAM—9.5%；MBAM—0.5%；H_2O—90%；β、二甲胺基丙腈—0.4%；AP—0.5%。

标准溶液的百分比浓度是以AAM%＋MBAM%＋H_2O%＝100%为准，其他各成分含量都以此为基数来调整。

灌浆堵漏应配制成A液和B液两种液体。配制A液时，当AAM、MBAM溶解于水是吸热过程，使A液温度低于室温，可用温水配制A液。

（二）丙凝灌浆机具

1．电动机具装置系统　如图8-7所示。A液和B液分别由电动泵输送，到混合室内进行混合，从注浆嘴喷出，注入堵漏部位。

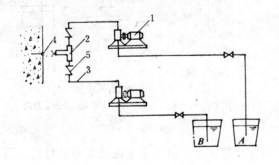 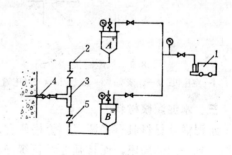

图 8-7　电动机具装置系统　　　　　图 8-8　气动机具装置系统
1—电动泵；2—混合室；3—输液管；　　　1—空气压缩机；2—输液管；
4—注浆嘴；5—止回阀　　　　　　　3—混合室；4—注浆嘴；5—止回阀

2．气动机具装置系统　如图8-8所示。

气动灌浆装置由空压机产生的压缩空气，分别从输气管进入A液和B液桶，将液体经输液管进入混合室，混合后从注浆嘴喷出，注入堵漏部位。

存放B液的桶、管道、阀门应采用防腐材料制成。

二、氰凝灌浆材料

（一）氰凝浆液的配制

在现场随配随用，在定量的主剂内按顺序掺入定量的添加剂，在干燥容器中搅拌均匀后倒入灌浆机具内进行灌浆施工，其配方及调制顺序见表8-2所示。

表 8-2

氰凝浆液配方及加料顺序（重量比）

类 别	主剂	添 加 剂						
名 称	预浆体	硅 油	吐 温	邻苯二甲酸二丁酯	丙 酮	二甲苯	三乙胺	有机锡
加料顺序	1	2	3	4	5	6	7	8
天津产品	100	1	1	10	5～20	—	1—3	—
上海产品	100	—	—	1～5	—	1～5	0.3～1	0.15～0.5

（二）氰凝灌浆机具

氰凝灌浆采用单液灌浆形式，分为手摇泵和风压罐两种装置。

1. 风压罐装置系统　如图8-9所示。依靠空压机输送压缩空气，将风压罐内氰凝浆液从注浆嘴喷出，注入堵漏部位。

2. 手摇泵灌浆系统　如图8-10所示。操作手摇泵，将注浆液从贮浆池中进入手摇泵中，经加压后送入注浆嘴喷出，注入堵漏处。

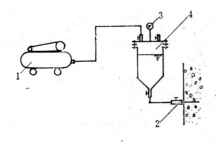
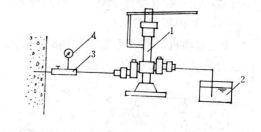

<table>
<tr><td>图 8-9　风压罐灌浆系统</td><td>图 8-10　手摇泵灌浆系统</td></tr>
<tr><td>1—空压机；2—注浆嘴；3—压力表；4—风压罐</td><td>1—手摇泵；2—贮浆容器；3—注浆嘴；4—压力表</td></tr>
</table>

三、水泥灌浆材料

水泥灌浆材料具有来源广，价格便宜，强度高等优点。但由于水泥是颗粒状材料，可灌性受到一定的局限，而且强度增长缓慢，若加入定量的速凝剂，效果更佳。

（一）净水泥浆液

净水泥浆液的稠度应根据漏水的情况，缝隙大小来决定。一般为水泥：水＝1.5：1，1：1，0.8：1，0.75：1，0.6：1，0.5：1等。

采用水泥标号大于325号，出厂日期小于三个月。

浆液的配制可用机械搅拌或人工搅拌，投料准确。投料顺序：先加水，在不断搅拌情况下逐渐加入水泥至搅拌均匀，使用时防止沉淀，必要时过筛后再使用。

由于水泥浆初凝时间较长，要等水泥浆充分凝固后，方可拆除注浆嘴。

（二）水泥水玻璃浆液

在注浆量不大，灌浆距离短的情况下，可在水泥浆溶液中掺入定量的水玻璃溶液作为促凝剂。其配比可按水泥浆液水灰比不同加入按水泥重量的1～3％水玻璃溶液。配制时，将水玻璃溶液徐徐加入配制好的水泥浆溶液中，搅拌均匀为止。

水泥浆及水泥水玻璃浆液所用机具可与氰凝灌浆机具相同。

四、灌浆堵漏施工

（一）灌浆孔位置设置

1．布置灌浆孔　布置原则如下：

（1）灌浆孔位置的选择应使灌浆孔的底部与漏水缝隙相交于漏水量最大的部位。

（2）灌浆孔的深度不应穿透结构层，留10～20cm长度为安全距离。

（3）灌浆孔的孔距随漏水压力、缝隙大小、漏水量大小及浆液的扩散半径而定，一般为50～100cm。

2．埋设注浆嘴　一般情况下，埋设的注浆嘴不少于两个，其中一个嘴为排气（水），另一个嘴为注浆嘴。

图8-11示为埋入式注浆嘴示意图。其作法先用钻头剔成孔洞，孔洞直径略比注浆嘴直径大3～4cm，将孔洞清洗干净，用快凝胶浆把注浆嘴稳固于孔洞内，埋深不小于5cm。

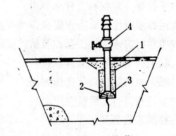

图 8-11　埋入式注浆嘴
1—水泥砂浆找平；2—胶液；3—半圆铁皮；4—截门

（二）封闭漏水部位

注浆嘴埋设后，除注浆嘴内漏水外，其他凡有漏水处都要采取封水措施，以免出现漏浆、跑浆现象。封闭方法通常采用水泥砂浆抹面。

（三）试灌

埋设注浆嘴并有一定强度后进行，试灌时采用颜色水代替浆液，以计算漏浆量、灌浆时间，为确定浆液配合比，灌浆压力等提供参考，同时观察封堵情况和各孔连通情况，以保证灌浆正常进行。

（四）灌浆

选择一个注浆孔（一般为最低处或漏水量最大处）注浆，待多孔见浆后，关闭各孔，继续压浆，灌浆压力应大于渗漏水压力，灌到不再进浆时，停止压浆，立即关闭注浆嘴阀门，再停止压浆。

灌浆完毕，剔除注浆嘴，观察灌浆效果，若需要可重复灌浆。确认堵漏收到良好效果，即可清洗灌浆机具，便于以后再用。

五、灌浆堵漏施工注意事项及安全技术

（一）注意事项

1．灌浆过程中随时注意观察灌浆压力和输浆量的变化，当泵压骤增，灌浆量减少，或者泵压升不上去，进浆量较大，要综合分析原因，检查管路是否堵塞，被灌缝内不畅或者浆液稠度不多等原因所造成。

2．灌浆施工应尽可能连续一次灌好，所选用的设备能满足上述要求。

3. 灌浆工作中出现跑浆现象时，应停止灌浆，检查封闭情况，重新做好封闭。

4. 灌浆系统供应能力除满足灌浆压力和流量外，保证浆液在管内要流动通畅，拆装方便。

（二）安全技术

1. 灌浆施工前应严格检查机具、管路及接头处的牢靠程度，防止爆破伤人。

2，有机化工材料均有一定刺激性和腐蚀性。配制浆液时应配戴口罩、手套、眼镜等劳保用品，以防浆液伤害。

3. 在通风不良的地方进行灌浆施工时，应设置通风设备。

4. 氰凝浆液为易燃物，施工现场禁止靠近明火和禁止吸烟，防止火灾发生。

复习思考题

1. 疏导地下水方法适用场合及其作法。

2. 防水混凝土对材料有什么要求？

3. 水泥砂浆刚性抹面防水层操作步骤及要求。

4. 叙述卷材防水层施工要点及质量要求。

5. 混凝土裂缝及缺陷怎样修补？

6. 混凝土的堵漏材料及操作方法。

7. 新型防水材料发展及应用。

8. 几种灌浆设备及操作方法。

9. 灌浆堵漏施工安全技术事项。

10. 防水工程通病。怎样采取措施加以预防？

第九章　室外地下管道开槽法施工

由于城市管道所输送的流体性质和用途不同，其所用的管材、接口形式、基础类型、施工方法和验收标准各不相同。就其开槽法施工而言，一般包括土方开挖、管道基础、下管和稳管、接口、砌筑附属构筑物和土方回填等过程。

沟槽开挖与回填已在第一章中讲述，本章侧重介绍室外管道安装。

第一节　下管和稳管

一、下管

下管工序是在沟槽和管道基础已经验收合格后进行。为了防止将不合格或已经损坏的管材及管件下入沟槽，所以，下管前应做好对管材的检查与修补工作。

（一）下管前的检查

下管前安排专人对管材进行质量检查，按照管材种类分述如下：

1．钢管的检查

（1）钢管应有制造厂的合格证书，并证明按国家标准检验的项目和结果。管子的钢号、直径、壁厚等应符合设计规定；

（2）钢管应无显著锈蚀，无裂缝、重皮等缺陷；

（3）清除管内尘垢及其杂物，并将管口边缘的里外管壁擦抹干净；

（4）检查管内喷砂层厚度及有无裂缝，离鼓等现象；

（5）校正因碰撞而变形的管端，以使连接管口之间相吻合；

（6）对钢制管件，如弯头、异径管、三通、法兰盘等须进行检查，其尺寸偏差应符合部颁标准。

（7）检查石棉橡胶、橡胶、塑料等非金属垫片，均应质地柔韧，无老化变质，表面不应有折损、皱纹等缺陷。

（8）绝缘防腐层应检查各层间有无气孔、裂纹和落入杂物。防腐层厚度可用钢针刺入检查，凡不符合质量要求和在检查中损坏的部位，应用相同的防腐材料修补。

2．铸铁管的检查

（1）检查铸铁管材、管件有无纵向、横向裂纹，严重的重皮脱层、夹砂及穿孔等缺陷。可用小锤轻轻敲打管口、管身，破裂处发声嘶哑。凡有破裂的管材不得使用。

（2）对承口内部，插口外部的沥青可用气焊、喷灯烤掉，对飞刺和铸砂可用砂轮磨掉，或用錾子剔除。

（3）承插口配合的环向间隙，应满足接口填料和打口的需要。

（4）防腐层应完好，管内壁水泥砂浆无裂纹和脱落，缺陷处应及时修补。

（5）检查管件、附件所用法兰盘、螺栓、垫片等材料，其规格应符合有关规定。

3. 预（自）应力钢筋混凝土管的检查

（1）管体内外表面应无露筋、空鼓、蜂窝、裂纹、脱皮、碰伤等缺陷。

（2）承插口工作面应光滑平整，必须逐节测量承口内径、插口外径及其椭圆度。按照承插口配合的环形间隙，选配胶圈直径。胶圈内环径一般为插口外径的0.85～0.87倍，胶圈截面直径以胶圈滚入接口后截面直径的压缩率为35～45%为宜。

（3）承插口工作面不应有碰伤、凹凸等缺陷。其环向碰伤不超过壁厚的1/3，纵向不超过20mm者可用环氧树脂水泥进行修补后才能使用。

（4）检查管子出厂日期，并须有质量检查部门试验结果。对于出厂时间过长，质量有降低的管子应经水压试验合格后，方可使用。

4. 管道配件的检查

室外管道的配件，一般应在安装前经过严格检查后方可使用。

（1）配件必须配有制造厂家合格证书；

（2）核对实物的型号、规格、材质是否符合设计要求；

（3）核对配件与连接管件的配合尺寸是否配套；

（4）清除杂物，检查阀杆是否转动灵活，阀体、零件应无裂纹、砂眼、锈蚀等缺陷。

（5）为了延长使用寿命，配件在安装前应解体检查，并应擦洗加油润滑。

5. 预应力混凝土管修补

当预应力混凝土管和钢筋混凝土管有小面积空鼓、脱皮、局部有蜂窝和碰撞造成有缺角、掉边等缺陷，可用环氧腻子或环氧树脂砂浆进行修补。其配方见表9-1。

环氧腻子及砂浆配方（重量比）　　　　　　　　　　　　表 9-1

材 料 名 称	配　　　　　　方		
	环氧树脂底胶	环氧腻子	环氧树脂砂浆
6101# 环氧树脂	100	100	100
邻苯二甲酸二丁酯	10	8	8
乙二胺	6～10	6～10	6～10
425# 水泥		350～450	150～200
滑石粉		350～450	
细砂（粒径0.3～1.2mm）			400～600

其操作顺序：先将修补部位凿毛→清洗晾干→刷一薄层底胶→抹环氧腻子（或环氧树脂砂浆）→用铁抹子压实压光。

下管前除对管材、配件进行检查和修补外，还应对沟槽进行必要的检查

（1）检查地基。地基土壤如有被扰动时，应进行处理；

（2）检查槽底高程及宽度应符合质量标准。如在混凝土基础上下管时，除检查基础面高程外，混凝土强度应达到50kPa以上才能允许下管；

（3）检查沟槽边坡。沟槽有裂缝及坍塌危险者必须先采取加固措施方可下管；

（4）检查下管工具和设备是否处于正常状态。如发现不正常情况，必须及时修理或更换；

（5）检查下管、运管的道路是否满足操作需要，遇有高压电线，采用机械下管时应特别注意，防止吊车背杆接触电线，发生触电事故。

（二）下管

下管方法有人工下管和机械下管法。施工时采用哪一种方法，应根据管子的重量和工程量的大小，施工环境，沟槽断面情况以及工期要求及设备供应等情况综合考虑确定。

1. 下管方法及适用场合

机械下管 { 管径大，自重大
沟槽深，工程量大
施工现场便于机械操作的条件下

人工下管 { 管径小，重量轻
施工现场窄狭，不便于机械操作
工程量较小，而且机械供应有困难

无论采取哪一种下管法，一般采用沿沟槽分散下管，以减少在沟槽内的运输。当不便于沿沟槽下管，允许在沟槽内运管，可以采用集中下管法。

2. 人工下管法

人工下管应以施工方便，操作安全为原则，可根据工人操作的熟练程度、管子重量、管子长短、施工条件、沟槽深浅等因素，考虑采用何种人工下管法。

（1）贯绳法 适用于管径小于300mm以下混凝土管、缸瓦管。用一端带有铁钩的绳子钩住管子一端，绳子另一端由人工徐徐放松直至将管子放入槽底。

（2）压绳下管法 压绳下管法是人工下管法中最常用的一种方法，如图9-1所示。适用于中、小型管子，方法灵活，可作为分散下管法。具体操作是在沟槽上边打入两根撬棍，分别套住一根下管大绳，绳子一端用脚踩牢，用手拉住绳子的另一端，听从一人号令，徐徐放松绳子，直至将管子放至沟槽底部。

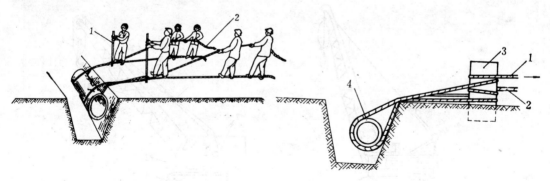

图 9-1 压绳下管法　　　　　　　图 9-2 立管压绳下管法
1—撬棍；2—下管大绳　　　1—放松绳；2—绳子固定端；3—立管；4—下管

当管子自重大，一根撬棍摩擦力不能克服管子自重时，两边可各自多打入一根撬棍，以增加大绳摩擦阻力。

（3）集中压绳下管法 此种方法适用于较大管径，集中下管法，即从固定位置往沟槽内下管，然后在沟槽内将管子运至稳管位置。如图9-2所示。在下管处埋入1/2立管长度，内填土方，将下管用两根大绳缠绕（一般绕一圈）在立管上，绳子一端固定，另一端由人工操作，利用绳子与立管之间的摩擦力控制下管速度。操作时注意两边放绳要均匀，防止管子倾斜。

（4）搭架法（吊链下管）　常用有三角架或四角架法，在塔架上装上吊链起吊管子。其操作过程如下：先在沟槽上铺上方木，将管子滚至方木上。吊链将管子吊起，撤出原铺方木，操作吊链使管子徐徐下入沟底。此种方法可下单根管子，也可以用吊链组（多个塔架）下较长管段，如铺设钢管，可在槽上进行焊接、防腐，经检验后下入沟底，可减少在槽内焊接等工序，这样有利用提高工效和保证安装质量。

下管用的大绳应质地坚固、不断股、不糟朽、无夹心，其直径选择可参照表9-2。

下管用大绳截面直径（mm）　　　　　表 9-2

管 子 直 径 （mm）			大绳截面
铸 铁 管	预应力钢筋混凝土管	钢筋混凝土管	直　径
≤300	≤200	≤400	20
350～500	300	500～700	25
600～800	400～500	800～1000	30
900～1000	600	1100～1250	38
1100～1200	800	1350～1500	44
		1600～1800	50

3．机械下管法

有条件尽可能采用机械下管法，因为机械下管速度快、安全，并且可以减轻工人的劳动强度。

机械下管视管子重量选择起重机械，常用有汽车起重机和履带式起重机。如图9-3和图9-4所示。

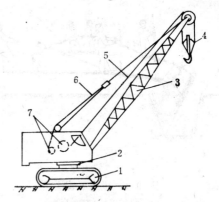

图 9-3　汽车起重机　　　　　　图 9-4　履带式起重机

1—履带；2—回转装置；3—起重臂；4—吊钩；
5—吊钩钢丝绳；6—起重臂钢丝绳；7—卷扬机

机械下管一般沿沟槽移动，因此，沟槽开挖时应一侧堆土，另一侧作为机械工作面，运输道路以及堆放管材。管子堆放在下管机械的臂长范围之内，以减少管材的二次搬运。

采用机械下管时，应设专人统一指挥，驾驶员必须听从指挥信号进行操作。在起吊作业区内，禁止无关人员停留或通过。在吊钩和被吊起的重物下面，严禁任何人 通 过 或 站立。

机械下管不应一点起吊，采用两点起吊时吊绳应找好重心，平吊轻放。各点绳索受的重力q与管子自重Q、吊绳的夹角α有关。如图9-5所示。当$\alpha=90°$时。$q=0.5Q$；$\alpha=60°$，$q=0.577Q$；$\alpha=30°$，$q=Q$。说明α角越小，其吊绳所受的重力越大。一般α角大于45°为宜。

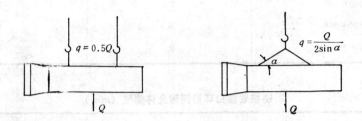

图 9-5 吊钩受力图

起重机禁止在斜坡地方吊着管子回转，轮胎式起重机作业前将支腿撑好，轮胎不应承担起吊的重量。支腿距沟边要有2.0m以上距离，必要时应垫木板。

起吊及搬运管材、配件时，对于法兰盘面，非金属管材承插口工作面，金属管防腐层等，均应采取保护措施，以防损伤。吊装闸阀等配件，不得将钢丝绳捆绑在操作轮及螺栓孔上。

起吊作业不应在带电的架空线路下作业，在架空线路同侧作业时，起重机臂杆距架空线保持一定安全距离，并有专人看管。

电压≤1kV　$L=2.0$m，

35kV＜电压＜110kV，$L=3.0\sim4.0$m。

二、稳管

稳管是将每节管子按照设计的平面位置和高程稳在地基或基础上。稳管包括管子对中和对高程两个环节，两者同时进行。

稳管时，相邻两节管口应齐平，根据材料的不同，管口纵向应保留一定间隙，以便于管内勾缝，使柔性接口能承受少量弯曲，防止热胀时挤坏管口等作用。

（一）稳管的质量要求

1. 给水铸铁管

城市地下给水管道，多采用铸铁管，近年来管径大于300mm多采用球墨铸铁管。土质较好可不单设基础，在天然地基上铺设管道，较大管径可采用砂基。

稳管质量要求

（1）管道轴线位置允许偏差30mm；

（2）承口和插口间的纵向间隙，最大不超过表9-3的规定；

（3）接口的环形间隙应均匀，其允许偏差不超过表9-4的规定。

2. 钢质管道

钢管安装时，在直线管段相邻两节管子对口前要进行坡口，使管子端面、坡口角度应符合对口接头尺寸要求。

铸铁管承插口的对口最大间隙（mm）　　表 9-3

管　　　径	沿直线铺设	沿曲线铺设
75	4	5
100～250	5	7
300～500	6	10
600～700	7	12
800～900	8	15
1000～1200	9	17

铸铁管接口环形间隙允许偏差（mm）　　表 9-4

管　　　径	标准环形间隙	允许偏差
75～200	10	+3 −2
250～450	11	+4 −2
500～900	12	
1000～1200	13	

管子对口时，两节管纵向焊缝应错开，错开的环向距离不小于100mm。而且使其纵向焊缝放在管道受力弯矩最小位置，一般放在管道上半圆中心垂直线左右45°处。

不同管径对口时，如管径差小于小口径的15%时，可将大管端部管径压小，再同小口径对口；如管径差超过小口径15%时，可设渐缩管连接。

3．预应力混凝土管

预应力混凝土管一般边下管边稳管。用吊车下管时，将管子插口端靠近已经稳好的承口端，调整环向间隙，使插口的胶圈准确地插入承口内，然后装好牵拉设备，缓慢进行操作，直至均匀嵌入。

稳管质量要求

（1）管道轴线位置允许偏差30mm；

（2）插口插入承口的长度允许偏差±5mm；

（3）胶圈滚至插口小台处。

4．排水管道

排水管道一般为重力流，多采用钢筋混凝土管，而且设有混凝土基础，接口处采用水泥砂浆或柔性接口材料连接。

稳管质量要求

（1）管轴位置偏差允许15mm；

（2）管内底标高允许偏差±10mm；

（3）相邻两节管口内底错口不大于3mm，接口间隙可留10mm，以便于在管内勾缝，管径过小时，可酌情减小间隙。

（二）管轴线位置的控制

管轴线位置的控制是指所铺设的管线符合设计规定的坐标位置。其方法在稳管前由测量人员将管中心钉测设在坡度板上，稳管时由操作人员将坡度板上中心钉挂上小线，即为管子轴线位置。如图9-6所示。

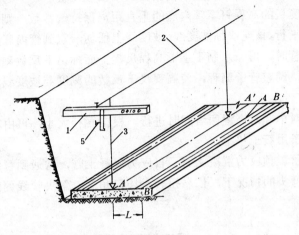

图 9-6　坡度板

1—坡度板；2—中心线；3—中心垂线；4—管基础；5—高程钉

稳管具体操作方法有中心线法和边线法：

1．中心线法　如图9-7所示，即在中心线上挂一垂球，在管内放置一块带有中心刻度的水平尺，当垂球线穿过水平尺的中心刻度时，则表示管子已经对中。倘若垂线往水平尺中心刻度左边偏离，表明管子往右偏离中心线相等一段距离，调整管子位置，使其居中为止。

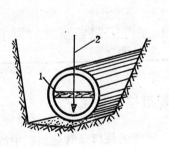

图 9-7　中线对中法

1—水平尺；2—中心垂线

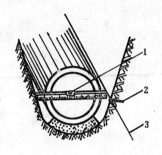

图 9-8　边线对中法

1—水平尺；2—边桩；3—边桩

2．边线法　如图9-8所示，即在管子同一侧，钉一排边桩，其高度接近管中心处。在边桩上钉一小钉，其位置距中心垂线保持同一常数值。稳管时，将边桩上的小钉挂上边线。即边线与中心垂线相距同一距离的平行线。在稳管操作时，使管外皮与边线保持同一间距，则表示管道中心处于设计轴线位置。

边线法稳管操法简便，应用较为广泛。

（三）管内底高程控制

沟槽开挖接近设计标高，由测量人员埋设坡度板，坡度板上标出桩号、高程和中心钉，如图9-6所示。

坡度板埋设间隙，排水、热力管道一般为10m，给水、煤气管道一般为15～20m。管道平面及纵向折点和附属构筑物处，根据需要增设坡度板。

相邻两块坡度板的高程钉至管内底的垂直距离保持一常数，则两个高程钉的连线坡度与管内底坡度相平行，该连线称坡度线。坡度线上任何一点到管内底的垂直距离为一常数，称为下反数。稳管时，用一木制丁字形高程尺，上面标出下反数刻度，将高程尺垂直放在管内底中心位置，调整管子高程，使高程尺下反数的刻度与坡度线相重合，则表明管内底高程正确。

稳管工作的对中和对高程两者同时进行，根据管径大小，可由2人或4人进行，互相配合，稳好后的管子用石子垫牢。

承插式铸铁管、预应力混凝土管、自应力混凝土管，常遇到管线需要微量偏转或曲线安装，在不使用弯头的情况下，依靠扭转承插口角度，解决管线偏转问题。而扭转的允许转角值见表9-5。

承插式接口允许转角值 表 9-5

管材种类	接口种类	管 径（mm）	允许转角（°）
铸铁管和球墨铸铁管	刚性或半柔性接口	75～450	2
		500～1200	1
	滑入式T型、梯唇形柔性接口	75～600	3
		700～800	2
		>900	1
预应力混凝土管	柔性接口	400～700	1.5
		800～1400	1.0
		1600～3000	0.5
自应力混凝土管	柔性接口	100～800	1.5

第二节 压力流管道接口施工

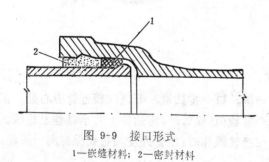

图 9-9 接口形式
1—嵌缝材料；2—密封材料

管道接口是管道施工中的主要工序，也是管道安装中保证工程质量的关键。而压力管道接口种类较多，诸如承插式刚性接口、承插式柔性接口、法兰接口、螺纹接口、焊接口等多种形式。本节主要介绍承插式接口和焊接接口形式。

一、承插式刚性接口

承插式刚性接口的形式如图9-9所示。

由嵌缝和密封填料组成。

（一）嵌缝材料

嵌缝的主要作用是使承插口缝隙均匀，增加接口的粘着力，保证密封填料击打密实，而且能防止填料掉入管内。

嵌料的材料有油麻、橡胶圈、粗麻绳和石棉绳等。其中给水管线常用前两种材料。

采用麻质材料，在接口初期，麻和管壁间的摩擦系数较大，能加强接口粘着力，当麻腐蚀后这种作用消失。所以，一般扎麻嵌缝只扎1～2圈，对于缝隙大，承口深以及铅接口时，扎麻为2～4圈。

石棉绳不易腐蚀，耐久性好，有一定阻水作用，但石棉纤维浸入水中不符合饮用水卫生要求，所以，给水管线较少采用。

橡胶圈嵌缝效果较好，既能使缝隙均匀，又能起到良好的阻水作用。

1．麻的填塞

（1）油麻的制作　采用松软、有韧性、清洁、无麻皮的长纤维麻，加工成麻辫，浸放在用5％石油沥青和95％的汽油配制的溶液中，浸透、拧干，并经风干而成的油麻，具有较好的柔性和韧性，不会因敲打而断碎。

（2）填麻深度及用量

承插式铸铁管接口填麻深度及用量见表9-6。其中石棉水泥类接口的填麻深度约为承口总深的1/3，铅接口的填麻深度约距承口水线里边缘5mm为宜。如图9-10所示。

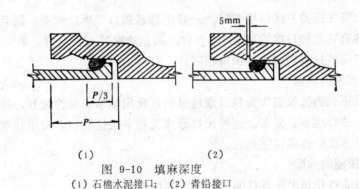

图 9-10　填麻深度
(1) 石棉水泥接口；(2) 青铅接口

承插式铸铁管接口填麻用量　　　　表 9-6

管径 (mm)	承口总深 (mm)	石棉水泥接口				接口环形间隙 (mm)	每缕长度		麻辫截面直径 (mm)	油麻、水泥接口	
		麻		灰			无搭接长度 (mm)	搭接长度 (mm)		缕数	填麻圈数
		深度 (mm)	用量 (kg)	深度 (mm)	用量 (kg)						
75	90	33	0.09	57		10	584		15	1	2
100	95	33	0.111	62		10	741	50～100	15	1	2
150	100	33	0.154	67		10	1062	50～100	15	1	2
200	100	33	0.198	67		10	1382	50～100	15	1	2
250	105	35	0.274	70		11	1706	50～100	16.5	1	2
300	105	35	0.324	70		11	2028	50～100	16.5	1	2

注：1. 麻辫截面直径是指填麻时将每缕油麻拧成麻辫状的截面直径，以实测环形间隙的1.5倍计。
　　2. 麻的用量系指每个接口的用量值。

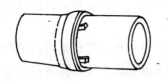

图 9-11　铁牙背口示意图

（3）油麻填打程序和打法

填麻前先将承口、插口用毛刷沾清水刷洗干净。用铁牙将环形间隙背匀，如图9-11所示。随后用麻錾将油麻塞入接口。塞麻时需倒换铁牙。打第一圈油麻时，应保留2个铁牙，以保证间隙均匀。待第一圈油麻打实后，再卸铁牙。打麻时麻錾应一錾挨一錾打，防止漏打。通常操作程序及打法参见表9-7。

油 麻 填 打 程 序 及 打 法　　　　　表 9-7

打法 ＼ 圈数	第 一 圈		第 二 圈			第 三 圈		
遍　　次	第一遍	第二遍	第一遍	第二遍	第三遍	第一遍	第二遍	第三遍
击　　数	2	1	2	2	1	2	2	1
打　　法	挑 打	挑 打	挑 打	平 打	平 打	贴外口	贴里口	平 打

打麻所用手锤一般重1.5kg。填麻后在进行下层密封填料时，应将麻口重打一遍，以麻不再走动为合格。

再打套管（搪袖）接口填麻时，一般比普通接口多填1～2圈。而且第一圈稍粗，可不用锤打，将麻塞至插口端约10mm处为宜，防止油麻掉入管口内。第二圈麻填打用力不宜过大。其它圈填打方法与普通接口相同。

2．橡胶圈的填塞

采用圆形截面橡胶圈作为接口嵌缝材料，比用油麻密封性能好，即使填料部分开裂或微小走动，接口也不致漏水。这种接口形式又称半柔性接口。常用在重要管线铺设或土质较差或地震烈度6～8度以下地区。

（1）胶圈的选配

橡胶圈的直径和内环直径的选择按下列情况确定。

选配圆型胶圈直径参考表　　　　　表 9-8

环形间隙 (mm)	胶圈直径d'(mm)					
	$\rho=35\%$	$\rho=37\%$	$\rho=40\%$	$\rho=43\%$	$\rho=46\%$	$\rho=49\%$
9	14	14	15	16	17	18
10	15	16	17	18	19	20
11	17	17	18	19	20	22
12	18	19	20	21	22	24
13	20	21	22	23	24	25
14	22	22	23	25	26	27
15	23	25	25	26	28	29
16	25	27	27	28	30	31

注：1．环形间隙为实测值。

　　2．ρ—胶圈压缩率（%）。

　　3．d'为套在插口上的胶圈直径，原始胶圈直径$d=\dfrac{d'}{\sqrt{K}}$，K为胶圈环径系数，一般为0.85～0.95。

橡胶圈直径，是按压缩率为37～48%的幅度选用。

橡胶圈内环直径为插口外径的0.85～0.9倍。当管径≤300mm时为0.85倍；否则为 0.9 倍。

安装承插铸铁管选配橡胶圈截面直径可参照表9-8。

现将GB3422—82连续铸铁管选配"O"胶圈尺寸参考值列于表9-9。

连续铸铁管选配胶圈参考表（mm）　　　　　　　　　　　表 9-9

公称直径	环形间隙	胶圈环内径 (K=0.90)	截 面 直 径 d					
			$P=35\%$	37%	40%	43%	45%	48%
300	11	291	18	18	19	20	21	22
350	11	337	18	18	19	20	21	22
400	11	383	18	18	19	20	21	22
500	12	475	19	20	21	22	22	24
600	.12	568	19	20	21	22	22	24

（2）胶圈填打程序和注意事项

下管时应先将胶圈套在插口上，然后将承插口工作面用毛刷清洗干净，对好管口，用铁牙背好环形间隙，然后自下而上移动铁牙，用錾子将胶圈填入承口。第一遍先打入承口水线位置，錾子贴插口壁使胶圈沿着一个方向依次均匀滚入承口水线。防止出现"麻花"。再分2～3遍将胶圈打至插口小台，每遍不宜使胶圈打入过多，以免出现"闷鼻"或"凹兜"。当出现上述弊病，可用铁牙将接口适当撑大，进行调整处理。对于插口无小台管材，胶圈以打至距插口边缘10～20mm为止，防止胶圈掉入管缝。

（3）填打胶圈质量要求

1）胶圈压缩率符合规定；

2）胶圈填至小台，距承口外缘的距离相同；

3）无"麻花"、"凹兜"、"闷鼻"等现象。

（二）密封填料部分

1．石棉水泥填料

石棉水泥接口应用较为广泛，操作简便，价格较低。

（1）材料的配比与拌制

石棉在填料中主要起骨架作用，改善刚性接口的脆性，有利接口的操作。所用石棉应有较好柔性，其纤维有一定长度。通常使用4F级温石棉，石棉在拌合前应晒干，以利拌合均匀。

水泥是填料的重要成分，它直接影响接口的密封性、填料的强度、填料与管壁间的粘着力。作为接口材料的水泥不应低于425号，不允许使用过期或结块的水泥。

石棉水泥填料的配合比（重量比）一般为3：7，水占干石棉水泥混合重量的10%，气温较高时适当增加。

石棉和水泥可集中拌制成干料，装入桶内，每次干拌填料不应超过一天的用量。使用时随用随加水湿拌成填料，加水拌合石棉水泥应在1.5h内用完。否则影响接口质量。

（2）填打石棉水泥

在已经填打合格的油麻或橡胶圈承口内，将拌合好的石棉水泥，用捻灰錾自下而上往承口内填塞，其填塞深度，捻打遍数及使用錾子的规格，各地区有所不同，可参考表9-10选用。

石棉水泥填打方法

表 9-10

打 法 填灰遍数	管径(mm)	75～450			500～700		
		四 填 八 打			四 填 十 打		
		填灰深度	使用錾号	击打遍数	填灰深度	使用錾号	击打遍数
1		1/2	1#	2	1/2	1#	3
2		剩余的2/3	2#	2	剩余的2/3	2#	3
3		填平	2#	2	填平	2#	2
4		找平	3#	2	找平	3#	2

当接口填平嵌料与填打密封料采用流水作业时，二者至少相隔2～3个管口，以免填打嵌料时影响填打密封料的质量。

填打石棉水泥时，每遍均应按规定深度填塞均匀。用1、2号錾子时，打两遍时，贴承口打一遍，再靠插口打一遍；打三遍时，再靠中间打一遍，每打一遍，每一錾至少打击三下，錾子移位应重叠1/2～1/3。最后一遍找平时，用力稍轻，填料表面呈灰黑色，并有较强回弹力。

管径小于300mm一般每个管口安排一人操作；管径大于300mm时，可两人操作。

管道试压或通水时，发现接口局部渗漏，可用剔口錾子将局部填料剔除，剔除深度以见到嵌缝油麻、胶圈为止。然后淋湿，补打石棉水泥填料。

（3）石棉水泥接口的冬季施工

1）气温低于-5℃以下，不宜进行石棉水泥接口，必须进行接口时，可采取保温措施。

2）在负温度下需要刷管口时，宜用盐水。

3）在负温度下拌合石棉水泥时，采用热水，其水温不得超过50℃，装入保温桶运至现场使用。

4）石棉水泥口填打合格后，可用加盐水拌合粘土封口养护，同时覆盖草帘。或用不冻土回填夯实。

（4）接口的养护

石棉水泥接口填打完毕，应保持接口湿润。一般可用湿粘土糊盖接口处；夏季，可覆盖淋湿的草帘，定时洒水，一般养护24h以上。养护期间管道不准承受震动荷载,管内不得承受有压的水。

2．膨胀水泥砂浆接口

膨胀水泥在水化过程中体积膨胀,密度减小，体积增加，提高水密性和与管壁的粘结力，并产生封密性微气泡，提高接口抗渗性。

（1）材料的配比与拌制

1）水泥　接口用的膨胀水泥标号不低于400号的石膏矾土膨胀水泥或硅酸盐膨胀水泥。出厂超过三个月者，经试验证明其性能良好方可使用。自行配制膨胀水泥时，必须经过技术鉴定合格，才能使用。

2）中砂　最大粒径小于1.2mm，含泥量小于2%。

3）配合比　一般膨胀水泥：砂：水＝1：1：0.3，经试配调整后确定。

4）膨胀水泥砂浆的拌制

膨胀水泥与砂需要拌合均匀，外观颜色一致。在使用地点加水，随用随拌，一次拌合量不宜过多，应在0.5h内用完。

（2）膨胀水泥砂浆的填捣

填膨胀水泥砂浆之前，用探尺检查嵌料层深度是否正确。然后用清水湿润接口缝隙。

膨胀水泥砂浆应分层填入，分层捣实，捣实时应一錾压一錾进行，具体操作方法见表9-11的规定。

填膨胀水泥砂浆方法　　　　　　　　　　表9-11

填料遍数	填料深度	捣实方法
第 一 遍	至接口深度的1/2	用錾子用力捣实
第 二 遍	填至承口边缘	用錾子均匀捣实
第 三 遍	找平成活	捣至表面反浆，比承口凹进1～2mm，刮去多余灰浆，找平表面

（3）膨胀水泥砂浆接口的养护

接口成活后，应及时用湿草帘覆盖，2h以后，用湿泥将接口糊严，并用潮湿土覆盖。

3．青铅接口

青铅接口是铸铁管接口中使用最早的方法之一。这种材料填打以后，不需养护，即可通水。通水后发现有渗漏，不必剔除，只要在渗漏处，用手锤重新锤击，即可堵漏。目前采用铅接口较少，只有在重要部位，如穿越河流、铁路、地基不均匀沉降地段采用。

青铅选用冶标82—62的6号铅。常用工具有化铅炉、铅锅、布卡箍等。

（1）灌铅

在灌铅前检查嵌缝料填打情况，承口内擦洗干净，保持干燥。然后将特制的布卡箍或泥绳贴在承口外端。上方留一灌铅口，用卡子将布卡箍卡紧，卡箍与管壁接缝处用湿粘土抹严，以防漏铅，其装置见图9-12所示。

灌铅及化铅人员配带石棉手套、眼镜，灌铅人站在灌铅口承口一侧，铅锅距灌铅口高度约20cm，铅液从铅口一侧倒入，以便于排气。

每个铅口应一次连续灌完，凝固后，卸下布卡箍和卡子。

（2）填打铅口

首先用錾子将铅口飞刺剔除，再用铅錾捻打。打的方法：第一遍紧贴插口，第二遍紧贴承口，第三遍居中打。捻打时一錾压着半錾打，直至铅表面平滑，并凹进承口1～2mm为宜。

采用橡胶圈作为嵌料时，应先打一圈油麻，以防烧坏橡胶圈。

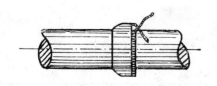

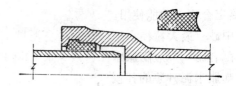

图 9-12　灌铅装置　　　　　　　图 9-13　铸铁管唇形橡胶圈接口形式

二、承插式柔性接口

刚性接口抗变性能较差，受外力作用容易使密封填料产生裂缝，造成向外漏水事故，尤其在松软地基和地震区，接口破坏率较高。因此，可采用柔性接口方式，减少漏水事故的发生。

目前国内外使用的柔性接口其密封材料多为橡胶圈。橡胶圈在接口中处于受压缩状态，起到了防渗作用

这类橡胶圈接口不同于普通铸铁管胶圈石棉水泥接口中的橡胶圈，不是靠人工打入，而是靠机械的牵引或顶推力将插口推入承口内，使橡胶圈受到压缩。如图9-13所示。

（一）承插式球墨铸铁管接口

这类管材是我国近年来引进开发的一种新型管材，广泛应用于城市给水管线工程中，球墨铸铁管与普通铸铁管相比其强度和韧性有大幅度提高。

橡胶圈柔性接口性能见表9-12。

橡 胶 圈 接 口 性 能　　　　　　　　　　　　　表 9-12

项 目　　　口 型	梯唇型接口$D=200mm$	机械接口$D=150mm$
密封折角	0～3.0MPa	0～2.2MPa
弯曲折角	在0～1.4MPa水压下5～70	在0～1.0MPa水压下55°
轴向位移	在0～1.4MPa水压下0～30mm	在0～1.4MPa水压下0～30mm
耐振性	可耐烈度9°以下地震	在1.0MPa水压下以3.5 Hz振幅6.2mm振动3min未漏

从表中看出这类接口能耐较大的弯曲变形和轴向拉伸变形，抗震性能好。施工时改善了操作工艺，节省劳力，缩短工期，而且安装以后立即可通水使用。

目前采用大连炼铁厂和邢台钢铁厂生产的球墨铸铁管居多，已有国家标准，但生产管件不配套。而且选用该种管材时应与橡胶圈配套购买。

1．安装前的准备

（1）检查铸铁管有无损坏、裂缝，承插口工作面尺寸是否在允许范围内；

（2）对承插口工作面的毛刺和杂物清除干净；

（3）橡胶圈形体完整、表面光滑，用于扭曲和拉伸，其表面不得出现裂缝；

（4）检查安装机具是否配套齐全。

2．安装步骤

滑入式橡胶圈接口操作过程如下：

（1）清理承口　清刷承口，铲去所有粘结物，并擦洗干净；

（2）清理橡胶圈　清擦干净，检查接头、毛刺、污斑等缺陷；

（3）上胶圈　把胶圈上到承口内，如图9-14所示。由于胶圈外径比承口凹槽内径稍大，故嵌入槽内后，需用手沿圆周轻轻按压一遍，使其均匀一致的卡在槽内。

（4）刷润滑剂　用厂方提供的润滑剂，或用肥皂水均匀地刷在胶圈内表面和插口工作面上。

（5）将插口中心对准承口中心　安装好顶推工具，使其就位。扳动手拉葫芦，均匀地使插口推入承口内，见图9-15所示。

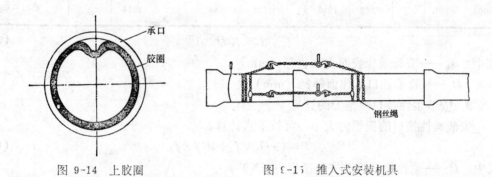

图 9-14　上胶圈　　　　　　　　图 9-15　推入式安装机具

（6）检查　插口推入位置应符合规定，有的厂方生产管材，在插口端部标出推入深度标志，若无标志，施工时画一标志，以便于推入时掌握。安装完毕，用一探尺伸入承插口间隙中，确定胶圈位置是否正确。

（二）预（自）应力钢筋混凝土管接口

目前国内生产的预（自）应力钢筋混凝土管多为承插式接口形式，采用橡胶圈为密封材料。图9-16及表9-13为北京某水泥管厂生产预应力钢筋混凝土管规格及尺寸。

1．橡胶圈截面直径的选择

$$d = \frac{E}{1-\rho} \cdot \frac{1}{\sqrt{K}} \qquad (9-1)$$

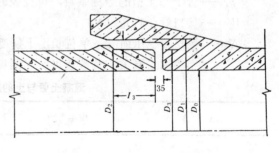

图 9-16　预应力管口大样

式中　d——橡胶圈伸长前直径（mm）；

　　　E——管子接口环向间隙（mm）；

　　　K——胶圈的环径系数，常温施工，一般在0.85～0.90之间；

　　　ρ——胶圈压缩率，铸铁管取34～40％之间；预应力、自应力混凝土管取35～45％。

2．橡胶圈内环直径的选择

一阶段预应力混凝土管						"O"型橡胶圈				
公称内径 D_0 (mm)	承 口			插 口			截面直径 d (mm)	公差 (mm)	环内径 d_1 (mm)	公差 (mm)	压缩率 ρ (%)
	内径 D_1 (mm)	公差 (mm)	外径 D_2 (mm)	外径 D_3 (mm)	公差 (mm)	长度 L_1 (mm)					
600	724	+1.5	710	700	±0.8	95	24		630		45.2~53.8
800	944	-1.0	920	910		95	24		828		45.2~53.8
1000	1166		1144	1130		95	26	±0.5	1026	±5	44.6~53.5
1200	1386	+2.0	1360	1348	±1.3	95	26		1422		44.6~53.5
1400	1608	-1.0	1580	1568		95	28		1620		44.1~54.1
1600	1838		1808	1794		115	30		1818		44.5~53.8
2000	2296		2262	2245		135	34		2014		45.1~53.4

$$d_1 = KD_2 \tag{9-2}$$

式中　d_1——安装前橡胶圈内环直径（mm）；

　　　D_2——管子插口工作面外径（mm）。

　3. 安装柔性接口顶推力的计算

　　安装柔性接口的顶推力大小，可按下式计算。

$$P = (\pi D_1 N f_2 + W f_3) f_1 \tag{9-3}$$

式中　P——柔性接口管道安装顶推力（N）；

　　　D_1——承口工作面内径（mm）；

　　　f_1——施工机具的摩擦系数，可取1.2；

　　　f_2——胶圈与混凝土的摩擦系数，一般为0.2~0.3；

　　　f_3——管子与土槽的摩擦系数，可查表9-14；

　　　W——接口管子自重（N）；

　　　N——橡胶圈受压缩时，单位长度上所受的垂直力。此压力与胶圈直径、硬度、压缩率等因素有关，其数值可实际测得。

混凝土管与土的摩擦系数　　　　　　　表 9-14

土的种类	摩擦系数	土的种类	摩擦系数
干的细砂	0.64	粘　土	0.3
湿的细砂	0.32	砂　砾	0.44
亚粘土	0.51		

　　N的求法　通过在压力机上对所选用的胶圈作压力试验，测出胶圈压缩率ρ与每cm长胶圈受的垂直压力值N之间的相关数据，绘出以ρ为横坐标，N为纵坐标关系曲线

　4. 柔性接口安装方法

　　安装方法应按管径大小、施工条件、机具状况和工人操作习惯等因素，各地采用方法

各异。归纳为推和拉两大类别。

预应力混凝土管下管以后，在承口就位后挖一工作坑，工作坑尺寸视管径大小，安装工具而定，一般管子承口前≥60cm，承口后大于承口斜面长度，承口下部挖深≥20cm，管子左右宽≥40cm，如图9-17所示。

安装程序：清洗管口和胶圈→上胶圈→初步对口找中心和高程→装顶推设备→开始顶进插口→随时用探尺检查胶圈位置直至就位→移动顶推设备。

下面介绍几种顶进方法

（1）撬管法

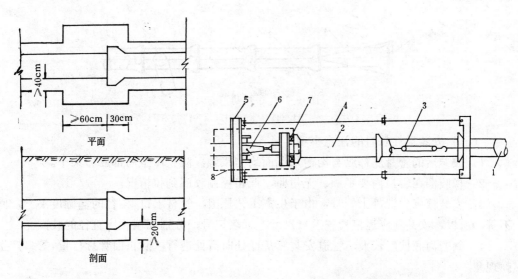

图 9-17　接口工作坑　　　　　图 9-18　千斤顶安装法

1—已装好管子；2—待装管子；3—吊链；4—钢筋拉杆；
5—后背；6—千斤顶；7—顶木；8—小车

将待安装的管子插口对准已安装好承口，套上胶圈。然后在待安装的管子承口端用方木和撬棍把插口推向前一节管子承口内。这种方法适用于管径75～200mm小口径管道的安装。其特点操作简便。安装后的管道立即回填部分土方，防止胶圈回弹。

（2）千斤顶安管法

其装置如图9-18所示。先将胶圈套在插口上，用起重设备吊起管子，向已装好的管子承口处对口，然后安装拉杆4与千斤顶小车后背工字钢5连接牢，徐徐开动千斤顶，将待装管子2顶入已装好的管子承口内。

安装时注意事项

1）管子吊起时不宜过高，稍离沟底即可，有利于使插口胶圈准确地对入承口内；

2）利用边线法调整管身，使管子中心符合设计要求；

3）检查胶圈与承口接触是否均匀，发现不均匀处，可用錾子捣去，以使均匀进入承口；

4）千斤顶顶推着力点应在管子的重心点上，约为1/3管子高度处。

这种方法，安装设备简单，易于操作，劳动强度小。适用于较大口径管道的安装。

为了避免新安装管道回弹，可用吊链 3 与安装好的管子连锁拉紧。

（3）手拉葫芦安装法

其装置如图9-19所示。管径较小可设一台手拉葫芦（吊链），放置在管顶处；管径较大时可设 2 台，放置在管的两侧。

钢丝绳 1 锁在已安装好管子前3～4节处，防止后背走动，将已安装好的管口拔出。利用手拉葫芦的上钩与后背钢丝绳 1 连接，手拉葫芦下钩与钢筋拉杆 3 连接，并连动横铁 5 移动。

安装时，操作手拉葫芦链条，带动横铁 5，将待安装的管子 4 进入承口内，直至胶圈就位为止。

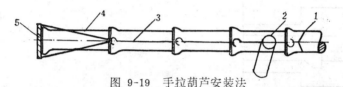

图 9-19　手拉葫芦安装法
1—后背钢丝绳；2—手拉葫芦；3—拉杆；4—待安装管；5—横铁

（三）安装柔性接口的注意事项

1. 安装后的管身底部应与沟槽基础面均匀接触，防止产生局部应力集中。

2. 橡胶圈在管口内要平顺、无扭曲，严格控制胶圈到位情况。

3. 安装预应力混凝土管时，由于生产工艺原因，管材承口内径的椭圆度不一，间隙不等，所以，安装前应逐根检查承口尺寸，标名记号，分别配制相应直径的胶圈。

4. 倘若沟底坡度较大，管道安装应从低处向高处进行，防止因管身自重，管口产生回弹现象。

5. 柔性接口一般不作封口，可直接还土。但遇下列情况时应封管口。

（1）有侵蚀性地下水或土层；

（2）明装管道，因日光照射影响胶圈寿命；

（3）在埋设管道周围有树根或其它杂物。

三、钢管接口

钢管的连接方法有焊接、法兰和丝接。其中焊接又分电焊和气焊两种。

在施工现场，钢管的焊接常采用手工电弧焊。

（一）手工电弧焊

1. 坡口形式及焊缝尺寸

钢管焊接时，采用坡口的目的，为了保证焊缝质量。坡口形式如设计无规定，可参照表9-15所示。

焊缝为多层焊接时，第一层焊缝根部必须均匀焊透，并不应烧穿，每层焊缝厚度一般为焊条直径的0.8～1.2倍。各层引弧点应错开。焊缝表面凸出管皮高度1.5～3.0mm，但不大于管壁厚的40%。

2. 对口和定位点焊

对口是组焊的一个工序，是接口焊接的前期工作。

对口工作包括管节尺寸检查、调整管子纵向焊缝间的位置，校正对口间隙尺寸，错位

	电弧焊管端坡口各部尺寸（mm）			表 9-15

坡口形式	壁 厚 t	间 隙 b	钝 边 P	坡口角度 a(°)
	4～9	1.5～2.0	1.0～1.5	60～70
	10～26	2.0～3.0	1.5～4.0	60±5

找平等内容。对好口以后再进行定位点焊。

对口允许错口量见表9-16。

	焊接管口间隙和错位允许值			表 9-16
管壁厚度(mm)	4～5	6～8	9～10	11～14
对口间隙(mm)	2.0	2.0	3.0	3.0
错口偏差(mm)	0.5	0.7	0.9	1.5

定位点焊应符合下列要求

（1）点焊所用的焊条性能，应与焊接所采用的相同；

（2）点焊焊缝的质量应与焊缝质量相同；

（3）钢管纵向焊缝处，不得进行点焊；

（4）点焊厚度应与第一层焊缝厚度相同，其焊缝根部焊透，点 焊 长度和间距可参照表9-17。

	钢管点焊长度及点数	表 9-17
公称直径	点焊长度(mm)	点 数
200～300	45～50	4
350～500	50～60	5
600～700	60～70	6
800以上	80～100	间距400mm左右

（5）点焊后的焊口不得用大锤敲打，若有裂缝应铲掉重焊。

3．焊接操作

依据焊条与管子间的相对位置有平焊、立焊和仰焊。平焊易于操作，仰焊操作困难，要求技术高。施工时，应尽量在沟槽上面采用滚动平焊法，组焊成管段，然后再下至沟槽内，以减少在沟槽内的焊接工作量，有利于保证焊缝质量和提高工效。

（1）焊接电流的选择

合理选择电流非常重要，电流过小，电弧不稳定，易造成夹渣或未焊透等缺陷；电流过大，容易产生咬边和烧穿等缺陷。

焊接电流的大小，主要依据焊条直径和焊缝间隙。其平焊可按下式计算

$$I = Kd \qquad (9-4)$$

式中　I——焊接电流（A）；

d——焊条直径（mm）；

K——与焊条直径有关的系数，见表9-18。

不同焊条直径的K值　　　　　　　　　　　　　　表 9-18

d(mm)	1.6	2～2.5	3.2	4～6
K	15～25	20～30	30～40	40～50

立焊电流值应比平焊小15～20%；仰焊比平焊电流小10～15%。焊件厚度大，取电流大限值。

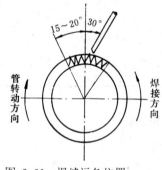

图 9-20　焊缝运条位置

（2）钢管转动焊接操作

钢管转动焊在焊接过程中绕管纵轴转动，可避免仰焊。

转动焊其运条范围宜选择在平焊部位，即焊条在垂直中心线两边各15～20°范围运条。而焊条与垂直中心线的夹角呈30°角，如图9-20所示。若焊接小管径的接口可单方向平焊完成；中等管径每层施焊方向应当相反，焊接起始点应错开；大的管径应采用分段退焊法，每段焊缝长度为200～300mm。

（3）钢管固定焊接操作

当管径较大，不便转动时应用固定焊接法，固定焊接程序：先仰焊→立焊→平焊。并应从管子两侧同时焊接。

焊接中的仰、立、平三种位置焊接质量的关键是处理好各种位置上的焊缝接头。

（4）焊缝常见缺陷

1）没有焊透　产生的原因可能坡口开得不恰当、钝边太厚、对口间隙过小、运条速度过快、电流偏小，焊条选用不当等。

2）气孔　产生的原因可能运条速度过快，焊条摆动不对，焊接表面有油脂等脏物，或因电流过大、焊条潮湿等所致。

3）夹渣　产生原因可能在多层焊接时，焊渣清除不干净，焊条摆动不当，熔化金属粘度大等。

4）咬边　产生原因可能是电流过高、焊条摆动不当、电弧过长等。

5）裂缝　产生原因主要由于热应力集中、冷却太快、焊缝含硫、磷等杂质。

6）焊缝表面残缺　即焊缝尺寸、宽度、高度不一致，焊缝不直或有焊瘤。

（二）焊接质量检查

1.焊前的检查　各种焊接材料必须有质量合格证，焊卡对口质量符合规定要求，焊接操作者必须执有合格证。

2．焊接中的检查　焊接操作者对夹渣、未焊透等缺陷加强自检，防止缺陷的形成。

3．焊后成品检查

（1）外观检查　外观检查包括焊缝尺寸、咬边、焊瘤、气孔、夹渣、裂纹等。发现存在上述缺陷，均应重新补焊。

（2）致密性检查

1）油渗检验　在焊缝的一面涂白垩粉水溶液，待干燥后，再在焊缝另一面涂煤油，检验停留时间15～30min，如在白垩粉一面出现油斑时，说明焊缝有裂纹。检查原因，采取补救措施。

2）超声波探伤　采用脉冲反射式探伤仪检查焊缝质量。

3）水压或气压试验　它是在管道全部焊接以后，进行最后一步检查，其试验方法及标准见本章第六节。

（三）电弧焊的安全技术

1．预防触电

通过人体电流大小，引起对人体的伤害程度有所不同，当电流超过0.02～0.025A时对生命就有危险。40V电压对人体可构成危险。而焊机的空载电压一般在60V以上，因此焊接操作人员必须十分注意防止触电。

（1）焊机应配备继电保护装置。

（2）焊接作业前，检查设备是否完好，如外壳接地、触点接触状况等。

（3）下入沟槽或管内作业时，其照明应使用36V以下的安全灯。

（4）保险丝应和焊机容量相匹配。

（5）焊接人员必须穿戴好工作鞋、绝缘手套等防护用品。

2．预防电弧光的伤害

焊接产生的电弧光强度比眼睛能安全忍受的光线要强得多，电弧辐射还产生大量的眼睛看不见的紫外线，这些不可见的光线对人的眼睛和皮肤有害。所以应有防护措施。

（1）焊接时必须戴防护面罩，人不得直视正在施焊部位。

（2）焊接作业人员应穿白色帆布工作服和护脚面布，以防灼伤皮肤。

（3）焊接作业人员引弧时注意防止伤害他人。

3．防止飞溅焊渣灼伤

电弧焊时，由于溶化金属飞溅，容易产生灼伤和火灾，特别在仰焊或风力较大时尤其应注意。

仰焊作业操作人员穿戴工作服，不应将上衣工作服束在裤腰内，裤脚不应翻卷。

焊接场地不应有木屑、油脂和其它易燃物。

（四）钢管的防腐

金属在有水和空气的环境中，就会氧化而生成铁锈，失去金属特性。这是管材发生的外腐蚀。管道输送的水具有一定的侵蚀性时，也会发生内腐蚀。

钢管的防腐，就是采取必要的手段，防止金属腐蚀的措施，延长管材使用寿命。

埋在土壤中的钢管，引起腐蚀的原因包括化学腐蚀和电化学腐蚀。

化学腐蚀是由于金属和四周介质直接相互作用发生置换反应而产生的腐蚀，生成氢氧化物。这种氢氧化物易溶于水，当制作管材的金属为活泼性金属，即容易腐蚀。如铁的腐蚀作用，首先是由于空气中的二氧化碳溶解于水，变成碳酸和溶解氧，使铁生成可溶性的酸式碳酸盐$Fe(HCO_3)_2$，然后在氧的氧化作用下变成$Fe(OH)_2$。

土壤中的某些细菌和金属管道的腐蚀有关，当土壤的pH值、温度和电阻率有利于某些细菌繁殖时，细菌就起腐蚀作用。

电化学腐蚀是由于金属本身具有的电极电位差而形成腐蚀电池。如钢管的焊缝熔渣和本管体金属之间，电位差可能高达0.275V。

另外城市地下存在杂散电流对管道的腐蚀，这是一种外界因素引起的电化学腐蚀的特殊情况，其作用类似于电解过程。

钢在土层中被腐蚀的情况归纳如下：

低电阻率土层，腐蚀性弱；

透气性良好的土层，开始腐蚀性强，但后来减弱很快；

透气性、排水性不良的土层腐蚀性大；

有厌气细菌在其中繁殖的土层，其腐蚀更快。

为了防止腐蚀，必须不使金属与电解质接触，或者金属表面不形成电位差。防腐的途径，前者采用涂裹绝缘层的方法，后者采用电气防腐法——阴极保护。

1. 涂裹（覆盖）防腐蚀法

覆盖防腐层施工，包括除锈→涂底漆→刷包防腐层。

（1）除锈

1）机械处理

a. 手工除锈　利用钢丝刷、砂纸等将管道表面上的铁锈、氧化皮除去。这种方法适用于小型少量钢管。对于出厂时间较短的管材表面氧化皮，一般不必清除。

b. 喷砂除锈　依靠压缩空气射流将研磨材料喷到金属表面上，去除金属表面铁锈。研磨材料有石英砂、钢砂、钢球等。施工现场常用石英砂，粒径0.5～1.0mm，砂粒要清洁、干燥。

喷砂除锈的优点是除锈效率高，而且彻底，工作表面较粗糙，有利于防腐层的附着。喷砂的最大缺点是工作环境差、噪声大。喷砂人员要戴防尘口罩、防护眼镜等。

为了克服上述缺点，可采用湿喷砂法，即在喷砂嘴处加水，砂与水同时进入喷嘴混合，水与砂的比例约为1∶2。可获得较好的喷砂效果。

喷砂用的压缩空气要经过油水分离器，压力在0.4～0.6MPa。喷砂时，喷嘴与工件之间呈50～70°夹角，并保持100～200mm的距离。

2）化学处理

化学处理是用酸液溶解管外壁的氧化皮、铁锈的方法。酸液可用醋酸、硫酸、盐酸、硝酸和磷酸等。

无机酸作用力强，除锈速度快，而且价格低，倘若控制不好，会造成对金属的过度腐蚀。有机酸的作用缓和，不致对金属造成过度腐蚀，酸洗后不易重新生锈，但酸洗成本较高。

硫酸对金属的腐蚀性最大，而且应用也广泛。硫酸浓度为25%时，腐蚀过度最快。使用中控制硫酸浓度为5～15%左右，温度达到50～70℃时，酸洗效果更好。酸洗时间10～40min。配制硫酸溶液时，应先将水置于容器内，然后慢慢倒入硫酸。切不可把水往硫酸中倒。

（2）钢质外防腐层的结构与施工

埋在地下的钢管，因受到土壤中的酸、碱、盐类，地下水和杂散电流等的腐蚀，因此，需要在管道外壁覆盖防腐层。防腐层的结构应根据土壤腐蚀等级参照表9-19确定。

土壤特性与防腐等级对照表 表 9-19

土壤腐蚀等级	电阻率（Ω·m）	含盐量（%）	含水率（%）	防腐等级
一般性土壤	>20	<0.05	<5	普通
高腐蚀性土壤	5～20	0.05～0.75	5～12	加强
特高腐蚀性土壤	<5	>0.75	>12	特加强

管道穿越河道、公路、铁路、山洞、盐、碱沼泽地，靠近电气铁路地段等处，一般用加强防腐层；穿越电气铁路的管道采用特加强防腐层。

1）防腐层的结构

按照表9-20，防腐层划分为普通防腐层、加强防腐层和特加强防腐层三种，其结构见表9-20所列。

钢质管道外防腐层结构 表 9-20

材料种类	普 通 级 结 构	厚 度（mm）	加 强 级 结 构	厚 度（mm）	特 加 强 级 结 构	厚 度（mm）
石油沥青涂料	1.底漆一层 2.沥青 3.玻璃布一层 4.沥青 5.玻璃布一层 6.沥青 7.聚氯乙烯工业薄膜一层	每层涂料均匀分布总厚度不小于4.0	1.底漆一层 2.沥青 3.玻璃布一层 4.沥青 5.玻璃布一层 6.沥青 7.玻璃布一层 8.沥青 9.聚氯乙烯工业薄膜一层	每层涂料均匀分布总厚度不小于5.5	1.底漆一层 2.沥青 3.玻璃布一层 4.沥青 5.玻璃布一层 6.沥青 7.玻璃布一层 8.沥青 9.玻璃布一层 10.沥青 11.聚氯乙烯工业薄膜一层	每层涂料均匀分布总厚度不小于7.0
环氧煤沥青涂料	1.底漆一层 2.面漆 3.面漆	每层涂料均匀分布总厚度不小于0.2	1.底漆一层 2.面漆 3.玻璃布一层 4.面漆 5.面漆	每层涂料均匀分布总厚度不小于0.4	1.底漆一层 2.面漆 3.玻璃布一层 4.面漆 5.玻璃布一层 6.面漆 7.面漆	每层涂料均匀分布总厚度不小于0.6

2）石油沥青外防腐层施工

a. 材料选用 沥青应选用10号建筑石油沥青；玻璃布应选用干燥、脱脂、网状平纹的玻璃布；外包保护层应选用厚0.2mm的聚氯乙烯工业薄膜。

　　b. 涂刷底漆　底漆涂刷前管子表面应清除油垢、铁锈、灰渣，基面必须干燥，除锈后的基面与涂底漆的间隔时间不宜超过8h。涂刷时保持均匀、饱满、不得有凝块、起泡等缺陷。厚度约为0.1～0.2mm，管子两端150～250mm范围内不涂刷，待管口焊接后再做防腐层。

　　c. 涂包防腐层　沥青熬制温度控制在230℃左右，最高不宜超过250℃，防止焦化，注意搅拌，熬制时间不大于5h。涂刷沥青应在未受沾污、已干燥的底漆上，常温下沥青涂刷温度宜在200～220℃，不应低于180℃，每层厚度为1.5mm。涂沥青后应立即缠绕玻璃布，缠绕时应紧密、无褶皱，玻璃布的压边宽度为30～40mm；接头搭接长度为100～150mm。上下两层接缝应错开。

　　管端或施工中断处应留出长200mm左右，不涂防腐层，其留茬为阶梯形。

　　沥青涂料温度低于100℃以后再包扎聚氯乙烯工业薄膜，包扎时不应有褶皱、脱壳现象，压边宽度为30～40mm。

　　3）环氧煤沥青外防腐层施工

　　环氧煤沥青应选用双组份，常温固化型的涂料，按照产品说明书规定比例将甲、乙组份混合拌匀，使用前熟化30min，配好的涂料应在规定时间内用完。

　　a. 涂刷底漆　涂底漆前管子表面应清除灰渣、铁锈并保持干燥，应在表面除锈后8h之内涂刷底漆。并须均匀，不得有漏刷、起泡等现象。

　　b. 涂包防腐层　面漆涂刷和包扎玻璃布，应在底漆表面干燥后进行，但底漆与第一道面漆涂刷的间隔时间不宜超过24h。普通级防腐层第一道面漆实干后即可涂第二道面漆。加强级防腐层涂第一道面漆后即可缠绕玻璃布，缠绕方法和要求与石油沥青防腐层作法相同，玻璃布缠绕后即可涂第二道面漆，第二道面漆干后再涂第三道面漆。特加强级防腐层依上述顺序进行，但两层玻璃布的缠绕方向应相反。

　　4）外防腐层雨、冬季施工

　　环境温度低于10℃时，不宜采用环氧煤沥青涂料；环境温度低于5℃，采用石油沥青涂料时，应采取冬季施工措施，环境温度低于-25℃时，不宜进行外防腐层施工。冬期气温等于或小于沥青脆化温度时，不应起吊、运输和铺设。

　　不应在雨、雪以及五级以上大风中露天作业。涂好后的石油沥青防腐层，不宜在炎热夏季受阳光直接照射。

　　5）外防腐层施工质量与检查验收

　　外防腐层施工质量应符合表9-21所列规定。其检查项目有：

　　a. 外观检查　按工序进行，检查涂抹质量，有无不均匀，产生气泡、褶皱等缺陷。

　　b. 厚度检查　每隔一段距离检查一处防腐层厚度，每处沿管周围检查点数不少于4个，其中有疑问的地方，应增加检查点。

　　c. 粘附性检查　在管道防腐层上，切口撕开，其防腐层不应成层剥落。

　　d. 绝缘性检查　必要时用电火花检漏仪检测，其电压值见表9-21所示。

　　检查出的问题和在检查中损坏的部位，在管道回填土之前修补好。

　　（3）钢质内防腐层结构与施工

　　钢质管道内层防腐常采用水泥砂浆作为防腐层。其材料的选用应符合下列规定：

　　1）不能用对管道及饮用水水质造成腐蚀或污染的材料，使用外加剂时，其掺量经试

材料种类	等级	检 查 项 目			
		厚度（mm）	外观	绝缘性	粘附性
石油沥青涂料	普通	≥4.0	涂层均匀、无褶皱、气泡、凝块	18kV	用电火花检漏仪检查	以夹角45~60°边长40~50mm的切口，从角尖端撕开防腐层，首层沥青层应100%的粘附在管道的外表面
	加强	≥5.5		22kV	
	特加强	≥7.0		26kV	
环氧煤沥青涂料	普通	≥0.2		2kV	无打火花现象	以小刀割开一舌形切口，用力撕开切口处的防腐层，管道表面仍为漆皮所覆盖，不得露出金属表面
	加强	≥0.4		3kV	
	特加强	≥0.6		5kV	

验决定；

2）应选用坚硬、洁净、级配良好的天然砂，其含泥量不大于2.0%，砂最大粒径不大于1.19mm或14目，使用前应筛洗；

3）水泥应选用大于425号的硅酸盐水泥、普通硅酸盐水泥或矿渣硅酸盐水泥。

水泥砂浆内防腐层施工的注意事项：

1）施工前先将管道内壁的浮锈、氧化铁皮、焊渣、油污彻底清洗干净；

2）水泥砂浆内防腐层施工，可采用机械喷涂、人工抹压、离心预制法施工。采用预制法时，注意在运输、安装、还土过程中，防止损坏水泥砂浆内防腐层；

3）采用人工抹压法时，应分层抹压并留有搭茬；

4）水泥砂浆内防腐层成型后，必须立即将管口封堵，防止形成空气对流，水泥终凝后进行喷水潮湿养护；

5）水泥砂浆内防腐层的施工质量，应符合有关规定。

2．阴极保护法

阴极保护法是从外部设一直流电源，由于阴极电流的作用，将管道表面上下不均匀的电位消除，即不产生腐蚀电流，达到金属管道不受腐蚀之目的。

从金属管道流入土壤的电流称为腐蚀电流。从外面流向金属管道的电流称为防腐蚀电流。阴极保护原理如图9-21所示。将一直流电源的负极与金属管道相接，直流电源的正极与一辅助阳极相连，通电后，电源给管道以阴极电流，管道的电位向负值方向变化。当电位降至阴极起始电位时，金属管道的阳极腐蚀电流等于零，管道就不受腐蚀。

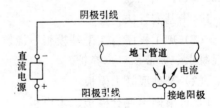

图 9-21　阴极保护原理图

阴极保护中的阳极所用材料有石墨、高硅铁、普通钢管等。阳极埋设地点可选在地下水位较高、潮湿低洼、电阻率小于30Ω·m处。阳极钢管可成排打入土中，再将阳极钢管上端用钢筋连成一体，再与电源阳极相接。

第三节 重力流管道接口施工

一、管道基础和管座

合理设计管道基础，对于排水管道使用寿命和安装质量有较大影响。在实际工程中，有时由于管道基础设计不周，施工质量较差，发生基础断裂、错口等事故。

重力流管道一般指排水管道而言。由于管内压力小，所用管材多采用混凝土管和钢筋混凝土管，其接口方式有刚性和柔性两大类。

管道基础一般采用混凝土通基。通基是沿管道长度方向连通浇筑的混凝土基础，适用各种混凝土管铺设。

管道设置基础及管座的目的，在于减少管道对地基的压强，同时也减少地基对管道的作用反力。前者不使管子产生沉降，后者不致压坏管材。并使下部管口严密、防止漏水。

试验证明，管座包的中心角越大，地基所受单压量越小，其管子所受反作用也越小，否则相反。通常管座包角分为90°、135°、180°和360°（全包）四种。如图9-22所示。

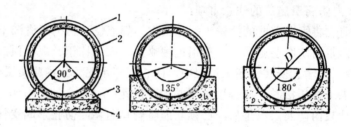

图 9-22 混凝土基础与管座

1—水泥砂浆抹带；2—混凝土管；3—管座；4—平基

二、安管方法

根据管径大小，施工条件和技术力量等情况可归纳为三种安管方法：即平基法，垫块法和"四合一"法。

1. 平基安管法

（1）施工程序 支平基模板→浇筑平基混凝土→下管→稳管→支管座模板→浇筑管座混凝土→抹带接口→养护。

（2）基础混凝土模板

1）可用钢木混合模板、木模板、土质好时也可用土模。有可能也可用15×15cm方木代替模板。

2）模板制作应便于分层浇筑时的支搭，接缝处应严密，防止漏浆。

3）模板沿基础边线垂直竖立，内打钢钎，外侧撑牢。

（3）浇筑平基时的注意事项

1）浇筑平基混凝土之前，应进行验槽。

2）验槽合格后，尽快浇筑混凝土平基，减少地基扰动的可能性。

3）严格控制平基顶面高程。

4）平基混凝土抗压强度达到5MPa以上时，方可进行下管，其间注意混凝土的养护。

遇有地下水时不得停止抽水。

（4）安管施工要点

1）根据测量给定的高程和中心线，挂上中心和高程线，确定下反常数并做好标志；

2）在操作对口时，将混凝土管下到安管位置，然后用人工移动管子，使其对中和找高程，对口间隙，管径≥700mm按10mm控制，相邻管口底部错口应不大于3mm；

3）稳好后的管子，用干净石子卡牢，尽快浇筑混凝土管座。

（5）浇筑管座时的注意事项

1）浇筑混凝土之前，平基应冲洗干净，有条件应凿毛；

2）平基与管子接触的三角区应特别填满捣实；

3）管径＞700mm，浇筑时应配合勾捻内缝；管径＜700mm，可用麻袋球或其他工具在管内来回拖拉，将渗入管内的灰浆拉平。

2. 垫块安管法

按照管道中心和高程，先安好垫块和混凝土管，然后再浇筑混凝土基础和管座。用这种方法可避免平基和管座分开浇筑，有利于保证接口质量。

（1）施工程序

安装垫块→下稳管→支模板→浇筑混凝土基础与管座→接口→养护。

（2）安管注意事项

1）在每节管下部放置两块垫块，设置要平稳，高程符合设计要求；

2）管子对口间隙与稳平基法相同；

3）管子安好后一定要用石子将管子卡牢，尽快浇筑混凝土基础和管座；

4）安管时，防止管子从垫块上滚下伤人，管子两侧设保护措施。

（3）浇筑混凝土管基时注意事项

1）检查模板尺寸、支搭情况，并在浇筑混凝土前清扫干净；

2）浇筑时先从管子一侧下灰，经振捣使混凝土从管下部涌向另一侧；再从两侧浇筑混凝土，这样可防止管子下部混凝土出现漏洞；

3）管子底部混凝土要注意捣密实，防止形成漏水通道；

4）钢丝网水泥砂浆抹带接口，插入管座混凝土部分的钢丝网位置正确，结合牢固。

3. "四合一"施工法

在混凝土施工中，将平基、安管、管座、抹带4道工序连续进行的做法，称为"四合一"施工法。这种方法安装速度快，质量好，但要求操作熟练。适用于管径500mm以下管道安装，管径大，自重就大，混凝土处于塑性状态，不易控制高程和接口质量。

（1）施工程序

验槽→支模→下管→"四合一"施工→养护。

（2）"四合一"施工

1）根据操作需要，支模高度略高于平基或90°基础面高度。因"四合一"施工一般将管子下到沟槽一侧压在模板上，如图9-23所示，所以模板支设应特别牢固。

2）浇筑平基混凝土坍落度控制在2～4cm，浇筑平基混凝土面比平基设计面高出2～4cm；在稳管时轻轻揉动管子，使管子落到略高于设计高程，以备安装下一节时有微量下沉。当管径≤400mm，可将平基与管座混凝土一次浇筑。

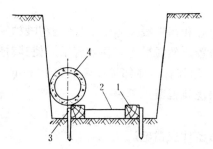

图 9-23 "四合一"支模排管示意图
1—方木；2—临时撑杆；3—铁钎；4—管子

3）安装前先将管子擦净，管身湿润，并在已稳好管口部位铺一层抹带砂浆，以保证管口严密性。然后将待稳的管子滚到安装位置，用手轻轻揉动，一边找中心，一边找高程。达到设计要求为止。当高程偏差大于规定时，应将管子撬起，重新填补混凝土或砂浆，达到设计要求。

4）浇筑管座混凝土，当管座为135°、180°包角时，平基模板与管座模板分两次支设时，应考虑能快速组装，保证接缝不漏浆。

若为钢丝网水泥砂浆抹带时，注意钢丝网位置正确。管径较小，人员不能进入管内勾缝时，可用麻带球将管口处的砂浆拉平。

5）当管座混凝土浇筑完毕，应立即抹带，这样可使管座混凝土与抹带砂浆结合成一体。但应注意抹带与安管至少相隔2～3个管口，以免稳管时影响抹带的质量。

三、管道接口

管道接口种类较多，下面介绍几种常用管道接口形式

（一）水泥砂浆抹带

1．材料及其配比

水泥　采用≥325号普通硅酸盐水泥。

砂子　经过2mm孔径筛子过筛，含泥量小于2%。

配合比　水泥：砂子＝1：2.5。

水灰比　小于0.5。

2．抹带工具

一般接口不带钢丝网，接口抹成弧形，如图9-24所示。需要特制成弧形抹子。其尺寸见表9-22。

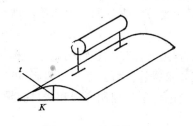

图 9-24　弧形抹子

弧形抹子尺寸（mm）　　　　　　表 9-22

管径（mm）	带宽 K	带厚 t
200～1000	120	30
1100～1640	150	30

3．抹带操作施工

（1）抹带前将管口洗刷干净，并将管座接茬处凿毛，在管口处刷一道水泥浆。

（2）管径大于400mm可分二层完成，抹第一层砂浆时，注意找正管缝，厚度约为带厚1/3，压实表面后划成线槽，以利与第二层结合。

（3）抹第二层时用弧形抹子自下往上推抹，形成一个弧形接口，初凝后可用抹子赶光压实。应对管带与基础相接三角区混凝土振捣密实。

（4）管带抹好后，用湿纸袋覆盖，3～4h以后，洒水养护。

（5）管径≥700mm，进入管内勾内管缝，压实填平。勾缝应在管带水泥砂浆终凝后进行。

（6）冬季进行抹带时，应遵照冬季施工要求进行，抹好管带采取防冻养护措施。

（二）钢丝网水泥砂浆抹带

增加钢丝网是为了加强管带抗拉强度，防止产生裂缝，广泛用于污水管道接口，其构造如图9-25所示。

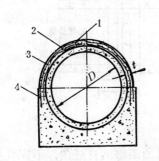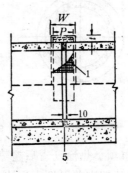

图 9-25 钢丝网水泥砂浆抹带

1—钢丝网；2—下层水泥砂浆；3—上层水泥砂浆；4—插入管座钢丝网；5—水泥砂浆捻口

1. 材料

水泥砂浆成份、配比与上述接口相同。

钢丝网规格一般采用20#镀锌铁丝，网孔为10×10mm的孔眼。再剪成需要宽度和长度。

2. 抹带操作要点

钢丝网水泥砂浆外形为一梯形，其宽度$W=200$mm，厚度$t=25$mm。具体操作如下：

（1）抹带前将管口擦洗干净，并刷一道水泥浆；

（2）抹第一层砂浆与管壁粘牢、压实、厚度控制在15mm左右，再将两片钢丝网包拢使其挤入砂浆中，搭接长度大于100mm，并用绑丝扎牢；

（3）抹第二层砂浆时，需等第一层砂浆初凝后再进行，并按照抹带宽度、厚度用抹子抹光压实；

（4）抹带完成后，立即覆盖湿纸养护。炎热夏季应覆盖湿草帘。

（三）沥青麻布（玻璃布）接口

属于柔性接口，具有抗弯、抗折等优点，适用于无地下水，地基不均匀沉降不严重的污水管道。

1. 接口材料

利用30#石油沥青、汽油和麻布（厚度0.2mm）。将麻布（玻璃布）浸入冷底子油内，颜色一致，再晾干，截成需要宽度。

2. 接口操作重点

（1）熬制石油沥青，温度控制在170～180℃。

（2）操作程序 管口刷洗干净、晾干→涂冷底子油→作四油三布防水层→用铅丝捆牢→浇筑基础混凝土后勾管缝。如图9-26所示。

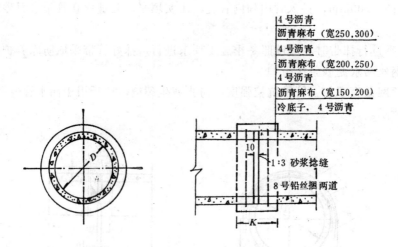

4号沥青
沥青麻布（宽250,300）
4号沥青
沥青麻布（宽200,250）
4号沥青
沥青麻布（宽150,200）
冷底子, 4号沥青

10
1:3 砂浆捻缝
8 号铅丝捆两道

图 9-26 沥青麻布接口

（3）注意事项 热涂沥青后趁热贴布，用油刷将沥青赶匀，不应有折皱。在管口缝两侧分别用8#铅丝捆牢并用沥青涂抹。防止锈蚀。

第四节 管道浮沉法施工

当管线穿越河道，采用水下开槽、利用漂浮法运管，然后将管内充水，下沉就位，恢复河床等过程，称为管道浮沉法施工。

一、水下开槽

水下开槽可用挖泥船作业或采用拉铲开挖。开挖前在两岸设立固定中心标志，控制挖槽的轴线，边挖槽边测水深和槽宽，挖出一段以后，由潜水员进行水下检查，是否符合设计要求高程和底坡。

河面较宽时，可在两岸架设支架，利用卷扬机带动钢丝绳，往返拉动土斗（壁上有孔，便于泥水分离），使河床逐渐挖成沟槽。

二、钢管组焊

浮沉法施工，一般采用钢管。按照穿越河道管线设计形状尺寸，在河流的岸边一侧，焊制成型，管道试压后经过防腐处理。再采用吊装设备，将成型的过河管吊放入水，用拖船牵引至已挖好沟槽位置上。焊接成型后，管子两端应封堵，封堵方法，常采用焊接钢板或法兰盖堵。并应在管段高处设排气门、低处设注水阀门。如图9-27所示。

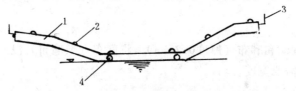

图 9-27 钢管组焊
1—下沉钢管；2—吊环；3—排气门；4—注水阀

为使管段焊接平直，可在现场用方木搭一平台，将管子放在平台上操作，吊环位置应在管身轴线上，防止吊装时管身发生扭转。

若河道较宽，管径较大，也可采用分段成型，运至河面上，再用法兰盘连成整体。

三、沉管

沉管方法有多种形式，视管径大小、管段长短、水流情况、通航情况而因地制宜，下面介绍一种吊装式沉管方法。沉管采用一次成型。

1．准备工作

在管沟的两岸端点，分别架立扒杆作为管端吊点，经钢丝绳连接卷扬机，其作用是在管立起后牵动管端，校正管中心和里程。

整个沉管过程设专人统一指挥，指挥者应能观察到施工地段的河面各吊点。

2．沉管步骤

（1）各吊点听从指挥信号，协调动作，将管身贴浮水面的过河管转向90°，使两管端上升，中间段贴近水面，如图9-27所示。此时，整体过河管的自重由各吊点分担，倘若某一吊点不受力，会造成其它吊点受力加大，发生受力吊环超载损坏，而造成事故。

（2）在立管前先把管端排气阀打开，当管立起后，把管身低处的注水阀打开，往管中注水。

（3）注水能力大小，影响沉管速度，边注水边校对下沉管的中心和位置。从吊点钢丝绳张弛情况，可判断管内充水情况。钢丝处于松弛状态，说明管内未充满水，直至充满水后管身才可继续下沉。

（4）待过河管沉至接近沟槽约1.0m时，再次校正管的中心和里程。

（5）管身接近沟底时，由潜水员检查管身就位情况及接口有无问题。

（6）最后需要石块或混凝土预制块填塞时，将管身填牢。由潜水员将吊点钢丝绳拆掉。

（7）清理现场，吊装船离开现场，恢复河床。

第五节　管道冬、雨季施工

室外管道施工受季节性影响较大，措施不当，会影响施工进度、工程质量及成本等一系列问题。因此，在冬、雨季施工时应采取相应措施，以保证工程正常进行。

一、雨季施工

雨季施工时沟槽开挖不宜过长，尽量做到开挖一段，完成一段，同时沟槽晾槽时间不宜过长，避免泡槽、塌槽事故。同时要采取措施，严防地面雨水流入沟槽，造成漂管或发生泥砂淤塞已安装好的管道。

雨天不宜进行接口操作，遇雨时应采取防雨措施，保证接口材料不被雨淋。

排水管线安装完毕，应及时砌筑检查井和连结井。凡暂不接支线的预留管口，应及时砌堵抹严。

已做好的雨水口，若尚未建好雨水管道，应先围好，防止雨水进入。

二、冬季施工

给水铸铁管，采用石棉水泥接口时，可用水温低于50℃热水拌合；气温低于-5℃时，不宜进行石棉水泥及膨胀水泥砂浆接口，必要时应采取保温措施。

冬季进行水压试验，应采取防冻措施，如管身进行回填土、加盖草帘等。管径较小，气温较低，可在水中投加食盐。

冬季采用水泥砂浆抹带，可进行热拌水泥砂浆，水温低于80℃，砂子加热不超过40℃。或掺和防冻剂。已抹好的管带应及时覆盖保温。

必要时可将管段两端用草帘封盖，防止冷风穿流，以保持管内温度不致过低。

沟槽回填时，不得回填冻块，并应分层夯实。

第六节　管道工程质量检查与验收

管道工程安装之后，在交工之前，要经过建设单位、检查监督单位和施工单位的质量检查，工程质量达到合格后，才能交付使用。

检查工作主要由施工单位质控部门进行，包括内容有外观检查、断面检查和渗漏检查等。外观检查主要是对基础、管道、阀门井及其它附属构筑物的外观质量进行检查；断面检查是对管道断面尺寸、敷设的高程、中心、坡度等是否符合设计要求；渗漏检查是对管道严密性的检查，通常压力管道采用水压试验和漏水量试验，污水管道采用闭水试验的方法进行。

一、重力流管道质量检查

（一）一般要求

重力流管道一般采用非金属管材，要求进行渗漏试验的管段，通常采用闭水试验方法。若采用金属管道作为压力流排水管道，应按照压力流管道的规定检查。

重力流管道的检查工作分段进行，分界点为检查井处。

（二）外观检查

包括对管身、接口的完好性，管线直线部分的正确性，基础混凝土浇筑质量，附属构筑物砌筑质量等，外观检查应在漏水量试验前进行。

（三）闭水试验

闭水试验是在要检查的管段内充满水，并具有一定的作用水头，在规定的时间内观察漏水量的多少。其带井闭水试验装置如图9-28所示。

不带井闭水试验如图9-29所示。

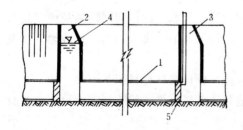 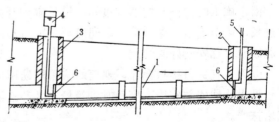

图9-28　闭水试验装置图　　　　　图9-29　不带井闭水装置图

1—试验管段；2—下游检查井；3—上游检查井；　　　　1—试验管段；2—上游检查井；3—下游检查井；
　　4—规定闭水水位；5—砖堵　　　　　　　　　　　4—试验水箱；5—排气管；6—砖堵

闭水试验前，将试验管段两端砌24cm厚砖墙堵并用水泥砂浆抹面，养护3～4天后，向试验管段内充水，在充水时注意排气。同时检查砖堵、管身、接口有无渗漏，再泡24h以后，即可试验。

试验时，将闭水水位升至试验水位（北京地区规定试验水位高出试验管段上游管内顶2m水头。当试验水头达标准水头时开始计时，观察管道的渗水量，直至观测结束时，应不断的向试验管段内补水，保持标准水头恒定。观测时间不小于30min。其实测渗水量可按（9-5）式计算。

$$q = \frac{W}{T \cdot L}$$ (9-5)

式中 q——实测渗水量（L/min·km）；

W——补水量（L）；

T——渗水量观测时间（min）；

L——试验管段长度（km）。

当q小于或等于允许渗水量时，即认为合格。

排水管道闭水试验允许渗水量见表9-23。

管 道 允 许 渗 水 量　　　　　　　　　　　　　　表 9-23

管　材　　　　管径（mm）	水　泥　制　品　管	
	（m³/d·km）	（L/h·m）
200	17.60	0.73
300	21.62	0.90
400	25.00	1.04
500	27.95	1.16
600	30.60	1.27
800	35.35	1.47
1000	39.52	1.64
1200	43.30	1.80
1400	46.70	1.94
1500	48.40	2.01
1800	53.00	2.20

二、压力管道质量检查

压力管道一般采用水压试验来检查安装质量，在特殊情况下，可采用空气压力试验。

（一）水压试验

1. 试压前的准备工作

（1）划分试压段　给水管线敷设较长时，应分段试压。原因是有利于充水排气；减少对地面交通影响；组织流水作业施工；及加压设备的周转利用等。

因此，试压分段长度不宜超过1000m，穿越河流、铁路等处，应单独试压。对湿陷性黄土地区，每段长度不宜超过200 m。

（2）试压前的检查

1）检查管基合格后，按要求回填管身两侧和管顶0.5m以内土方，管口处暂不回填，以便检查和修理。

2）在各三通、弯头、管件处是否做好支墩并达到设计强度，后背土是否填实。

3）打泵设备、水源、排气、放水及量测设备是否备齐。

4）试压后排水出路是否落实，并安装好排水设备。

（3）试压后背设置

1）用天然土壁作管道试压后背，一般需留7～10m沟槽原状土不开挖。作试压后背。预留后背的长度、宽度应进行安全核算。

a. 作用于后背的力

$$R=P-P_s \tag{9-6}$$

式中　　R——管堵传递给后背的作用力（N）；

P——试压管段管子横截面的外推力（N）；

P_s——承插口填料粘着力（N）。

粘着力P_s可按（9-7）式计算

$$P_s=3.14D \cdot K \cdot E \cdot F_s \tag{9-7}$$

式中　　D——管子插口外径（m）；

E——管接口的填料深度，参见表9-24；

管口填料深度 E（mm） 表 9-24

管　径	400	500	600	800	1000	1200
铸铁管	69	69	72	78	84	90
预应力管	60	60	60	70	70	70

F_s——单位粘着力（N/m²），石棉水泥填料接口，$F_s=1666 \text{kN/m}^2$，当插口端没有凸台时，接口的单位粘着力应减少1/3。

K——粘着力修正值，考虑到管材表面粗糙情况、口径、施工情况、填料及嵌缝材料等因素。K值可参照表9-25选用。

接口粘着力修正系数K 表 9-25

管　材	公称直径（mm）	K	管　材	公称直径（mm）	K
铸铁管	400	1.08	铸铁管	800	0.71
	500	1.0		1000	0.66
				1200	0.61

b. 后背承受力的宽度（B）

确定后背承受力的宽度时，应满足土壁单位宽度上承受的力不大于土的被动土压力。

被动土压力计算式：

$$E_p=\frac{1}{2} \text{tg}^2\left(45°+\frac{\phi}{2}\right)\gamma H^2 \tag{9-8}$$

208

式中 E_p——后背每米宽度上的土壤被动土压力（kN/m）；

γ——土的重力密度（kN/m³）；

ϕ——土壤的内摩擦角（度）；

H——后背撑板的高度（m）。

则后背宽度 B 应满足公式（9-9）。

$$B \geqslant \frac{1.2R}{E_p} \qquad (9-9)$$

式中 B——后背受力宽度（m）；

R——管堵传递给后背上的力（kN）；

E_p——后背被动土压力（kN/m）；

1.2——安全系数。

c. 后背土层厚度（L）

$$L = \sqrt{\frac{R}{B}} + L_R \qquad (9-10)$$

式中 L——沿后背受力方向长度（m）；

L_R——附加安全长度（m）。砂土取2；亚砂土取1；粘土、亚粘土为零；

R、B 意义同前。

当后背土质松软，可采用砖墙、混凝土、板桩或换土夯实等方法加固，以保证后背的稳定性。

2）管径≤500mm 的刚性接口（承插式铸铁管）可利用已装好的管段作后背，但长度应大于30m，而且应还土夯实。柔性接口不应作后背。

3）从管堵至后背墙传力段，可用方木、千斤顶、顶铁等支顶。如图9-30和图9-31所示。

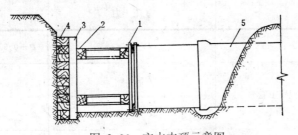

图 9-30 方木支顶示意图

1—管堵；2—横木；3—立木；4—方木；5—管段

（4）充水和排气

试压前2～3d，往试压管段内充水，在充水管上安装截门和止回阀。

灌水时，打开排气阀，进行排气，当灌至排出的水流中不带气泡、水流连续，即可关闭排气阀门，停止灌水，准备开始试压。

2. 试压方法及标准

试压装置如图9-32所示。

灌水后，试压管段内应加压，在0.2～0.3MPa水压下，浸泡2～3天。其间对所有后背、支墩、接口、试压设备进行检查。

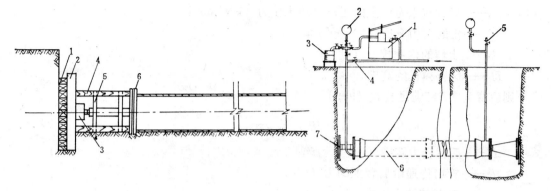

图 9-31　千斤顶支顶示意图
1—后背方木；2—立柱；3—螺栓千斤顶；4—撑木；
5—立柱；6—管堵

图 9-32　水压试验装置图
1—手摇泵；2—压力表；3—量水箱；4—注水管；
5—排气阀；6—试验管段；7—后背

（1）试压方法及注意事项

1）应有统一指挥，明确分工，对后背、支墩、接口设专人检查。

2）开始升压时，对两端管堵及后背应特别注意，发现问题及时停泵处理。

3）应逐步升压，每次升压以0.2MPa为宜，然后观察如无问题，再继续加压。

4）在试压时，后背、支撑附近不得站人，检查时应在停止升压时进行。

5）冬季进行水压试验应采取防冻措施，如采取加厚回填土、覆盖草帘等。试压结束立即放空。

（2）试压标准

试验压力按表9-26进行。

压力管道试验压力（MPa）　　　　　　　　　　表 9-26

管　　材	工 作 压 力 P	试 验 压 力
钢　　管	P	$P+0.5$且不小于0.9
自应力及预应力钢筋混凝土管	$P \leqslant 0.6$	$1.5P$
	$P > 0.6$	$P+0.3$
钢筋混凝土管	$P \leqslant 0.2$	$1.5P$且不小于0.02
铸铁及球墨铸铁管	$\leqslant 0.5$	$2P$
	> 0.5	$P+0.5$

管道试压标准，在规定试验压力下，观察10min，压力表落压不超过50kPa即为合格。

（二）漏水量试验

给水管道管径小于400mm，只进行降压试验，管径大于400mm，既作降压试验又作漏水量试验。

漏水量试验是在降压试验装置条件下，根据同一管段内压力相同，压力降相同，则漏水量亦应相同的原理，来测量管道的漏水情况。漏水量试验可消除管内残存空气对试验精度的影响，可直接测得其漏水率。

漏水试验，按照试验压力要求，每次升压 0.2MPa，然后检查有无问题，可再继续升压。水压加至试验压力后，停止加压，记录压力表读数落压0.1MPa所需时间t_1（min），其漏水率为q（L/min），则降压0.1MPa的漏水量为$q_1 \cdot t_1$；

将水压重新升至试验压力，停止加压，打开截门往量水箱中放水，压力降为0.1MPa为止，记录降压0.1MPa时所需时间t_2。如果在t_2时间内由截门放出的水量为V（L），其漏水量为$t_2 \cdot q_2 + V$。

根据压力降相同，漏水量应相等的原则即

$$t_1 q_1 = t_2 q_2 + V \qquad (9-11)$$

而$q_1 \approx q_2 = q$，因此

$$q = \frac{V}{t_1 - t_2} \cdot \frac{1000}{l} \quad (\text{L/minkm}) \qquad (9-12)$$

式中　q——漏水量（L/minkm）；

V——降压0.1MPa时放出水量（L）；

t_1——未放水，试验压力降0.1MPa所经历的时间（min）；

t_2——放水时，试验压力降0.1MPa经历时间（min）；

l——试验管段长度（m）。

若漏水量q不大于表9-27的规定值，即为合格。对个别渗漏水较严重的管口或管身应进行修补。

给 水 管 道 允 许 渗 水 量 表 9-27

管　径	允许渗水量（L/minkm）		
（mm）	铸 铁 管	钢　管	水泥制品管
300	1.70	0.85	2.42
400	1.95	1.00	2.80
500	2.20	1.10	3.14
600	2.40	1.20	3.44
700	2.55	1.30	3.70
800	2.70	1.35	3.96
900	2.90	1.45	4.20
1000	3.00	1.50	4.42
1200	3.30	1.65	4.70
1500		1.80	5.20
1800		1.95	5.80
2000		2.05	6.20

注：1. 试验管段长度不足1km，可按表中规定渗水量按比例折算。

　　2. 水泥制品管包括预应力钢筋混凝土管、自应力混凝土管、石棉水泥管等。

　　3. 表中未列的管径，可按下列公式计算允许渗水量

　　　　钢管：$q = 0.05\sqrt{D}$

　　　　铸铁管：$q = 0.10\sqrt{D}$

　　　　水泥制品管：$q = 0.14\sqrt{D}$

　　式中　D——管内径（mm）；

　　　　　q——每km长度允许渗水量（L/min）。

（三）管道冲洗消毒

给水管试验合格后，应进行冲洗，消毒，使管内出水符合"生活饮用水的水质标准"。经验收才能交付使用。

1．管道冲洗

（1）放水口

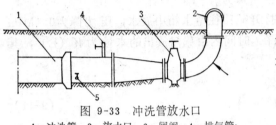

图 9-33　冲洗管放水口
1—冲洗管；2—放水口；3—闸阀；4—排气管；
5—放水截门（取水样）

管道冲洗主要使管内杂物全部冲洗干净，使排出水的水质与自来水状态一致。在没有达到上述水质要求时，这部分冲洗水要有放水口，可排至附近河道、排水管道。排水时应取得有关单位协助，确保安全排放、畅通。

安装放水口时，其冲洗管接口应严密，并设有闸阀、排气管和放水龙头，如图9-33所示。弯头处应进行临时加固。

冲洗水管可比被冲洗的水管管径小，但断面不应小于二分之一。冲洗水的流速宜大于0.7m/s。管径较大时，所需用的冲洗水量较大，可在夜间进行冲洗，以不影响周围的正常用水。

（2）冲洗步骤及注意事项

1）准备工作　会同自来水管理部门，商定冲洗方案，如冲洗水量、冲洗时间、排水路线和安全措施等。

2）开闸冲洗　放水时，先开出水闸阀，再开来水闸阀；注意排气，并派专人监护放水路线，发现情况及时处理。

3）检查放水口水质　观察放水口水的外观，至水质外观澄清，化验合格为止。

4）关闭闸阀　放水后尽量使来水闸阀，出水闸阀同时关闭，如做不到，可先关闭出水闸阀，但留几扣暂不关死，等来水阀关闭后，再将出水阀关闭。

5）放水完毕，管内存水24h以后再化验为宜，合格后即可交付使用。

2．管道消毒

管道消毒的目的是消灭新安装管道内的细菌，使水质不致污染。

消毒液通常采用漂白粉溶液，注入被消毒的管段内。灌注时可少许开启来水闸阀和出水闸阀，使清水带着漂白液流经全部管段，当从放水口检验出高浓度氯水为止，然后关闭所有闸阀，使含氯水浸泡24h为宜。氯浓度为20～30mg/L。其漂白粉耗用量可参照表9-28选用。

每100m管道消毒所需漂白粉用量　　　　　　　　表 9-28

管径（mm）	100	150	200	250	300	400	500	600	800	1000
漂白粉（kg）	0.13	0.28	0.5	0.79	1.13	2.01	3.14	4.53	8.05	12.57

注：1．漂白粉含氯量以25%计；
　　2．漂白粉溶解率以75%计；
　　3．水中含氯浓度以30mg/L。

三、工程验收

当工程全部竣工，施工单位应会同建设单位，质控监督单位、设计单位及有关部门进行工程全面验收。由于工程是逐项完成的，因此，验收前，施工单位应提出有关记录和签证及有关文件。

竣工验收时，应提供的资料有：

1. 施工设计图及工程概算；
2. 竣工图，包括设计变更图和施工洽商记录；
3. 管道及构筑物的地基及基础工程记录；
4. 管道支墩、支架、防腐等工程记录；
5. 管道系统的标高和坡度测量的记录；
6. 材料、制品和设备的出厂合格证或试验记录；
7. 焊接管口的检查记录；
8. 隐蔽工程的验收记录及签证；
9. 单项工程质量评定资料；
10. 管道系统的试压、冲洗、消毒记录等。

复 习 思 考 题

1. 管道施工中下管前的检查内容。
2. 下管的方法及各自适用场合。
3. 大口径铸铁管在起吊时怎样防止变形？
4. 稳管系指什么内容？一般采用什么方法？
5. 承插式刚性接口材料有几种方法？怎样进行操作？
6. 铸铁管柔性接口形式、安装方法。
7. 预应力钢筋混凝土管安装方法？怎样选配橡胶圈？
8. 钢管焊接质量要求及其检查方法。
9. 钢管腐蚀原因？怎样防止腐蚀？
10. 常用绝缘防腐层法施工过程及操作要求。
11. 钢筋混凝土管接口种类及适用场合。
12. 水泥砂浆抹带操作要点及质量要求。
13. 检查井砌筑方法和质量要求。
14. 水下敷设管路施工过程及其下沉时应注意事项。
15. 管道雨季施工注意事项。
16. 压力管道水压试验装置及试验方法。
17. 压力管道水压、漏水量试验标准。
18. 闭水试验装置及观测方法。
19. 怎样设计试压后背装置？
20. 敷设哪类管道要求进行冲洗和消毒？

第十章　地下管道不开槽法施工

地下管道在穿越铁路、河流、重要建筑物或在城市干道上不适宜采用开槽法施工时，可选用不开槽法施工。

不开槽法施工优点：不需要拆除地上建筑物、不影响地面交通、减少土方开挖量、管道不必设置基础和管座、不受季节影响也有利于文明施工等。

不开槽法施工处在地下水地段施工时，应做好施工排水，以便于操作和安全施工。

管道不开槽法施工种类较多，归纳为掘进顶管法、不取土顶管法、盾构法或暗挖法等。下面分别介绍。

第一节　掘进顶管法

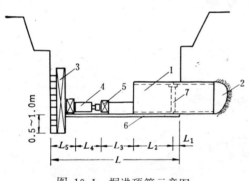

图 10-1　掘进顶管示意图

1—管子；2—掘进工作面；3—后背；4—千斤顶；
5—顶铁；6—导轨；7—内涨圈

掘进顶管包括人工取土顶管法、机械取土顶管法和水力冲刷顶管法等。

一、人工取土顶管法

人工取土顶管法是依靠人工在管内端部挖掘土壤，然后在工作坑内借助顶进设备，把敷设的管子按设计中线和高程的要求顶入。并用小车将土从管中运出。如图10-1所示。这种操作方法，目前应用较为广泛，适用于管径大于800mm的管道顶进，否则人工不便于操作。

掘进顶管常用的管材为钢筋混凝土管，分为普通管和加厚管，管口形式有平口和企口两种。通常顶管使用加厚企口钢筋混凝土管为宜，特殊时也可用钢管作为顶管管材。

（一）顶管施工的准备工作

1．制订施工方案

顶管施工前，进行详细调查研究，编制可行的施工方案。

（1）掌握下列情况

1）管道埋深、管径、管材和接口要求；

2）管道沿线水文地质资料，如土质、地下水位等；

3）顶管地段内地下管线交叉情况，并取得主管单位同意和配合；

4）现场地势、交通运输、水源、电源情况；

5）可能提供的掘进、顶管设备情况；

6）其它有关资料。

（2）编制施工方案主要内容

1）选定工作坑位置和尺寸，顶管后背的结构和验算；

2）确定掘进和出土的方法，下管方法和工作平台支搭形式；

3）进行顶力计算，选择顶进设备；是否采用中继间、润滑剂等措施，以增加顶管段长度；

4）遇有地下水时，采取降水方法；

5）顶进钢管时，确定每节管长，焊缝要求，防腐绝缘保护层的防护措施；

6）保证工程质量和安全的措施。

2．工作坑的布置

工作坑是掘进顶管施工的工作场所。其位置可根据以下条件确定：

（1）根据管线设计，排水管线可选在检查井处；

（2）单向顶进时，应选在管道下游端，以利排水；

（3）考虑地形和土质情况，有无可利用的原土后背；

（4）工作坑与被穿越的建筑物要有一定安全距离；

（5）距水、电源较近的地方等。

3．工作坑的种类及尺寸

根据工作坑顶进方向，可分为单向坑、双向坑、交汇坑和多向坑等形式，如图10-2所示。

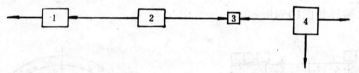

图 10-2 工作坑类型

1—单向坑；2—双向坑；3—交汇坑；4—多向坑

工作坑应有足够的空间和工作面，保证下管、安装顶进设备和操作间距，坑底长、宽尺寸可按图10-3及图10-1所示由公式计算。

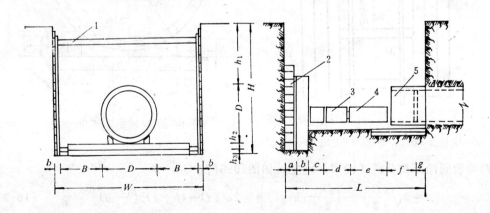

图 10-3 工作坑尺寸

1—支撑；2—后背；3—千斤顶；4—顶铁；5—混凝土管

215

$$底宽 \quad W=D+(2.4\sim3.2) \qquad m \tag{10-1}$$

式中　W——工作坑底宽度（m）；

　　　D——被顶进管子外径（m）；

$$底长 \quad L=L_1+L_2+L_3+L_4+L_5 \qquad m \tag{10-2}$$

式中　L——工作坑底长（m）；

　　　L_1——管子顶进后，尾端压在导轨上的最小长度，混凝土管一般留 0.3m，钢管留 0.6m；

　　　L_2——每节管子长度（m）；

　　　L_3——出土工作间隙，根据出土工具确定，一般为 1.0～1.5m；

　　　L_4——千斤顶长度（m）；

　　　L_5——后背所占工作坑厚度（m）。

4．工作坑导轨及基础

工作坑底可根据土质、管子重量及地下水情况，做好基础，以防止工作坑底下沉，导致管子顶进位置的偏差。

（1）导轨　导轨的作用是引导管子按设计的中心线和坡度顶进，保证管子在顶入土之前位置正确。导轨安装牢固与准确对管子的顶进质量影响较大，因此，安装导轨必须符合管子中心，高程和坡度的要求。

导轨有木导轨和钢导轨。常用为钢导轨，钢导轨又分轻轨和重轨，管径大的采用重轨。

导轨与枕木装置如图10-4所示。

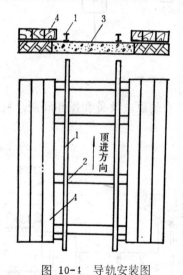

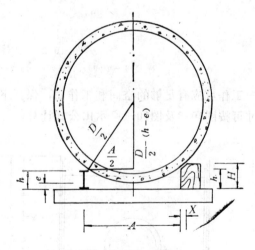

图 10-4　导轨安装图　　　　　　　　图 10-5　导轨安装间距

1—导轨；2—枕木；3—混凝土基础；4—木板

两导轨间净距按公式（10-3）确定，如图10-5所示。

$$A=2\sqrt{\left(\frac{D}{2}\right)^2-\left[\frac{D}{2}-(h-e)\right]^2}=2\sqrt{[D-(h-e)](h-e)} \tag{10-3}$$

式中　A—— 两导轨内净距（mm）；

　　　D—— 管外径（mm）；

216

h——导轨高，木导轨为抹角后的内边高度（mm）；

　　　e——管外底距枕木或枕铁顶面的间距（mm）。

　　　若采用木导轨，其抹角宽度可按公式（10-4）计算

$$X=\sqrt{[D-(H-e)](H-e)}-\sqrt{[D-(h-e)](h-e)} \qquad (10-4)$$

式中　X——抹角宽度（mm）；

　　　H——木导轨高度（mm）；

　　　h——抹角后的内边高度，一般$H-h=50\text{mm}$；

　　　D——管外径（mm）；

　　　e——管外底距木导轨底面的距离（mm）。

　　（2）基础

　　1）枕木基础　工作坑底土质好、坚硬、无地下水，可采用埋设枕木作为导轨基础，如图10-6所示。

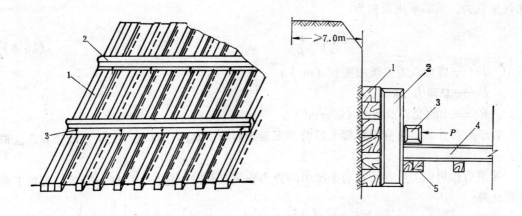

图 10-6　方木基础　　　　　　　　　　　图 10-7　原状土后背

1—方木；2—导轨；3—道钉　　　　1—方木；2—立铁；3—横铁；4—导轨；5—导轨方木

　　枕木一般采用15×15cm方木，方木长度2～4m，间距一般40～80cm一根。

　　2）混凝土卧方木基础　当工作坑底土质松软，有地下水，管径大，应采用强度为C10混凝土基础。混凝土基础的宽度应比管外径大40cm，厚度为20～30cm，混凝土面应低于枕木面1～2cm。

　　采用木导轨时，可不设枕木，直接将锚固导轨的螺栓预埋于混凝土中。

　　5.后背

　　后背作为千斤顶的支撑结构。因此，后背要有足够的强度和刚度，且压缩变形要均匀。所以，应进行强度和稳定性计算。

　　（1）后背形式

　　1）原土后背　如图10-7所示。这种后背设置简单，安装时应满足下列要求：

　　a.作后背土壁应铲修平整，并使土壁墙面与管道顶进方向相垂直；

　　b.靠土壁横排方木的面积，一般土质可按承载不超过150kPa计算；

　　c.方木应卧入工作坑底以下0.5～1.0m，使千斤顶的着力中心高度不小于方木后背高度的1/3；

d. 方木断面可用15×15cm，立铁可用20×30cm工字钢，横铁可用15×40cm工字钢两根；

e. 土质松软或顶力较大时，可在方木前加钢板。

2）人工后背 如穿越高填方或后背无原土可利用时，可采用人工构筑后背。构筑后背材料可用块石、混凝土、钢板桩填土等法砌筑。

（2）后背的计算

后背在顶力作用下，产生压缩，压缩方向与顶力作用方向相一致。当停止顶进，顶力消失，压缩变形随之消失。这种弹性变形现象是正常的。顶管时，后背不应当破坏，产生不允许的压缩变形。

后背不应出现上下或左右的不均匀压缩。否则，千斤顶支承在斜面后背的土上，造成顶进偏差。为了保证顶进质量和施工安全，应进行后背的强度和刚度计算。

根据顶进需要的总顶力，核算后背受力面积，使土壁单位面积上所受的力小于土壤的允许承载力。所需承压面积为：

$$F = \frac{P}{R} \qquad m^2 \qquad (10-5)$$

式中 F——后背所需要承压面积（m²）；

P——总顶力（kN）；

R——土的允许承载力（kN/m²）。

关于后背计算，可分为浅覆土后背和深覆土后背。具体计算可按挡土墙计算方法确定。

按顶力作用点与后背墙被动土压力的合力作用点相对位置，如图10-8所示，可按下列条件计算。

当 $H_0 = H_{OE}$ 时，后背墙的允许抗力按公式（10-6）计算

$$E_P = \frac{l}{K}(0.5\gamma H^2 K_P + \gamma H h K_P + 2CH\sqrt{K_P}) \qquad (10-6)$$

式中 H_0——顶力作用点距后背墙底端的距离（m）；

H_{OE}——后背墙被动土压力的合力作用点距后背墙底端的距离（m），可按公式（10-7）计算

$$H_{OE} = \frac{H}{3}\left[\frac{\gamma(H+3h)\sqrt{K_P} + 6C}{\gamma(H+2h)\sqrt{K_P} + 4C}\right] \qquad (10-7)$$

E_P——后背墙的允许抗力（kN）；

γ——后背土体的重力密度（kN/m³）

H——后背墙高度（m）；

h——后背墙顶端至地面高度（m）；

K_P——被动土压力系数，按公式（10-8）计算

$$K_P = tg^2\left(45° + \frac{\phi}{2}\right) \qquad (10-8)$$

ϕ——后背土体的内摩擦角（°）；

C——后背土体的粘聚力（kN/m²）；

l——后背墙的长度（m）；

K——安全系数。当后背墙的长高比

$(l/H)>1.5$时，取$K=2.0$；$\leqslant$

1.5时，取$K=1.5$。

当$H_0 \doteqdot H_{OE}$时，后背墙允许抗力，可将
公式（10-6）计算的结果按H_0与H'_{OE}的相
对位置适当折减。

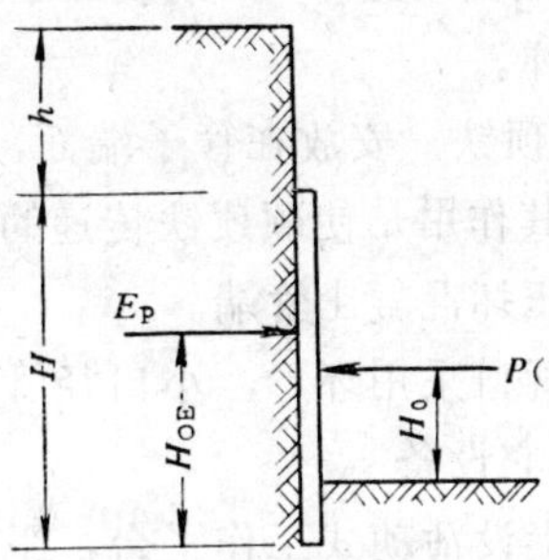

图 10-8 后背墙受力图

6. 顶进设备

顶进设备主要包括千斤顶、高压油泵、
顶铁、下管及运出土设备等

（1）千斤顶（也称顶镐）

千斤顶是掘进顶管的主要设备，目前多采用液压千斤顶。常用千斤顶性能见表10-1。

千斤顶在工作坑内的布置与采用个数有关，如一台千斤顶，其布置为单列式，应使千
斤顶中心与管中心的垂线对称。使用多台并列式时，顶力合力作用点与管壁反作用力作用
点应在同一轴线上，防止产生顶进力偶，造成顶进偏差。根据施工经验，采用人工挖土，
管上半部管壁与土壁有间隙时，千斤顶的着力点作用在管子垂直直径的1/4～1/5处为宜。

千 斤 顶 性 能 表　　　　　　　　表 10-1

名　　称	活塞面积 （cm²）	工作压力 （MPa）	起重高度 （mm）	外形高度 （mm）	外径（mm）
武汉200t顶镐	491	40.7	1360	2000	345
广州200t顶镐	414	48.3	240	610	350
广州300t顶镐	616	48.7	240	610	440
广州500t顶镐	715	70.7	260	748	462

（2）高压油泵

由电动机带动油泵工作，一般选用额定压力为32MPa的柱塞泵，经分配器，控制阀进
入千斤顶，各千斤顶的进油管并联在一起，保证各千斤顶活塞的行程一致。

（3）顶铁

顶铁是传递顶力的设备。要求它能承受顶进压力而不变形，并且便于搬动。

根据顶铁放置位置的不同，可分为横顶铁、顺顶铁和U形顶铁三种。

1）横向顶铁　它安在千斤顶与方顶铁之间，将千斤顶的顶推力传递给两侧的方顶铁
上。使用时与顶力方向垂直，起梁的作用。

横顶铁断面尺寸一般为300×300mm，长度按被顶管径及千斤顶台数而定，管径为500
～700mm，其长度为1.2m；管径900～1200mm，长度为1.6m；管径2000mm，长度为2.2
m。用型钢加肋和端板焊制而成。

2）顺顶铁（纵向顶铁）放置在横向顶铁与被顶的管子之间，使用时与顶力方向平行，
起柱的作用。在顶管过程中起调节间距的垫铁，因此顶铁的长度取决于千斤顶的行程、管
节长度、出口设备等而定。通常有100、200、300、400、600等几种长度。横截面为250×

300mm，两端面用厚25mm钢板焊平。顺顶铁的两顶端面加工应平整且平行，防止作业时顶铁发生外弹。

3）U形顶铁　安放在管子端面，顺顶铁作用其上。它的内、外径尺寸与管子端面尺寸相适应。其作用是使顺顶铁传递的顶力较均匀地分布到被顶管端断面上，以免管端局部顶力过大，压坏混凝土管端。

大口径管口采用环形，小口径管口可采用半圆形。

（4）其它设备

工作坑上设活动式工作平台，平台一般用30号槽钢，工字钢作梁，上铺15×15cm方木。工作坑井口处安装一滑动平台，作为下管及出土使用。在工作平台上架设起重架，上装电动葫芦，其起重量应大于管子重量。

工作棚用帆布遮盖，以防雨雪。

（二）挖土与顶进

工作坑内设备安装完毕，经检查各部处于良好正常状态，即可进行开挖和顶进。

首先将管子下到导轨上，就位以后，装好顶铁，校测管中心和管底标高是否符合设计要求，合格后即可进行管前端挖土。

1. 挖土与运土

管前挖土是保证顶进质量及地上构筑物安全的关键，管前挖土的方向和开挖形状，直接影响顶进管位的准确性，因为管子在顶进中是循已挖好的土壁前进的。因此，管前周围超挖应严格控制。对于密实土质，管端上方可有≤1.5cm空隙，以减少顶进阻力，管端下部135°中心角范围内不得超挖，保持管壁与土壁相平，也可预留1cm厚土层，在管子顶进过程中切去，这样可防止管端下沉。在不允许顶管上部土壤下沉地段顶进时（如铁路、重要建筑物等），管周围一律不得超挖。

管前挖土深度，一般等于千斤顶出镐长度，如土质较好，可超前0.5m。超挖过大，土壁开挖形状就不易控制，容易引起管位偏差和上方土坍塌。

在松软土层中顶进时，应采取管顶上部土壤加固或管前安设管檐，操作人员在其内挖土，防止坍塌伤人。

管内挖土工作条件差，劳动强度大，应组织专人轮流操作。

管前挖出的土，及时外运。管径较大时，可用双轮手推车推运。管径较小，应采用双筒卷扬机牵引四轮小车出土。土运至管外，再用工作平台上的电动葫芦吊至平台上，然后运出坑外。

2. 顶进

顶进利用千斤顶出镐在后背不动的情况下将被顶进管子推向前进，其操作过程如下：

（1）安装好顶铁挤牢，管前端已挖一定长度后，启动油泵，千斤顶进油，活塞伸出一个工作行程，将管子推向一定距离。

（2）停止油泵，打开控制阀，千斤顶回油，活塞回缩。

（3）添加顶铁，重复上述操作，直至需要安装下一节管子为止。

（4）卸下顶铁，下管，在混凝土管接口处放一圈麻绳，以保证接口缝隙和受力均匀。

（5）在管内口处安装一个内涨圈，做为临时性加固措施，防止顶进纠偏时错口，其装置如图10-9所示。涨圈直径小于管内径5～8cm，空隙用木楔背紧，涨圈用7～8mm厚钢板焊制、宽200～300mm。

（6）重新装好顶铁，重复上述操作。

顶进时应注意事项：

（1）顶进时应遵照"先挖后顶，随挖随顶"的原则。应连续作业，避免中途停止，造成阻力增大，增加顶进的困难。

（2）首节管子顶进的方向和高程，关系到整段顶进质量，应勤测量，勤检查及时校正偏差。

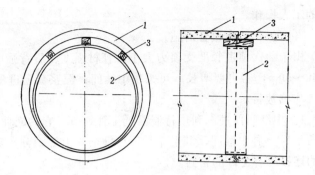

图 10-9　钢制内涨圈安装图
1—混凝土管；2—内涨圈；3—木楔

（3）安装顶铁应平顺，无歪斜扭曲现象，每次收回活塞加放顶铁时，应换用可能安放的最长顶铁，使连接的顶铁数目为最少。

（4）顶进过程中，发现管前土方坍塌、后背倾斜，偏差过大或油泵压力表指针骤增等情况，应停止顶进，查明原因，排除故障后，再继续顶进。

3．测量和误差的校正

（1）顶管测量

1）测量次数，开始顶第一节管子时，每顶进20～30cm，测量一次高程和中心线。正常顶进中，每顶进50～100cm测量一次。校正时，每顶进一镐即测量一次。

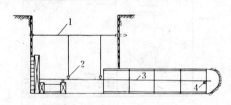

图 10-10　中心测量示意图
1—中心线；2—垂球；3—预测中心拉线；4—中心尺

2）中心线测量　如图10-10所示。根据工作坑内设置的中心桩挂小线，使拉线3对准垂球2，读管前端的中心尺4刻度，若拉线3与中心尺4上的中心刻度相重合，则表示顶进中心偏差为零。若不重合，其差值即为偏差值。

3）高程测量　一般在工作坑内引设水准点，停止顶进，将水准仪支设在顶铁上，测量前端管底高程。

（2）顶进偏差的校正

顶进中发现管位偏差10mm左右，即应进行校正。纠偏校正应缓缓进行，使管子逐渐复位，不得猛纠硬调。人工挖土顶进的校正方法有：

1）挖土校正法　偏差值为10～20mm时，可采用此法。即在管子偏向设计中心左侧时，可在管子中心右侧适当超挖，而在偏向一侧不超挖或留台，使管子在继续顶进中，逐渐回到设计位置。

2）顶木校正法　偏差较大时或采用挖土校正法无效时，可用圆木或方木，一端顶在管子偏向一侧的内管壁上，另一端支撑在垫有木板的管前土层上，开动千斤顶，利用顶木产生的分力，使管子得到校正。

3）顶镐校正法　偏差较大，利用顶镐代替顶木，这种装置更有利于校正和纠偏。

校正纠偏方法较多，应根据土质、偏差值、技术水平．选用相应对策。偏差值较小时，容易校正，当累计偏差较大时，校正就较困难。因此，管前挖土应选派经验丰富、技术熟练的工人操作。

（三）长距离顶管措施

由于一次顶进长度受顶力大小、管材强度、后背强度诸因素的限制，一次顶进长度约在40～50m，若再要增长，可采用中继间、泥浆套顶进等方法。提高一次顶进长度，可减少工作坑数目。

1. 中继间顶进　利用特制混凝土管一节，它的断面与顶管用的管材完全相同，图10-11所示为一种中继间，其上千斤顶在管全周上等距分布。在含水层内，中继间与前后管之间的连接应有良好的密封。

采用中继间施工时，顶进一定长度后，即可安设中继间，之后继续向前顶进。当工作坑千斤顶难以顶进时，即开动中继间内的千斤顶，此时以后边管节为后背，向前顶进一个行程，然后开动工作坑内的千斤顶，使中继间后面的管子也向前推进一个行程。这时，中继间随之向前推进，再开动中继间千斤顶，如此循环操作，即可增加顶进长度，但此法顶进速度较慢。

2. 泥浆套层顶进

泥浆套层又称触变泥浆法，将泥浆灌注于所顶管子四周，形成一个泥浆套层，这样可以减少顶力和防止土坍塌。

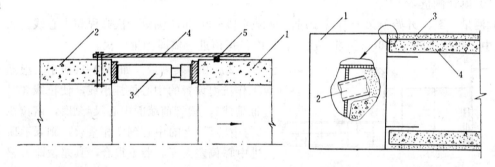

图 10-11　中继间
1—中继间前管；2—中继间后管；3—千斤顶；
4—中继间外套；5—密封环

图 10-12　前封闭管装置
1—工具管；2—注灌口；3—泥浆套；4—混凝土管

触变泥浆是一种由膨润土掺合碳酸钠调制而成，为了增加触变泥浆凝固后的强度，又掺入凝固剂（石膏）。使用凝固剂同时，必须掺入少量缓凝剂（工业六糖）和塑化剂（松香酸钠）。

触变泥浆拌制过程如下：

（1）将定量的水放入搅拌罐内，并取其中一部分水溶解碳酸钠；

（2）边搅拌、边将定量的膨润土徐徐加入，直至搅拌均匀；

（3）将溶解的碳酸钠溶液倒入已搅拌均匀的膨润土内，搅拌均匀后，放置12h后即可使用。

触变泥浆顶管其装置设备包括：

泥浆封闭设备　有前封闭管和后封闭圈，是为了防止泥浆从管端流出。

灌浆设备　有空气压缩机、压浆罐、输浆管、分浆罐及喷浆管等。

调浆设备　有拌合机及储浆罐等。

前封闭管的外径比被顶管子外径大40～80mm，在管处形成一个20～40mm厚的泥浆环。前封闭管前端应有刃角，顶进时切土前进，使管外土紧贴管的外壁，以防漏浆。如图10-12所示。

混凝土管接口处衬垫麻辫，防止接口漏浆。内涨圈可用分块组装式涨圈，并垫放防漏材料。

输浆管一般选用直径80mm，喷浆管直径25mm，均匀分布。

二、机械取土顶管法

机械取土顶管与人工取土顶管除了掘进和管内运土不同外，其余部分大致相同。机械取土顶管是在被顶进管子前端安装机械钻进的挖土设备，配上皮带运土，可代替人工挖、运土。

当管前土被切削形成一定的孔洞后，开动千斤顶，将管子顶进一段距离，机械不断切削，管子不断顶入。同样，每顶进一段距离，须要及时测量及纠偏。

目前机械钻进设备有两种安装形式。一种为机械固定在特制的钢管内，称为工具管，将其安装在被顶进的混凝土管前端。示意图见图10-13所示，亦称为套筒式装置。另一种是将机械直接固定在顶进的首节管内，顶进时安装，竣工后拆卸。称为装配式。图10-

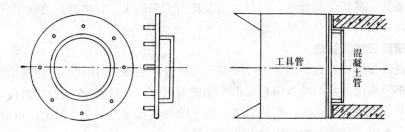

图 10-13　工具管装置示意图

14为一水平式钻机，钻机前端安装刀齿架1和刀齿2，刀齿架由减速电动机5带动旋转进行切土，切土掉入刮泥板4经链条输送器8转运到运土小车或皮带运输机运出管外。在机壳6和顶进管子之间，均匀布置校正千斤顶7，作为顶进校正偏差使用。

这种钻机适用于土质较好的场合，它的优点构造简单、安装方便，但是它只适用于一机一种管径，遇到地下障碍物时便无法顶进。

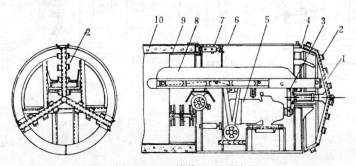

图 10-14　整体式水平钻机

1—刀齿架；2—刀齿；3—减速齿轮；4—刮泥板；5—减速电动机；6—机壳；7—校正千斤顶；
8—链带运送器；9—内涨圈；10—管子

采用机械顶管法改善了工作条件，减轻劳动强度，一般土质均能顺利顶进。但在使用中也存在一些问题，影响推广使用。

三、水力掘进顶管法

水力掘进主要设备在首节混凝土管前端装一工具管。工具管内包括封板、喷射管、真空室、高压水管、排泥系统等。其装置如图10-15所示。

水力掘进顶管依靠环形喷嘴射出的高压水，将顶入管内的土冲散，利用中间喷射水枪将工具管内下方的碎土冲成泥浆，经过格网流入真空吸水室，依靠射流原理将泥浆输送至地面储泥场。

校正管段设有水平铰、垂直铰和相应纠偏千斤顶。水平铰作用起纠正中心偏差，垂直铰起高程纠偏作用。

水力掘进便于实现机械化和自动化，边顶进，边水冲，边排泥。

水力掘进应控制土壤冲成的泥浆在工具管内进行，防止高压水冲击管外，造成扰动管外土层，影响顶进的正常进行或发生较大偏差。所以顶入管内土壤应有一段长度，俗称土塞。

水力掘进顶管法的优点是：生产效率高，其冲土、排泥连续进行；设备简单，成本低，改善劳动条件，减轻劳动强度。但是，需要耗用大量的水，顶进时，方向不易控制，容易发生偏差；而且需要有存泥浆场地。

四、挤压掘进顶管法

挤压掘进顶管在顶管前端装一挤压切土工作管，如图10-16所示。由渐缩段、卸土段、校正段三部分组成。渐缩段为偏心大小头形成喇叭口，切口直径为D、割口直径为d，使土体在工具管渐缩段被压缩，然后被挤入卸土段并装在专用运土小车上，启动卷扬机，拉紧割口处钢丝绳，把进入的土体割下并运出管外。

割口直径d的大小与土壤的孔隙率大小有关，孔隙率大，压缩性也大，d值可较小些，否则相反。

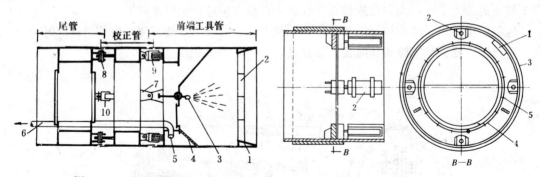

图 10-15　水力掘进装置

1—刀刃；2—格栅；3—水枪；4—格网；5—泥浆
吸入口；6—泥浆管；7—水平铰；8—垂直铰；
9—上下纠偏千斤顶；10—左右纠偏千斤顶

图 10-16　挤压掘进工具管

1—油管安装位置；2—千斤顶；3—工具管承口；
4—割口钢丝绳；5—钢丝绳固定夹子

校正段装有四个可调向的油压千斤顶，用来调整中心和高程的偏差。

这种顶管法比人工掘进法减少了挖土、装土等笨重体力劳动，加速了施工进度，不会出现超挖，而且能使管外壁四周土壤密实，有利于提高工程质量和安全生产。方向控制也较稳定。比机械、水力掘进顶管法，构造简单，操作方便。较适宜潮湿粘性土中顶管。

这种方法可用于饱和淤泥层，泥炭地层等较大管径的顶进。

第二节　盾　构　法

盾构法修建地下隧道已有170余年的历史。最早由法国工程师布鲁诺尔发明，并于1825年开始用一矩形盾构在英国伦敦泰晤士河下面修改世界第一条水底下隧道。施工中未能解决好密封，几次被水淹，被迫停工，后经改进，才于1843年完工，全长458m。后来美国、苏联、日本等世界各地用盾构法修建水底公路隧道、地下铁道、水工隧道和小断面城市市政管线等得到了广泛的应用。

我国50年代开始引进并在上海、苏州、北京、厦门、武汉等地都在进行小型盾构法施工试验，有的已取得较好的效果。

盾构法施工具有以下优点：

1. 因需要顶进的是盾构本身，在同一土层中所需顶力为一常数，不受顶力大小的限制；

2. 盾构断面形状可以任意选择，而且可以形成曲线走向；

3. 操作安全，可在盾构设备的掩护下，进行土层开挖和衬砌；

4. 施工时不扰民，噪声小，影响交通少；

5. 盾构法进行水底施工，不影响航道通行；

6. 严格控制正面超挖，加强衬砌背面空隙的填充，可控制地表沉降。

一、盾构的组成

盾构是用于地下不开槽法施工时进行地层开挖及衬砌拼装时起支护作用的施工设备。基本构造由开挖系统、推进系统和衬砌拼装系统三部分组成。

（一）开挖系统

盾构壳体形状可任意选择，用于给排水管沟，多采用钢制圆形筒体，由切削环、支撑环、盾尾三部分组成，由外壳钢板连接成一个整体。如图10-17所示。

1. 切削环部分　位于盾构的最前端，它的前端做成刃口，以减少切土时对地层的扰动。切削环也是盾构施工时容纳作业人员挖土或安装挖掘机械的部位。

盾构开挖系统均设置在切削环中。根据切削环与工作面的关系，可分开放式和密闭式两类。当土质不能保持稳定，如松散的粉细砂，液化土等，应采用密闭式盾构。当需要对工作面支撑，可采用气压盾构或泥水压力盾构。这时在切削环与支撑环之间设密封隔板分开。

2. 支撑环部分　位于切削环之后，处于盾构中间部位。它承担地层对盾构的土压力、千斤顶的顶力以及刃口、盾尾、砌块拼装时传来的施工荷载等。它的外沿布置千斤顶，大型盾构将液压、动力设备，操作系统，衬砌拼装机等均集中布置在支撑环中。在中、小型盾构中，可把部分设备放在盾构后面的车架上。

3. 盾尾部分　它的作用主要是掩护衬砌的拼装，并且防止水、土及注浆材料从盾尾间隙进入盾构。盾尾密封装置由于盾构位置千变万化，极易损坏，要求材料耐磨、耐拉并

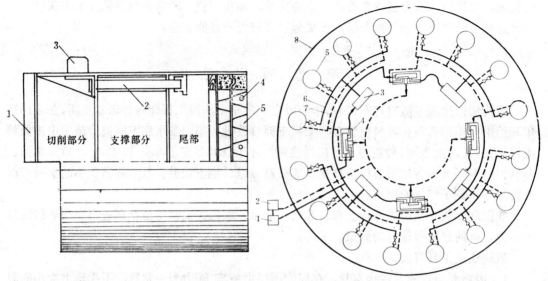

图 10-17 盾构构造

1—刀刃；2—千斤顶；3—导向板；4—灌浆口；
5—砌块

图 10-18 千斤顶液压回路系统

1—高压油泵；2—总油箱；3—分油箱；4—阀门转换
器；5—千斤顶；6—进油管；7—回流管；8—盾构外壳

富有弹性。曾采用单纯橡胶的、橡胶加弹簧钢板的、充气式的、毛刷型的等多种盾尾密封装置，但至今效果不够理想，一般多采用多道密封及可更换的盾尾密封装置。

（二）推进系统

推进系统是盾构核心部分，依靠千斤顶将盾构往前移动。千斤顶控制采用油压系统，其组成由高压油泵、操作阀件和千斤顶等设备构成。盾构千斤顶液压回路系统如图10-18所示。

图10-19为阀门转换器工作示意图。当滑块2处于左端时，高压油自进油管1流入经分油箱4将千斤顶5出镐；若需回镐时，将滑块2移向右端，高压油从阀门转换器4，推动千斤顶回镐，并将回油管中的油流向分油箱。

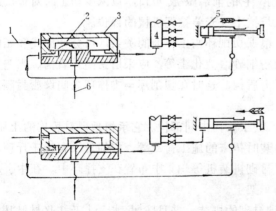

图 10-19 阀门转换器工作示意图

1—进油管；2—滑块；3—阀门转换器；4—分油箱；5—千斤顶；6—回油管

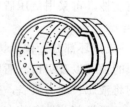

图 10-20 砌块形式

226

（三）衬砌拼装系统

盾构顶进后应及时进行衬砌工作，衬砌后砌块作为盾构千斤顶的后背，承受顶力，施工过程中作为支撑结构，施工结束后作为永久性承载结构。

砌块采用钢筋混凝土或预应力钢筋混凝土砌块，砌块形状有矩形、梯形、中缺形等.砌块尺寸大小视衬砌方法。如图10-20所示。

二、盾构壳体尺寸的确定

盾构的尺寸应适应隧道的尺寸，一般按下列几个模数确定。

1. 盾构的外径

盾构的内径$D_内$应稍大于隧道衬砌的外径。

盾构外径计算式：

$$D = d + 2(x + \delta) \qquad (10-9)$$

式中　　D——盾构外径（mm）；

d——衬砌外径（mm）；

δ——盾构厚度（mm）；

x——盾构建筑间隙（mm）。

根据盾构调整方向的要求，一般盾构建筑间隙为衬砌外径的0.8～1.0%左右。其最小值要满足

$$x = \frac{Ml}{d} \qquad (10-10)$$

式中　　l——盾尾内衬砌环上顶点能转动的最大水平距离，通常采用$l = \dfrac{d}{80}$；

M——盾尾掩盖部分的衬砌长度。

所以　　$x = 0.0125M$，一般取用为30～60mm。

2. 盾构长度

盾构全长为前檐、切削环、支撑环和盾尾长度的总和，其大小取决于盾构开挖方法及预制衬砌环的宽度。也与盾构的灵敏度有密切关系。盾构灵敏度系指盾构总长度L与其外径D的比例关系。灵敏度一般采用：

小型盾构（$D = 2～3$m），$L/D = 1.5$左右；

中型盾构（$D = 3～6$m），$L/D = 1.0$左右；

大型盾构　　　　　　　　$L/D = 0.75$左右。

盾构直径确定后，选择适当灵敏度，即可决定盾构长度。

三、盾构推进系统顶力计算

盾构的前进是靠千斤顶来推进和调整方向。所以千斤顶应有足够的力量，来克服盾构前进过程中所遇到的各种阻力。

（一）盾构外壳与周围土层间摩擦阻力F_1

$$F_1 = \mu_1 [2(P_v + P_h)L \cdot D] \qquad (10-11)$$

式中　　P_v——盾构顶部的竖向土压力（kN/m²）；

P_h——水平土压力值（kN/m²）；

μ_1——土与钢之间的摩擦系数，一般取0.2～0.6；

L——盾构长度（m）；

D——盾构外径（m）。

（二）切削环部分刃口切入土层阻力F_2

$$F_2 = D\pi l(P_v \text{tg}\phi + C) \tag{10-12}$$

式中　ϕ——土的内摩擦角；

C——土的内聚力（kN/m^2）；

其余符合与公式（10-11）相同。

（三）砌块与盾尾之间的摩擦力F_3

$$F_3 = \mu_2 \cdot G' \cdot L' \tag{10-13}$$

式中　μ_2——盾尾与衬砌之间的摩擦系数，一般为$0.4 \sim 0.5$；

G'——环衬砌重量；

L'——盾尾中衬砌的环数。

（四）盾构自重产生的摩擦阻力F_4

$$F_4 = G \cdot \mu_1 \tag{10-14}$$

式中　G——盾构自重；

μ_1——钢土之间的摩擦系数，一般为$0.2 \sim 0.6$。

（五）开挖面支撑阻力F_5，应按支撑面上的主动土压力计算。

其各项阻力，需根据盾构施工时实际情况予以计算，叠加后组成盾构推进的总阻力。由于上述计算均为近似值，实际确定千斤顶总顶力时，尚需乘$1.5 \sim 2.0$的安全系数。

有的资料提供经验公式确定盾构总顶力为：

$$P = (700 \sim 1000)\frac{\pi D^2}{4} kN \tag{10-15}$$

盾构千斤顶的顶力：

小型断面用$500 \sim 600 kN$；

中型断面用$1000 \sim 1500 kN$；

大型断面（$D > 10m$）用$2500 kN$。

我国使用的千斤顶多数为$1500 \sim 2000 kN$。

四、盾构施工

（一）施工准备工作

盾构施工前根据设计提供图纸和有关资料，对施工现场应进行详细勘察，对地上、地下障碍物，地形、土质、地下水和现场条件等诸方面进行了解，根据勘察结果，编制盾构施工方案。

盾构施工的准备工作还应包括测量定线、衬块预制、盾构机械组装、降低地下水位、土层加固以及工作坑开挖等。上述这些准备工作视情况选用，并编入施工方案中。

（二）盾构工作坑及始顶

盾构法施工也应当设置工作坑（也称工作室），作为盾构开始、中间、结束井。开始工作坑作为盾构施工起点，将盾构下入工作坑内；结束工作坑作为全线顶进完毕，需要将盾构取出；中间工作坑根据需要设置，如为了减少土方、材料的地下运输距离或者中间需要设置检查井、车站等构筑物时而设置中间工作坑。

开始工作坑与顶管工作坑相同，其尺寸应满足盾构和其顶进设备尺寸的要求。工作坑周壁应做支撑或者采用沉井或连续墙加固，防止坍塌，同样在盾构顶进方向对面做好牢固后背。

盾构在工作坑导轨上至盾构完全进入土中的这一段距离，借助外部千斤顶顶进。与顶管方法相同如图10-21（1）所示。

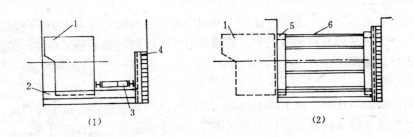

(1)　　　　　　　　(2)

图 10-21　始顶工作坑
(1)盾构在工作坑始顶；　(2)始顶段支撑结构
1—盾构；2—导轨；3—千斤顶；4—后背；5—木环；6—撑木

当盾构已进入土中以后，在开始工作坑后背与盾构衬砌环，各设置一个木环，其大小尺寸与衬砌环相等，在两个木环之间用圆木支撑，如图10-21（2）所示。作为始顶段的盾构千斤顶的支撑结构。一般情况下，衬砌环长度达30～50m以后，才能起到后背作用，拆除工作坑内圆木支撑。

始顶段开始后，即可起用盾构本身千斤顶，将切削环的刃口切入土中，在切削环掩护下进行掘土，一面出土一面将衬砌块运入盾构内，待千斤顶回镐后，其空隙部分进行砌块拼装。再以衬砌环为后背，启动千斤顶，重复上述操作，盾构便不断前进。

（三）衬砌和灌浆

按照设计要求，确定砌块形状和尺寸以及接缝方法，接口有平口、企口和螺栓连接。企口接缝防水性能好，但拼装复杂；螺栓连接整体性好，刚度大。

砌块接口涂抹粘结剂，提高防水性能，常用的粘结剂有沥青玛琦脂、环氧胶泥等。

砌块外壁与土壁间的间隙应用水泥砂浆或豆石混凝土灌注。通常每隔3～5衬砌环有一灌注孔环，此环上设有4～10个灌注孔。灌注孔直径不小于36mm。

灌浆作业应及时进行。灌入顺序自下而上，左右对称地进行。灌浆时应防止浆液漏入盾构内，在此之前应做好止水。

砌块衬砌和缝隙注浆合称为一次衬砌。

二次衬砌按照功能要求，在一次衬砌合格后，可进行二次衬砌。二次衬砌可浇筑豆石混凝土、喷射混凝土等。

第三节　其它暗挖法

随着城市建设的飞速发展，城市交通日趋紧张。为最大限度减少对交通和房屋的拆迁，改善市容和环境卫生，在城区修建地铁、排水、热力、人行地下通道等市政基础设施，采用暗挖方法施工已经成为城市建设中的重要课题。

一、浅埋暗挖法

80年代在北京修建地铁复兴门至西单段工程中采用浅埋暗挖法施工技术，随后在修建热力管沟、地下人行通道、高碑店污水处理厂退水渠道以及1993年开始修建西单至八王坟地铁工程中全部采用暗挖法施工技术。

浅埋暗挖法施工工艺及主要施工技术

在无地下水条件下，本施工方法的主要程序为：竖井的开挖与支护——→洞体开挖——→初期支护——→二次衬砌及装饰等过程。若遇有地下水，则增加了施工难度。采用何种方法降水和防渗成为施工关键。

（一）竖井

竖井的作用如同顶管法施工的工作坑，它作为浅埋暗挖法临时施工过程进、出口以及建成后永久性地下管线检查井、热力管线小室、地下通道进、出口等用途。

竖井的开挖应根据土层的性质、地下水位高低、竖井深浅以及周围施工环境等因素，选择适宜的竖井周壁施工方法。

竖井内尽量减少或少用横向加固支撑，致使竖井壁所承受土压力增大，要求井壁刚度高，这样可选用地下连续墙或喷射混凝土分步逆作支护法进行施工。

地下连续墙施工详见第七章，以下介绍喷射钢筋混凝土分步逆作支护法施工要点。

本法是按一定间距排布工字钢桩群为井壁支撑骨架，桩间用横拉筋焊联，并放置钢筋网片，然后向工字钢间喷射一定厚度的混凝土，而形成一个完整的钢筋混凝土支护井壁。竖井应分层施工直至井底。井底设一定间距工字钢底撑，然后现浇300～400mm厚混凝土，作为施工期间临时底板。

（二）洞体开挖

洞体开挖步骤和方法，要视洞体断面尺寸大小，土质情况，确定每一循环掘进长度，一般控制在0.5～1.0m 范围内。为了防止工作面土壁失稳滑波，每一循环掘进均保留核心土，其平均高度为1.5m，长度1.5～2.0m。洞体断面大，净空高，掘进时应采

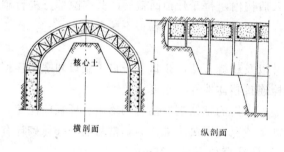

图10-22 洞体开挖示意图

用"微台阶"，台阶长度为洞高0.8倍左右，一般掌握3.0～4.0m以内。参见图10-22所示。

在洞体开挖中为了确保安全，及时封闭整环钢框架，减少地表沉降。若开挖断面大，可分为上、下两个开挖台阶，每一循环掘进长度定为0.5～0.6m，下台阶每开挖0.6m，则应支护钢架整圈封闭一次。

（三）初期支护

洞体边开挖边支护，初期支护是二次衬砌作业前保证土体稳定，抑制土层变形和地表沉降的最重要环节。一般初期支护采用钢筋格网拱架、钢筋网喷射混凝土以外，根据现场特点，采用有针对性的技术措施。

1. 无注浆钢筋超前锚杆

锚杆可采用ϕ22mm螺纹钢筋，长度一般为2.0～2.5m，环向排列，其间距视土壤情况确定，一般为0.2～0.4m，排列至拱脚处为止。锚杆每一循环掘进打入一次。可用风动凿岩机打入拱顶上部，钢锚杆末端要焊接在拱架上。此法适用于拱顶土壤较好情况下，是防止塌坍的一种有效措施。

2. 注浆小导管

当拱顶土层较差，需要注浆加固时，利用导管代替锚杆。导管可采用直径为32mm钢管，长度为3～7m，环向排列间距为0.3m，仰角7～12°。导管管壁设有出浆孔，呈梅花状分布。导管可用风动冲击钻机或PZ75型水平钻机成孔，然后推入孔内。

3. 喷射混凝土

喷射混凝土是借助喷射机械，利用压缩空气或其它动力，将按一定配合比的拌合料，通过管道输送并以高速喷射到受喷面上凝结硬化而成的一种混凝土。图10-23为某工程输水渠道采用浅埋暗挖法初期支护外观图，洞中放置的为初期支护用的钢筋格网拱架。

图 10-23　初期支护外观图

根据喷射混凝土拌合料的搅拌和运输方式，喷射方式一般分为干式和湿式两种。常采用干式。图10-24和图10-25为干式和湿式喷射混凝土工艺流程图。

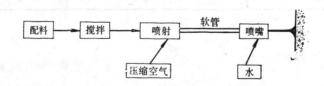

图 10-24　干式喷射工艺流程

干式射喷是依靠喷射机压送干拌合料，在喷嘴处加水。在国内外应用较为普遍，它的主要优点是设备简单，输送距离长，速凝剂可在进入喷射机前加入。

湿式喷射是用喷射机压送湿拌合料（加入拌合水），在喷嘴处加入速凝剂。它的主要

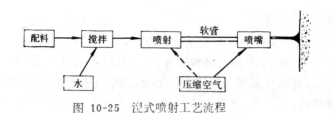

图 10-25 湿式喷射工艺流程

优点是拌合均匀，水灰比能准确控制，混凝土质量容易保证，而且粉尘少，回弹较少。但设备较干喷机复杂，速凝剂加入也较困难。

喷射混凝土选用原材料应注意事项

（1）水泥 喷射混凝土应选用不小于425号的硅酸盐水泥或普通硅酸盐水泥，因为这两种水泥的C_3S和C_3A含量较高，同速凝剂的相容性好，能速凝、快硬，后期强度也较高。当遇有较高可溶性硫酸盐的地层或地下水时，应选用抗硫酸盐类水泥。当结构物要求喷射混凝土早强时，可使用硫铝酸盐水泥或其他早强水泥。

（2）砂 喷射混凝土宜选用中粗砂，一般砂子颗粒级配应满足表10-2所示。砂子过细，会使干缩增大；砂子过粗，则会增加回弹。砂子中小于0.075mm的颗粒不应大于20%。

砂 的 级 配 限 度   表 10-2

筛孔尺寸 （mm）	通过百分数 （以重量计）	筛孔尺寸 （mm）	通过百分数 （以重量计）
5	95～100	0.6	25～60
2.5	80～100	0.3	10～30
1.2	50～85	0.15	2～10

（3）石子 宜选用卵石为好，为了减少回弹，石子最大粒径不宜大于20mm，石子级配应符合表10-3所示。若掺入速凝剂时，石子中不应含有二氧化硅的石料，以免喷射混凝土开裂。

石 子 级 配 限 度   表 10-3

筛 孔 尺 寸 （mm）	通过每个筛子的重量百分比	
	级 配 I	级 配 II
20	100	——
15	90～100	100
10	40～70	85～100
5	0～15	10～30
2.5	0～5	0～10
1.2	——	0～5

（4）速凝剂 使用速凝剂主要是使喷射混凝土速凝快硬，减少回弹损失，防止喷射混凝土因重力作用引起脱落，可适当加大一次喷射厚度等。

喷射混凝土拌合料的砂率控制在45～55％为好，水灰比在0.4～0.5为宜。

4．回填注浆

在暗挖法施工中，在初期支护的拱顶上部，由于喷射混凝土与土层未密贴，拱顶下沉形成空隙，为防止地面下沉，采用水泥浆液回填注浆。这样不仅挤密了拱顶部分的土体，而且加强了土体与初期支护的整体性，有效防止地面的沉降。

注浆设备可采用灰浆搅拌机和柱塞式灰浆泵，根据地层覆盖条件确定注浆压力，一般为50～200kPa范围内。

（四）二次衬砌

完成初期支护施工之后，需进行洞体二次衬砌，二次衬砌采用现浇钢筋混凝土结构。混凝土强度选用C20以上，坍落度为18～20cm高流动混凝土。采用墙体和拱顶分步浇筑方案，即先浇侧墙，后浇拱顶。拱顶部分采用压力式浇筑混凝土。图10-26为二次衬砌施工图。

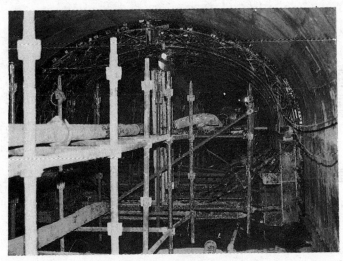

图 10-26 二次衬砌施工图

二、盖挖逆作法

本法可作为市区修建地下人行通道，地铁车站等工程的施工方法。图10-27为一地下人行通道带翼板的钢筋混凝土箱形结构。其施工程序概括为：开挖路面及土槽至顶板底面标高处→制作土模、两端防水→绑扎顶板钢筋→浇筑顶板混凝土→重做路面，恢复交通→开挖竖井→转入地下暗挖导洞，喷锚支护侧壁→分段浇筑L型墙基及侧墙→开挖核心土体→浇筑底板混凝土→装修等过程。

盖挖法结构要采取防水措施，如顶板可采用阳离子乳化沥青胶乳冷涂工艺；底板和侧墙可在找平层上，用PEE-3聚合乙烯卷材热熔粘接工艺。除防水层外，还可以采用补偿收缩混凝土办法，减少了干缩、温度引起的施工裂缝，从而提高了混凝土自身的抗渗性能。

三、管棚法

管棚法与盖挖逆作法主要不同点是，不需要破坏路面，不影响地面交通。在管棚保护下，可安全地进行施工。图10-28为管棚法施工横断面示意图。

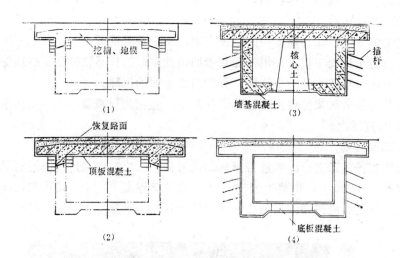

图 10-27 通道箱形结构示意图

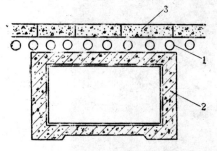

图 10-23 管棚法施工示意图
1—钢管管棚；2—地下结构；3—路面

管棚法的施工程序为：开挖工作竖井→水平钻孔→安设管棚管→向管内注入砂浆→按次序暗挖管棚下土体→立钢框架并喷射混凝土作为初期支护→绑扎钢筋、支设模板→浇筑混凝土衬砌→拆除支撑进行装修等过程。

现将管棚法施工特点介绍如下：

（一）管棚施工

管棚设置是管棚法施工的关键工序，它可分为三个步骤：

1．钻机安装就位　当工作竖井挖至安装水平钻机需要深度，并完成井壁支护，即可搭设施工操作平台，安装钻机。

2．钻孔插管　按井壁上标定的钻孔位置依次钻孔和插管。管棚钢管直径为$\phi115$或$\phi133\times3.5$无缝钢管。钢管表面钻孔，孔径10mm，孔距200mm。

3．注浆加固　管棚钢管埋设完毕后，管口封上注浆堵头，再往管内压注水泥浆，并充满管体。注入压力可控制在0.05～0.10MPa。如图10-29所示。

（二）通道开挖

当通道开挖断面大，为了施工安全，可将开挖面分成几个开挖区域，每个区域又分上下两个开挖台阶。

每一开挖循环长度为0.5～0.6m，下台阶每开挖0.6m，支护钢架整体封闭一次。在开挖区域上台阶工作面时要留部分核心土，以稳定开挖面土体。下台阶工作面也应留有一定的坡度，防止滑坡。

除上述两点以外，其余各工序与盖挖逆作法基本相同，不再重复。

图 10-29 管棚法注浆管装置

复习思考题

1. 不开槽法施工优缺点，目前不开槽法施工包括哪些类型？
2. 掘进顶管施工过程？怎样设计工作坑？
3. 顶进设备包括什么？安装时注意事项。
4. 掘进顶管怎样控制中心和高程？
5. 中继间顶管特点及操作过程。
6. 泥浆套层顶进法特点及操作过程。
7. 水力掘进顶管法装置及适用场合。
8. 挤压顶管法装置及适用场合。
9. 盾构法施工有什么特点？
10. 盾构法施工始顶时装置。
11. 盾构法砌块形式及砌筑方法。
12. 不开槽法施工中遇有地下水或土质易于塌坍时怎样采取对策？
13. 试述浅埋暗挖法施工程序。
14. 说明盖挖法与管棚法有什么区别？适用条件？
15. 浅埋暗挖法施工特点及其关键技术。

第十一章　室内给排水管道及卫生器具的安装

第一节　钢管的加工

管道是各种建筑物必不可少的组成部分，如上水、下水、消防系统以及其它各种流体均是通过管道进行输送，供生产、生活和消防等使用。管道一般由标准的管子、管件和附件组成。

管子加工及连接是管道安装工程的中心环节。钢管加工主要指钢管的调直、切断、套丝、煨弯及制作异形管件等过程。以前，钢管加工以手工操作为主，劳动强度大，生产效率低。现在推广使用各类小型加工机械，如切断机、套丝机、破口机、弯管机以及栽设支架用的膨胀螺栓等，大大提高了生产效率，减轻了劳动强度，降低了成本。

一、管材切断

管子安装前，根据所要求的长度将管子切断。常用的切断方法有锯断、刀割、气割、磨割等。施工时可根据管材、管径和现场条件选用适当的切断方法。

切断的管口应平正，无毛刺、无变形，以免影响接口质量。

（一）锯断

图11-1为一种手工操作钢锯，由锯架1和锯条2组成。钢锯条长度有200，250，300mm三种规格，锯架可根据选用的锯条长度调整。

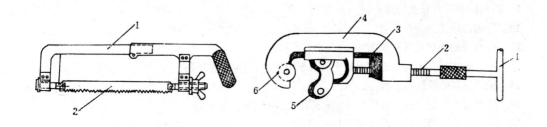

图 11-1　钢锯

1—锯架；2—锯条

图 11-2　滚刀切管器

1—手柄；2—螺杆；3—滑道；4—刀架；5—压紧滚轮；6—滚刀

锯条按每25mm长度内包括多少锯齿，故分为18齿和24齿两种规格。锯薄壁管子用24齿锯条，因为这种锯条齿短齿距小，进刀量小，不致卡掉锯齿，否则情况相反。

锯管前，先在锯口处划好线，放在压力钳上将管子压紧，但不得损坏管子，管子伸出压力钳的长度，以管子不颤动和不影响操作为准。

锯管时，一手在前握锯架，一手在后紧握锯柄，用力均匀，锯条向前推动时适当加压力,向回拉时不宜加压力。操作时锯条平面保持与管子相垂直,以保证锯口断面平正,不时地向锯口处加适量的机油,以减少摩擦力和降低温度。

手工钢锯操作简单方便,切口不收缩、不氧化,而且较平整光滑。所以广泛应用于管子的现场切断。只要管子直径不阻碍锯架的往复运动,锯条能锯断的材质,都可以采用手工钢锯的切断方法。

（二）刀割

图11-2为一种滚刀切管工具,圆形滚刀6装在弓形刀架4的一端,刀架另一端装有可调节螺杆2。转动手柄1可使压紧滚轮5沿滑道3移动。切割管子时,将管子放入5和6之间,使滚刀对准切口处,旋转手柄,在压力作用下边进刀边沿管壁旋转,直至管子被切断。

滚刀的规格和适用范围见表11-1。

滚刀规格及适用范围　　　　　　　　　表 11-1

型　　号	2	3	4
切割管子公称直径（mm）	15～50	25～80	50～100

刀割管子时应注意以下几点:

1. 滚刀平面应垂直管子轴线;

2. 选用滚刀规格要与被切割管径相匹配;

3. 刀割时每次进刀量不可过大,以免损坏刀片或使切口明显缩小,应随着旋转,逐渐进刀。

使用这种方法切断管子速度快,切口平正,可适用于管径小于100mm的钢管。

采用锯断或刀割均需用压力钳将管子压紧压力钳构造如图11-3所示,其规格见表11-2。

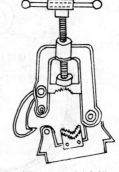

图 11-3　压力钳

压 力 钳 规 格　　　　　　　　　表 11-2

型　　号	1	2	3	4	5
适用管径（mm）	15～50	25～75	50～100	75～125	100～150

（三）砂轮切割

砂轮切割是依靠高速旋转的砂轮片与管壁接触摩擦切削,将管壁切断。

使用砂轮切割时,要使砂轮片与管子保持垂直,进刀用力不要过猛,以免砂轮破碎伤人。砂轮切割速度快,可切割各种型钢,适宜施工现场采用,但噪声较大。

（四）气割

气割是利用氧气和乙炔混合气体燃烧的火焰,对管壁的切割处进行加热,烧至钢材呈黄红色（约1100～1150℃）,然后喷射高压氧气,使高温的铁在纯氧中燃烧生成四氧化三铁熔渣,熔渣松脆易被高压氧气吹开,将管子割断。

气割的切口,应用砂轮机磨口,除去熔渣,使于焊接。

气割用于较大管径的钢管施工，切割速度较快，也较整齐，但切口表面附有一层氧化薄膜，焊接时应先除去。

（五）自爬式电动割管机

这种电动割管机适用于较大管径，可切割钢管、铸铁管。它具有切管和坡口一次完成的特点。

图11-4为一电动割管机结构图，它由电动机1，爬行进给离合器2，进刀机构3，爬行夹紧机构4及切割刀具5等组成。

割管机装在被切割的管口处，用夹紧机构4把它牢靠地夹紧在管子上。切割由两个动作来实现，其一是由切割刀具5对管子进行铣削，其二是由爬轮带动整个割管机沿管子爬行进给，刀具切入或退出是操作人员通过进刀机构的手柄来完成。

切割刀片的材质视所切割材质的不同而异，切割钢管用高速工具钢刀片；切割铸铁管选用镶硬质合金刀片。

进行切割时，用铣刀沿割线把管壁铣通，然后边爬行，边切割，不断校正切割方位，

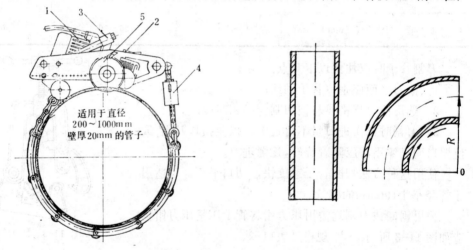

图 11-4　爬行式电动割管机　　　　　图 11-5　弯管受力与变形

1—电动机；2--离合器；3—进刀机构；4—爬行夹紧机构；5—切割刀具

否则切割作业的起点与终点不能吻合。在切割较大口径时，机头上爬时，人工稍向上托；机头下爬时，人工稍向上拉，以免机头下滑。

自爬式切割机体积小、重量轻、通用性强，使用维修方便，切割效率高，切口面平整。

二、管子调直

钢管具有塑性，在运输装卸过程中容易产生弯曲，弯曲的管子在安装时必须调直。

调直的方法有冷调直和热调直两种。冷调直用于管径较小且弯曲程度不大的情况，否则宜用热调直。

（一）冷调直

管径小于50mm，弯曲度不大时，可用两把手锤进行冷调直，一把锤垫在管子的起弯点处作支点，另一把锤则用力敲击凸起面，两个手锤不移位对着敲，直至敲平为止。在锤击部位垫上硬木头，以免将管子击扁。

（二）热调直

管径大于50mm或弯曲度大于20°的较小管径，可用热调直。热调直将弯曲的管子放在地炉上，加热到600～800℃，然后抬出放置在用多根管子组成的平台上滚动，热的管子在平台上反复滚动，在重力作用下，达到调直目的，调直后的管子，应放平存放，避免产生新的弯曲。

三、管子煨弯

在管道安装中，遇到管线交叉或某些障碍时，需要改变管线走向，应采用各种角度的弯管来解决，如45°和90°弯、乙字弯（来回弯）、弧形弯等。

（一）弯管时管材的受力情况

钢管煨弯后其弯曲段的强度及圆形断面不应受到明显影响，因此，对圆断面的变形、弯曲长度应有一定控制。

弯管受力与变形　从图11-5中可以看出，弯管内侧管壁各点受压力，长度缩短，管壁增厚；外侧管壁受拉力，管壁减薄，长度增长，强度减小。为了保证有一定强度，管壁减薄量不应超过壁厚的15%。

影响弯管壁厚的因素与弯曲半径R有关，相同管径，R大，弯曲断面的减薄量或增厚量小；R小，弯曲断面的减薄量或增厚量大。从管壁强度和水力条件考虑，R值越大越有利，但在工程上，R过大，占空间位置大，不允许，一般弯曲半径$R=1.5\sim4DN$（DN-公称直径），采用机械煨管时：热煨管$R=3.5DN$；冷煨管$R=4DN$；煨接弯头$R=1.5DN$。

管子煨管展开长度可按公式（11-1）计算

$$煨管长度 L=\frac{1}{n}2\pi R \tag{11-1}$$

式中　　n——分角数，$n=\frac{360°}{\alpha}$；

α——弯管角度；

R——弯曲半径；

煨弯前可在被煨直管上画出煨管长度L值，即可煨出所需的弯管。

【例11-1】　已知管径$DN=32$mm钢管。采用冷煨，$d=90°$。试计算煨弯长度L值。

【解】　$\alpha=90°$，$n=\frac{360}{90}=4$　取$R=4DN$

所以　　　　　　$L_{90}=\frac{1}{4}2\pi（4\times32）=200$mm

（二）钢管冷弯

钢管冷弯是指不加热，在常温状态下。管内不装砂，用手动弯管器或电动弯管机弯制。

手动弯管器的结构形式较多，图11-6是常用的一种，它是由固定滚轮1、活动滚轮2、管子夹持器4及手柄3组成。

使用手动弯管器弯管时，先将被弯管段插入两滚轮之间，一端由夹持器固定，然后转动手柄，管子被拉弯，直至达到需要的弯曲角度。这种弯管器只用于公称直径小于25mm以下管材。

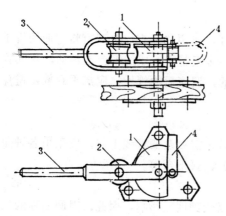

图 11-6 手动弯管器

1—固定滚轮；2—活动滚轮；3—手柄；4—管子夹持器

手动弯管法效率较低，劳度强度大，且质量难以保证，管径大于25mm 的钢管弯管。应采用电动弯管机。

1. 无芯冷弯弯管机　是指钢管弯管时，既不灌砂子也不加入芯子进行弯管。当管径在100mm 以下，最小弯曲半径 $R=2DN$ 的管子弯后应无明显椭圆现象。为防止冷弯产生椭圆断面，可先将管子弯曲段加压，产生反向预变形。当管子冷弯后，反向预变形消除，使得弯曲处断面保持圆形。无芯弯管机可以加工有缝、无缝及有色金属管。

2. 有芯冷弯机　若管径较大，管壁较厚，用预变形法消耗动力较大，机构复杂，这时可采用有芯弯管机。加工的最大管径可达323mm，最小弯曲半径 $R=2.25DN$。可弯制有缝、无缝、不锈钢管及有色金属管等。

有芯弯管机在管子弯曲段加入芯棒，弯管时它可随着管子弯曲或移动，防止管子弯曲处被压扁。

（三）钢管热煨弯

将钢管加热到一定温度后进行弯曲加工，制成需要的形状，称钢管热煨弯。钢管热煨弯在工程上最早使用灌砂加热煨管法，近年来出现火焰弯管机，可控硅中频电弯管机，减轻了劳动强度，提高了生产效率，使各种弯管由现场制作变为工厂化生产。

1. 灌砂热煨法

为了防止管子弯曲时断面变形，采取管内装砂。砂子有蓄热作用，管子出炉后可以延长冷却时间，以利于煨弯操作。

灌砂热煨法操作过程归纳为灌砂→加热→弯曲三个步骤。每一步骤的操作都直接影响煨管质量。

管子在加热前应首先向管内填充粒径为2～5mm 的清洁干砂，以防弯曲时产生凹凸变形。装砂前应将一端用木塞塞住（或钢板点焊封堵），然后向管内装砂，并边装边用手锤人工捣实（或其它振动机械捣实），装满后再封堵上口，准备进行加热。

将装好砂的管子按需要弯曲的长度在加热炉中加热，加热炉的大小依弯曲管的长度而定，但在加热过程中，一定要加热均匀，不能让管子的温度骤升，而造成受热不均。一般碳素钢的加热温度为900～950℃，不能超过1100℃，当加热长度范围内，管子表面呈橙红色及表面起蛇皮状脱落时，方可进行弯曲。

在弯曲过程中，用力应当均匀，连续和不间歇进行。速度以缓慢为宜，切忌用力过猛和速度过快。当温度下降至700℃时（管子表面呈暗红色），应停止弯管，即使未达到需要角度，也只能重新加热后，才能再次进行。弯管加热一般不超过两次，最好一次弯成。弯曲好的管子应在管受热表面涂一层废机油，防止再次氧化生锈，同时也可以起到冷却作用。

2. 机械热煨法

机械热煨法有火焰弯管机和中频弯管机等。下面介绍火焰弯管机，其结构由四部分组成：

(1) 加热和冷却装置 主要是火焰圈、氧气、乙炔气及冷却系统；

(2) 煨弯机构 由转动横臂、夹头，固定导轮等；

(3) 传动机构 电动机，齿轮箱等；

(4) 操作机构 由电气控制系统、煨弯角度控制系统等。

管子加热采用环形火焰圈，加热宽度一般在15mm以内，边加热边煨弯直至达到所需要的角度为止。加热带经过煨弯后立刻采取喷水冷却，以保证煨弯总是控制在加热带内。

火焰弯管机的特点

(1) 弯管质量好，所弯出的弯管曲率均匀，椭圆度小，因每次煨弯长度小，控制了圆形断面的变形；

(2) 弯曲半径R可以调节，适用范围广；

(3) 无须灌砂，可煨较大管径；

(4) 体积小，重量轻，移动方便；

(5) 比手工弯管效率高，成本低。

四、管螺纹加工（套丝）

管螺纹加工分为手工和机械两种方法，即采用手工绞板和电动套丝机。这两种套丝机构基本相同，即绞板上装有四块板牙，用以切削管壁产生螺纹。套出的螺纹应端正，光滑无毛刺，无断丝缺口，螺纹松紧度适宜，以保证螺纹接口的严密性。

目前在管道安装工程中，管径大于50mm的钢管较少采用套丝连接，多用焊接法连接。

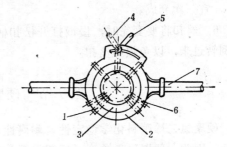

图11-7 套丝板

1—板牙；2—前挡板；3—本体；4—紧固螺栓；
5—松扣柄；6—后挡板及卡爪；7—扳手

图11-7为一种套丝板构造图，主要由下列部件组成。

1. 板牙 套丝板配有三副板牙，套不同的管径，每副板牙有1、2、3、4序号的牙体，每个牙体上都开有斜槽，斜槽与前挡板的螺旋线相配合。

2. 前挡板 主要用来控制板牙的进刀量，当前挡板逆时针转动时，四个牙体同时向中心合拢；顺时针转动时，四个牙体同时向外离开。挡板内刻有1/2″，3/4″，1″，$1\frac{1}{4}$″，

$1\frac{1}{2}$″，2″和A标记，外缘刻有1、2、3、4，4个序号。

3. 本体 起连接各部件的作用，前挡板可沿弧形槽在本体上转动。本体平面外缘刻有三个"0"和A字标记，分别与前挡板上的字样和标记相对应。本体侧面，每隔90°角有一牙体槽。转动前挡板，使本体与前挡板A标记相对齐，即为换板牙位置，可将牙体退出或装入。

4. 紧固螺丝 由带柄螺母和螺栓组成，螺杆与松扣柄相连，并插在前挡板的弧形槽内，当前挡板转到需要位置后，拧紧紧固螺丝，将前挡板固定在本体上，使两者不发生相对移动，保证套丝工作正常进行。

5. 松扣柄　主要是控制板牙的进刀深度。丝扣套好后,把松扣柄按顺时针方向转动,即能使板牙与管扣间离开,使套丝板顺利地从管头丝扣中脱出。特别是当丝扣接近套完时,在套丝的同时,用手稍稍松开松扣柄,可使套出来的丝扣带有锥度,从而提高丝扣连接的严密性。

6. 后挡板和卡爪　后挡板里面有螺旋线销与卡爪相配合。卡爪有3个,后挡板手柄带动三个卡爪向管中合拢或离开,起固定和导向作用。

7. 扳手　扳手设在本体两侧,操作者扳动扳手带动本体转动,来完成套丝工作。

套丝的操作步骤归纳如下:

1. 选择与所加工管径相对应的板牙,并按编号装入套丝板内。

2. 将管子一端卡紧在压力钳上,管子端头距钳口约150mm左右。

3. 把套丝板套在管子头上,拧紧后挡板,对准前挡板刻度,上紧固定螺丝。

4. 站在正面按顺时针方向推进套丝板,套出两扣以后可以侧身站在压力钳旁边,操作扳手。扳动扳手用力均匀平稳,为了润滑、冷却,可不断向切削部位加机油。

5. 吃刀不宜太深,一般要求、25mm以下管径可一次套成;25～40mm宜两次套成;50mm宜三次套成。

6. 丝扣将要套完时,慢慢打开松扣柄,边松边套,使尾丝产生锥度。退套丝板时,不得倒转过来,以免损坏丝扣。

第二节　硬聚氯乙烯管的连接

硬聚氯乙烯塑料化学稳定性、耐腐性及抗老化性较好,而且质轻,易熔接与粘合,价格低,因此,硬聚氯乙烯管(硬塑料管)已在室内排水管道中广泛采用。

一、硬聚氯乙烯管及其管件

目前国产硬聚氯乙烯管有重型管、轻型管两种规格,见表11-3。

硬聚氯乙烯管材规格　　　　　　　　　　　　表 11-3

公称直径 (mm)	外　径 (mm)	轻 型 管		重 型 管	
		壁　厚 (mm)	质　量 (kg/m)	壁　厚 (mm)	质　量 (kg/m)
8	12.5±0.4			2.25±0.3	0.10
10	15±0.5			2.5±0.4	0.14
15	20±0.7	2±0.3	0.16	2.5±0.4	0.19
20	25±1.0	2±0.3	0.20	3±0.4	0.29
25	32±1.0	3±0.45	0.38	4±0.6	0.49
32	40±1.2	3.5±0.5	0.56	5±0.7	0.77
40	51±1.7	4±0.6	0.88	6±0.9	1.49
50	65±2.0	4.5±0.7	1.17	7±1.0	1.74
65	76±2.3	5±0.7	1.56	8±1.2	2.34
80	90±3.0	6±1.0	2.20		
100	114±3.2	7±1.0	3.30		
125	140±3.5	8±1.2	4.54		
150	166±4.0	8±1.2	5.60		
200	218±5.4	10±1.4	7.50		

由国家标准GB5836—86规定的建筑排水用硬聚氯乙烯管,其管材的物理、力学性能应符合表11-4的规定。

建筑排水用硬聚氯乙烯管的性能 表 11-4

试 验 项 目	指　　标
拉伸强度 kgf/cm²	≥420
维卡软化温度℃	≥79
扁平试验（压至外径1/2时）	无裂缝
落锤冲击试验	不破裂
液压试验（1.25MPa（保持1min））	无渗漏
纵向尺寸变化率%	±2.5

由GB 5836--86规定的建筑用排水硬塑管件其规格有d40～160五种。见表11-5。管件为承插粘接型。

排水用硬聚氯乙烯管规格 表 11-5

公称外径（mm）	壁厚（mm）	长　　度
40	2.0+0.4	4000±10
50	2.0+0.4	
75	2.3+0.5	6000±10
110	3.2+0.5	
169	4.0+0.8	

管件的类型有45°及90°双承口弯头、90°顺水三通、45°斜三通（均为三承口型）、三承口瓶形三通.四承口顺水四通、四承口斜四通、四承口直角四通、异径管、管箍、双承口D型存水弯、双承口S型存水弯、双承口立管检查口、清扫口、地漏、排水栓、大、小便器连接件、伸缩器等。各类型管件一般均为浅灰色。

二、硬聚氯乙烯管的连接

硬聚氯乙烯管的连接有承插连接、焊接、法兰连接、螺纹连接及混合连接等几种方法。

（一）承插连接

采用承插连接,常常需要把平口的管子端部加工成承口。承口的制作方法是将管端加热（用热空气烘烤,将管端插入蒸汽加热箱,将管端浸入温度为140～150℃的热机油或甘油中等方法）,当管端达到塑状时,将一端锉成30～50°坡角的钢管插入加热后的管口,即可将管口插挤成喇叭状的承口。钢管插入时应直插到底,不得转动。这种制作方法简易可行。

承插口的连接,可归纳为三种接口形式,即填塞接头、补偿接头和粘接。

1.填塞接头,如图10-8所示。

在承插口的环形间隙中分层填塞油麻并捣实,捣实后的油麻深度占承口深度的2/3,然后灌满树脂玛琋脂即可。

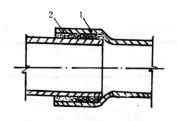

图 11-8　填塞接头
1—油麻；2—玛琋脂填料

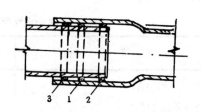

图 11-9　补偿接头
1—橡胶圈；2—下弦杆；3—上弦杆

树脂玛琋脂的配制为15%的二氯乙烷和25%的氯化乙烯树脂的混合液，掺入石英粉，其重量比为1:0.8（混合溶液：石英粉）。

这种接口方法用于无压管道。

2. 补偿接头　如图11-9所示。

先用塑料焊接法将塑料焊条焊在管子平口端部，做为下弦杆2，套上橡胶圈1，用同样方法在管子适当位置焊牢上弦杆3，最后用力插入承口。这种连接可使管道有伸缩的余地。在无压管道中为补偿管道的线膨胀可采用此种接头方法。

3. 粘接接头

粘接接头的承插口环形缝隙很小，一般不得大于0.15~0.3mm，插入深度见表11-6。承口内壁和插口外壁均应涂刷二氯乙烷溶液（或用丙酮、酒精），以溶解油脂及使接口表面软化，后涂一层薄而均匀的粘接剂并立即插入承口，一插到底不得旋拧，经18~24h后即可干燥，使粘连牢固。

承插连接（粘接或焊接）的插入深度（mm）　　表 11-6

公称直径	25	32	40	50	65	80	100	125	150	200
插入深度	45	55	70	85	95	105	120	140	165	215

粘接剂的配制：给水管道为6101号树脂（或40号树脂）：500号聚酰胺：聚硫橡胶＝1:07:05（重量比）；排水管道为甲聚胺胶:乙聚胺胶:滑石粉＝1:1.2:15（重量比）。

（二）焊接连接

硬聚氯乙烯管的焊接原理和金属焊接不同，它不加热到流动状态，也不形成熔池，而是利用硬聚氯乙烯加热至230℃以上，呈表面开始熔融的特性时，将管子和焊条粘接在一起。

1. 塑料焊接的设备和焊条

热空气焊接或加热设备由空气压缩机、贮气罐、分气缸、调压变压器、焊枪、连接胶管、电导线等组成。以上设备常组装于移动小车上，使操作更为灵活方便。其主要功能为：

空气压缩机一般选V-0.6/7型，排气量为0.6m³/min，压力为0.7MPa，同时可供若干支焊枪使用。

贮气罐贮存压缩空气，同时起稳压作用。

分气缸起配气作用，数支焊枪的进气胶管可同时插接在分气缸上。

调压变压器（自耦变压器）用以调节焊枪内电热丝的电压，从而调节焊枪喷出的压缩空气温度。每台调压变压器为500W，只供一支焊枪使用。焊接时先给压缩空气，后给电。停止焊接时先断电，后关气门。

输气胶管为连接焊枪的软管，一般用内径为10mm的橡胶软管，承压能力为0.1～0.2MPa，作为向焊枪输送压缩空气用。

焊枪为电热式焊枪，有直柄式、手枪式两种，由喷嘴、金属外壳、电热丝、绝缘磁圈和手柄做成。

硬聚氯乙烯制品的焊接设备如图11-10所示。焊接所需热空气的压力，由装在供气管上的控制阀调节至0.05～0.1MPa。为保证操作安全，电路中应设漏电自动切断器。

硬聚氯乙烯制品焊接所用焊条的材质，应和焊片的材质相近。焊条直径一般为2～3.5mm，可根据焊件厚度选用。为保证焊接时熔成粘稠状态的焊条能挤进对口间隙，避免焊不透的现象，焊缝根部的焊接应选用直径为2～2.5mm的较细焊条。焊条弯曲180°时不应折裂。

2. 硬聚氯乙烯管的焊接

硬塑管的焊接施工简便，严密性好，但连接强度不如承插连接。焊接有对焊、带套管的对焊两种形式如图11-11所示。

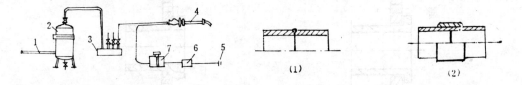

图 11-10　热空气焊接设备
1—来自空压机的输气管；2—贮气罐；3—分气缸；
4—焊枪；5—电源插头；6—漏电自动切断器；7—调
压变压器

图 11-11　硬塑管的焊接
（1）对焊；　（2）带套管的对焊

对焊是将管子两端对口并焊接在一起。较大直径的管子（管径>200mm）主要采用对焊连接。对焊采用V型焊缝，以增加连接强度，为此，两平口管端必须锉成60～90°的坡口，对口间隙应保持0.5～1mm，焊接时，应以不少于两道焊层完成焊缝的焊接，当管壁厚度超过或等于3mm时，应以不少于三道焊层焊好焊缝。

带套管的对焊是将管子对焊连接后，将焊缝铲平，套上一个硬塑套管，套管两端再以角缝形式焊接在管子上。也可将套管和连接管粘接在一起（粘焊混接）。这种连接比对焊牢固，施工也较方便，所用套管规格见表11-7。

焊接时，焊条和焊条表面加热熔融软化程度，取决于加热温度和加热时间。加热温度以230～270℃为宜，可由调压变压器调节，加热时间的长短由焊枪的移动速度控制，一般以0.1～0.8m/min为宜。

焊缝表面应光滑无凸瘤，无气孔与夹杂物。外观检查应为：无弯曲、断裂、烧焦和宽窄不一、高度不一等缺陷，必要时可做切断检查。硬聚氯乙烯制品在加热焊接过程中，会

公称直径	25	32	40	50	65	80	100	125	150	200
套管长度	56	72	94	124	146	172	220	270	330	436
套管壁厚	3	3	3	4	4	5	5	6	6	7

分解出少量氯化氢气体，对人体有害，焊接操作时要戴口罩加以防护，焊接地点应保持空气流通，防止触电和烫伤，焊工应戴手套穿工作服，调压变压器应接地。

（三）法兰连接

法兰连接多用于硬聚氯乙烯管与法兰闸阀的连接处。其连接形式有平焊法兰连接、焊环活套法兰连接、扩口活套法兰连接三种。

1．平焊法兰连接

这种连接用硬聚氯乙烯板制作法兰，直接焊在管端上。连接简单、拆卸方便，适用于压力较低的管道。法兰尺寸与平焊钢法兰相同，但厚度要大一些，法兰垫片选用布满密封面的轻质宽垫片，否则拧紧螺栓时易损坏法兰。

2．焊环活套法兰

这种连接方法是在管端上焊上硬塑挡环，用钢法兰连接。施工方便并可拆卸，但焊缝处易拉断。这种连接适用于较大直径的管道，见图11-12。

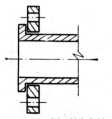　　　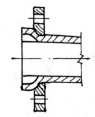

图 11-12　焊环活套法兰　　　　　图 11-13　扩口活套法兰连接

3．扩口活套法兰连接

这种连接是将管端扩大成承口状，再套上硬塑法兰，其连接的强度较高，能承受一定压力，可用于200mm以下的管道连接，如图11-13所示。

（四）螺纹连接

这种连接方法的前提是选用带螺纹的管材和管件，而不得自行车丝（套丝），以免减薄管壁厚度而影响连接强度。螺纹连接时以粘接剂做接口填料。

（五）混合连接

硬聚氯乙烯管的混合连接，是在承插连接粘接接口的基础上，再把承口的环形外缘与连接管焊接在一起的一种连接方法，其目的在于进一步增加连接的强度和严密度。这种把承插连接、粘接、焊接结合使用的连接方法可用于压力较高或严密度要求较高的管道。

第三节　管道的安装

本节主要讲述室内生活给水、排水管道系统的安装基本知识。

一、给水管道的安装

室内生活给水管道包括引入管（进户管）、水平干管、立管、支管以及各类用具的配水龙头等组成。

（一）引入管安装

给水引入管是由室外管线接入室内给水系统间的管段。应包括水表井和穿越建筑物基础。管道材料按设计图纸规定选用，一般管径 $D \geq 75mm$，常采用铸铁管。

给水引入管穿越墙基时，应垂直穿越，并设有3‰的坡度坡向室外管线。其作法如图11-14所示。为防止建筑物下沉而破坏引入管，常在引入管处预留孔洞或预埋钢套管，其尺寸应大于引入管直径100～200mm，预留孔洞与管道间空隙用填封材料充填。

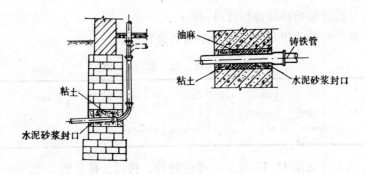

图 11-14 引入管穿墙作法

引入管一般接自城市给水管网，具体施工分为停水作业和不停水作业。接入引水管应尽量减少停水时间，以免影响其他用水户。

1．停水作业

若需停水从室外管线上断管引接支管，事前应办理有关开工手续，将停水范围、时间及时通知有关用户。

引接支管方法与管径大小和管材种类有关。

（1）镀锌钢管上引接支管

将需要引接引入管的管段锯切一段长度，在沟内套丝，然后与三通、短管和活接头连通，如图11-15所示。

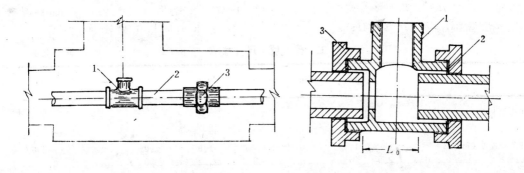

图 11-15 断管接支管
1—三通；2—短管；3—活接头

图 11-16 特制三通
1—特制三通；2—橡胶垫；3—锁母

上述方法需要在沟内锯管，套丝和组装，占用接管时间长。经多年实践，研制一种特制柔性接管三通，如图11-16所示。这种方法在接支线管段上锯掉一节长 L_0 的管段，套上这种特制三通，在接口处垫上橡胶垫，拧紧锁母，即可通水，不必在被锯管上套丝，因此，这种接管方法停水时间短，操作简便。

（2）铸铁管上引接支管

从铸铁管上引接支管，采用停水断管，然后增加三通的方法施工，其断管长度可按公式（11-2）计算：

$$L=l-l_1 \tag{11-2}$$

式中　L——断管长度（m）；

　　　l——三通管承插口间总长度（m）；

　　　l_1——断管时的让出量，按管径不同查表11-8。

断 管 让 出 量 l_1 值   表 11-8

公称直径（mm）	80	100	150	200	250	300	400	450	500
让出量（mm）	10～12	10～12	15	15～20	30～35	35～40	40～50	40～50	50～60

断管时，其布置如图11-17所示。考虑断管、接口、排水的需要，其工作坑尺寸如表11-9。

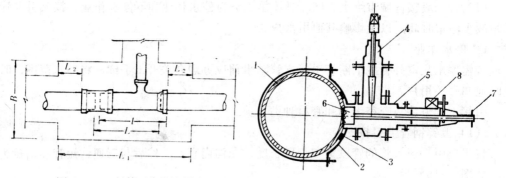

图 11-17　断管工作坑布置

L_1—工作坑长；B—工作坑宽；l—三通管总长；
l—锯断管段长；L_2—承口前长

图 11-18　不停水作业装置

1—管子；2—管鞍；3—橡胶垫；4—闸阀；5—钻
架；6—钻头；7—手轮；8—电动机

工 作 坑 尺 寸   表 11-9

公称直径（mm）	100	150	200	250	300	400	500
工作坑长 L_1（m）	2.7	2.8	3.0	3.2	3.3	3.8	3.9
工作坑宽 B（m）	1.5	1.6	1.7	1.8	2.0	2.5	3.0
工作坑底距承口间距（m）	0.2	0.3	0.3	0.3	0.3	0.3	0.4
承口前长 L_2	0.8	0.8	0.8	1.0	1.0	1.0	1.0

2. 不停水作业

不停水接支管作业方法，可改善施工条件，用水户不受影响，管中水质也不会受到污染，是一种较好的安装方法。

不停水接支管的方法，应根据管材、管径和使用配件的不同，有多种方式。下面介绍一种用管鞍法引接管径80～400mm的施工方法。其装置如图11-18所示。

在给水管上，安装一个管鞍2，在管壁待开孔四周装上密封橡胶垫3，卡紧管鞍，然后在管鞍一侧装闸阀4，闸阀开启后，阀瓣不影响钻头作业。钻架5固定在闸阀上，并垫牢固。钻架配上有钻孔工具和传动机构，实现机械化作业，钻头进入靠电动机8或手轮7操作。钻孔时，钻头6上的中心钻尖先把管壁钻穿，起到定位的作用，同时也防止钻透，钻掉下的铁块掉入管内。钻孔完成后，当即将钻头退出闸阀，并将闸阀关闭，防止管内水外泄，然后拆除钻架，钻孔作业即告完成。即可在闸阀上引接支管。

在引入管上应设有水表和水表井，用以计量用水量。水表井应设置在便于检修，查表方便，不易受冻的位置。

水表的安装，分为设置旁通管和不设旁通管两种形式。对于设有消火栓的建筑物和因断水而影响生产的工业厂房，仅有一根引入管时，应设旁通管，一般情况下可不设旁通管。

水表与管道连接方法有螺纹和法兰盘两种形式，采用哪种方法取决于水表本身接口形式。

（二）立管安装

立管是将引入管的水引向各楼层的管道，立管一般在首层出地面后150～1000mm内设置闸阀，以利维修。

立管穿越楼层时，应在楼层上预留孔洞，孔洞尺寸不宜过大，各层间的预留的孔洞要上下相对，不得错落不均。为了安装与维修的方便，立管管壁距离壁面（粉刷后的壁面）有一定的距离、其尺寸见表11-10所列。

预留洞及立管壁与粉刷墙面距离　　　　　　　　　　表 11-10

管径（mm）	32以下	32～50	75～100
管壁与墙面距离（mm）	25～35	30～50	50
预留洞尺寸（mm）	80×80	100×100	200×200

注：未考虑保温。

立管通过楼板时，应加套管。套管必须高出楼层10～20mm，以免上层的水沿管孔流到楼下。安装立管时，不能将管接头赶到楼板内，并应在管道的一定长度外设置活接头，以便拆卸时有活动的余地，在某些位置还必须同时设置两个活接头，如闸阀井内及两端被固定、中间安装闸阀时。也不宜多设，以减少漏水的可能性。

（三）室内干管及支管安装

室内干管是将水输送到室内用户的主要管道。根据建筑物的性质和卫生标准不同，管道敷设可分为明装和暗装。

施工时，应注意以下几点：

1. 要与土建施工密切配合，按需要尺寸预留孔洞；

2. 管道安装宜在抹灰前完成，并进行水压试验，检查严密性；

3. 各种闸阀、活动部件不得埋入墙内。

支管一般沿墙敷设，并设有2～5%的坡度，坡向立管或配水点。支管与墙壁之间用钩钉或管卡固定，固定点要设在配水点附近。当冷、热水管上、下平行敷设时，热水支管应安装在上面；垂直安装时，热水管在面向的右侧。在卫生器具上，安装冷、热水龙头时，热水龙头应安装在左侧。

二、排水管道安装

（一）概述

室内排水管道是将各卫生设备和用具所收集的生活、生产、化验等废水，经排水支管、立管和排出管以重力流的方式排至室外下水管道。

为使室内空气不受管道内污浊气体的污染，应在卫生设备或用具污水收集口的下部，安装水封装置。

室内排水管道施工、应依据设计图纸和指定的国家标准图册进行。

室内排水管道多选用排水铸铁管，接口形式为承插式接口。安装程序应与土建施工程序相协调，一般是先做地下管道，然后随着土建施工进程，再安装排水立管和支管，最后安装用水器具。

（二）排出管的安装

根据设计图纸确定排出管平面位置和埋设深度，进行沟槽放线，开挖沟槽土方。管道穿建筑物基础或地下室墙壁时，应预留孔洞，并做好防水处理。

室内排水管道在排管时，应将承口向着来水方向，并使管道坡度均匀，为防止污物堵塞管道，排出管与排水立管的连接，宜用两个45°弯头连接，横管与横管、横管与立管的连接，应采用斜（45°）三遍。接口材料一般采用石棉水泥或水泥接口。

（三）排水立管安装

排水立管上端伸出屋顶、中部与各楼层的排水横管相连，下端接入排出管，立管一般沿卫生间墙角垂直敷设。

施工时，立管中心线可标注在墙上，按量出的立管尺寸及所需的配件进行配管。也可以按量出的立管尺寸，零配件位置预测加工，然后分层组装。组装立管时应用锤线找直、三通口找正，铸铁管承口向上。

安装排水立管时，要考虑安装和检修的方便，立管与墙面应留有一定的操作间隙，立管穿现浇混凝土楼板时。应预留孔洞，其尺寸参考表11-11。

立管与墙面距离及楼板预留洞尺寸 表 11-11

管径（mm）	50	75	100	150
管轴线与墙面距离（mm）	100	110	130	150
楼板预留洞尺寸（mm）	100×100	200×200	200×200	300×300

(四) 排水支管安装

立管安装完毕,按卫生器具的位置和管道规定的坡度敷设支管。排水支管分为预制和组装两步安装。

1. 预制

排水支管预制过程包括测线、下料、打口、养护等步骤。

(1) 测线　依据卫生间平面位置图和系统图,对照现场建筑物的实际尺寸,确定各卫生器具下水口的位置,实测出排水支管的构造长度,再根据已安装好的立管三通口 (或四通) 的高度和各卫生器具下水口的标准高度,考虑坡度因素,求得各排水短管的构造长度。在实测排水短管的构造长度时,要准确掌握土建实际各楼层地坪高度,和楼板实际厚度,以确定各排水支管实际尺寸。

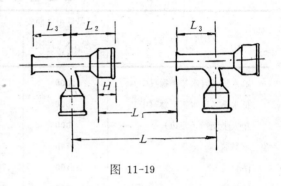

图 11-19

(2) 下料　根据实际尺寸进行划线下料,其方法有计算法和比量法。

计算法是根据下水铸铁管件的构造尺寸,经计算得出管件之间所需短管的长度。如图 11-19 所示。两个三通之间所需短管长度为:

$$L_1 = L - (L_2 + L_3) + H \tag{11-3}$$

式中　L_1——所需短管加工长度 (mm);

L_2——三通承口至支管长度 (mm);

L_3——三通插口至支管长度 (mm);

L——两个三通支管中心间距 (mm);

H——三通承口深度 (mm)。

比量法是在平整地面上,先将各管件按测线长度摆好,再用铸铁管靠近管件实际比量,然后划出所需加工长度线,这种方法被广泛采用。

(3) 打口与养护　下水铸铁管接口材料一般为油麻石棉水泥接口,其操作方法与给水铸铁管接口相同。养护时间不少于 48h。冬季施工,可安排在采暖的房间,以减少现场打口作业时间。集中进行预制作业,然后再现场组装。

2. 排水支管吊装

排水支管吊装一般用人工绳索吊装,吊装时保持支管在水平状态,待到位后立即将吊杆与吊环用螺栓卡牢。吊杆间距一般不超过2m,找正后将支管末端插入立管三通承口内,然后用水平尺测量坡度,调节吊杆螺母,使排水支管符合设计坡度要求。最后将支管与立管三通接口用石棉水泥或自应力水泥连接起来。

伸出楼板上的排水短管,应临时用木塞堵好,以防杂物掉入管内堵塞管道。

第四节　卫生器具安装

卫生器具是室内给水排水系统的重要组成部分,是用来满足人们日常生活中各种卫生要求，收集和排除生活污水的设备。

房屋中的卫生器具主要有大便器，小便器及洗脸盆等。

卫生器具一般是在土建装修工程基本完工及房屋内部的给排水管道安装完毕后才能进行。安装前，应对卫生器具及其附件（如水龙头、水箱零件、存水弯等）进行质量检查，不合质量要求的不应安装。

卫生器具的安装位置应按设计规定进行，安装高度一般可按国家标准图选用，如有特殊要求的（如幼儿的卫生器具）应按设计规定。卫生器具因使用对象和安装场所而不同，安装时可参考表11-12选用。

卫 生 器 具 安 装 高 度

表 11-12

卫生器具名称	器具距地面安装高度（mm）			允许误差（mm）	
	一般工厂、住宅、公共建筑	学 校	幼儿园	独立器具	成组的同类型器具
高水箱（自水箱至螺眼中）	2000	1750	1750	10	3
低水箱（自水箱至螺眼中）	800	—	—	10	3
单人小便器（距边）	600	—	—	10	3
家具盆	760	760	760	10	3
洗脸盆	700	700	550	10	3
洗手盆	700	700	500	10	3
饮用喷水器	900	750	550	10	3
拖布盆	650	550	550	10	3

卫生器具单个安装时，其位置可允许偏差，但当同一设备成组安装时，位置误差不应过大，以保持美观整齐。

卫生器具的固定方法是将其用螺钉固定在预埋的木砖上。用于预埋的木砖应经过防腐处理（涂刷沥青），砌墙时将木砖嵌入墙内（安放时大边在墙内，小边在墙外）并突出墙面10mm。也可采用直径为40mm，长为50～70mm的木塞打入墙内。

安装陶瓷卫生器具时，木螺钉与器具间应垫铅垫圈，以防安装时将器具压裂。卫生器具必须安装牢固，同时又不能因紧固零件或螺钉而将器具破坏。

一、大便器安装

大便器有坐式大便器、蹲式大便器和大便槽等形式，现以坐式大便器安装为例介绍如下：图11-20为坐式大便器安装图。

将钢件套上胶皮圈，插入大便器进水口内，用手拧上根母，并用钳子拧紧。大便器安装时先对准排水口位置，在墙上标出水箱中心线，再将大便器底座外轮廓和螺栓眼位置在地面上标出，再移开大便器，在预埋的木砖上按螺栓眼钻孔，孔钻好后，按原来的外轮廓线对好，并将排水口插入排水管内，然后将其固定并用填料压实，最后用水泥将底座抹平。验收前再安大便器盖。连接进水口的冲洗水管，管端均应缠绕麻丝，涂上铅油后将根母拧紧。

二、洗脸盆、洗涤盆及小便器等器具安装

（一）洗脸盆安装

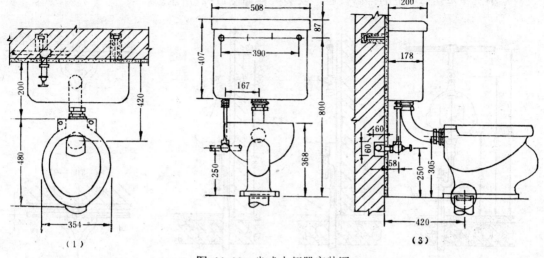

图 11-20 坐式大便器安装图
（1）平面图；（2）正面图；（3）侧面图

洗脸盆一般安装在卫生间、盥洗间及浴室中。

洗脸盆安装时，应根据脸盆的实物，量出有关尺寸进行安装。脸盆通常装在盆架上，盆架固定在预埋的木砖上。盆架的位置应保证洗脸盆安装位置正确。安装脸盆时应用垫片找正垫平，冷热水角阀中心应与脸盆中心对称，安装尺寸如图11-21所示。

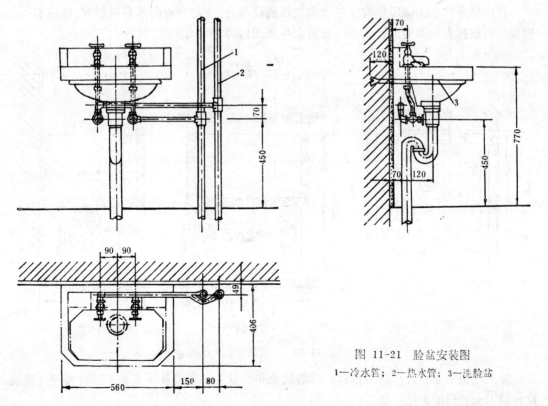

图 11-21 脸盆安装图
1—冷水管；2—热水管；3—洗脸盆

（二）小便斗安装

小便斗是挂在墙上的排溺设施，安装大样如图11-22所示。

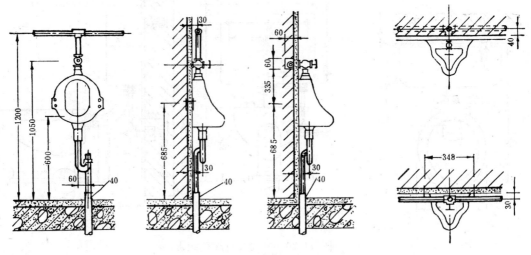

图 11-22　小便斗安装大样图

安装前，按照设计要求预埋木砖，在墙上预留给水管口位置，并依给水管口在墙上划出垂线，量出地面至小便斗侧耳的中心距离，在墙上标出水平线，安装时根据所划的垂线与水平线将小便斗固定在墙壁上。

（三）洗涤盆安装

洗涤盆是住宅、厨房作为洗涤食物之用的设备。洗涤盆一般由水磨石制成，规格不一，安装时可根据安装图册进行安装，安装大样如图11-23所示。

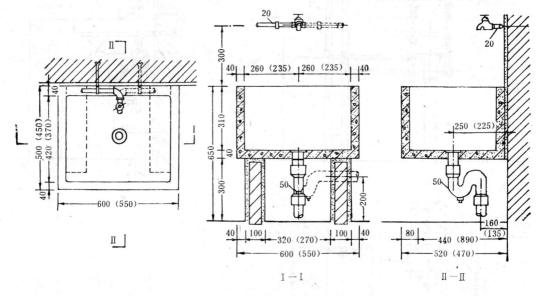

图 11-23　洗涤盆安装大样图

除上述卫生器具外，还有洛盆、淋浴器及化验盆等。有关具体安装方法可参照《建筑设备施工安装图册》第一册。

第五节　管道及设备的防腐

一、腐蚀及防腐

金属管道和设备的腐蚀，是金属在所处环境，因化学或电化学反应，引起金属表面耗损现象的总称。

腐蚀的危害性较大，它使钢铁和其它宝贵的金属变为废品。在敷设的金属管道中，常常因为被腐蚀而引起漏水、漏汽、既浪费资源，又影响生产。因此，为保证正常工作，延长系统的使用寿命，除合理选材外，采取有效防腐措施也是非常重要的。

防腐方法较多，如采取金属镀层、金属钝化、阴极保护及涂料等。在管道及设备的防腐方法中，采用涂料法居多。设置在地上的管道及设备，采用油漆涂料；设置在地下的管道，多采用沥青涂料。

二、涂料防腐蚀法

（一）金属表面的处理

为使防腐材料能起到较好的防腐作用，除正确选用涂料外，还要求涂料与管道、设备表面能很好的结合。因此，在涂刷底漆前，先将管道和设备表面清除干净，其清除方法如下：

1. 机械处理

擦锈处理　钢管和设备表面附有污垢，锈斑等，若不除尽，涂料刷到金属表面上，漆膜下封闭的空气继续氧化金属，生锈，以致使漆膜破坏，使锈蚀加剧。

擦锈处理一般用钢丝刷、砂布、砂轮片等摩擦金属表面，除去铁锈、氧化皮，露出金属光泽为合格，再用棉纱或废布擦干净。这种方法通常用于小型金属表面除锈。其劳动强度大，效率低，质量差。

喷砂处理　喷砂除污是利用 $0.4 \sim 0.6$ MPa 的压缩空气，把粒径为 $0.5 \sim 2.0$ mm 的石英砂喷射到金属表面上，靠砂子研磨使金属表面的铁锈、污物去掉，露出金属光泽。采用这种方法生产效率高，除污质量好，但由于喷砂过程中产生大量灰尘，噪声大，污染环境。为了避免上述缺点，减少尘埃飞扬。可采用湿砂法除锈。

2. 化学处理

化学处理常用酸洗法将金属表面附着物溶解除去，这种方法无噪声、无尘矣。

酸洗时可用硫酸、盐酸，也有用硝酸或磷酸等。酸洗后的金属用清水冲刷擦洗干净。

（二）管道及设备涂油漆

涂刷油漆方法一般使用在明装管道及设备表面上，既能防止腐蚀，又有装饰及标志作用。

油漆防腐是靠将空气、水分、腐蚀介质等隔离开，以保护金属表面不受腐蚀。

管道及设备涂刷油漆一般由底漆和面漆构成，底漆打底，面漆罩面。底层应用附着力强，具有良好防腐性能的漆料涂刷。如红丹防锈漆，铁红防锈漆等。面层可根据周围条件及有无装饰标志选用各种颜色的调合漆或银粉漆。

涂刷油漆时，第一遍底漆要用力刷，务使油漆全部覆盖金属表面。每遍油漆不应刷得太厚，以免起皱及粘结不牢，后遍漆要等前遍干燥后再进行涂刷。不要在淋雨、严寒的环境中刷漆。

关于直埋钢管防腐问题详见第九章第二节。

第六节　管道试压及验收

管道安装完毕后应进行试压，对焊接的管道还应在试压后进行吹洗，以排除遗留在管道中的铁渣，泥砂等杂物。吹洗可用压缩空气进行，吹洗压力不得超过工作压力的3/4，也不得低于1/4。

试压工作在小型给水系统可以整体进行，大型管道系统可分区（段）进行。试验压力应高于工作压力，当工作压力小于0.5MPa时，试验压力为工作压力的1.5倍，但不能小于0.2MPa。工作压力大于0.5MPa时，试验压力为工作压力的1.25倍。

与室外给排水管道一样，试压前应安装排气阀进行排气，排气阀安装完毕后，应向管内灌水，浸泡一段时间后，再进行试压。对于给水管道，试压时将压力升至试验值后，停止加压，观察10min，压力下降值不大于0.05MPa时，管道试压即为合格。

管网系统试压完毕后再连同卫生器具进行试压，冷热水管应以不小于1.0MPa的压力进行试压，不渗不漏，1.0h内降压值不超过试验压力的10%为合格。

排水铸铁管，一般不做试压，只采用满水方式进行测试。其注水高度应不低于底层地面高度。检验标准是以满水15min后，再灌满延续5min，液面不下降为合格。

试压合格后，应对管道进行防腐处理，安装剩余的卫生器具配件，准备验收。

室内给排水工程验收，应按分项、分部或单位工程验收。验收工作由施工单位会同建设单位，设计单位和有关部门联合验收。

竣工验收内容包括：

1. 管道位置、标高和坡度是否符合设计或规范要求；

2. 管道的连接点或接口是否清洁、整齐、严密、不漏；

3. 卫生器具和各类支（吊）架位置是否正确、安装是否稳定牢固。

对不符合设计图纸和规范要求的部位，不得交付使用。

验收时，还应具有下列资料：

1. 施工图、竣工图及变更设计文件。

2. 隐蔽工程验收记录和分项中间验收记录。

3. 设备试验记录。

4. 水压试验记录。

5. 工程质量事故处理记录。

6. 工程质量检验评定记录。

上述资料需有各级有关技术人员签字，整理后存档。

复习思考题

1. 钢管煨弯为什么规定最小弯曲半径？
2. 钢管煨弯设备及加工方法。
3. 钢管切割、套丝加工要求及操作方法。
4. 硬塑料管连接有哪些方法？
5. 连接引入管时不停水施工操作方法。
6. 室内排水管道立管、横支管安装尺寸如何确定？
7. 室内排水管安装常规作法和质量要求。
8. 室内卫生器具连接方法和质量要求。
9. 室内管道一般防腐和刷银粉作法。
10. 直埋钢管防腐层做法及质量要求。
11. 室内给水管道试压方法及标准。
12. 排水管道质量检查项目和标准。

参 考 文 献

1. 徐鼎文，常志续编. 给水排水工程施工·新一版. 北京：中国建筑工业出版社，1993
2. 《建筑施工手册》编写组. 建筑施工手册·第二版. 北京：中国建筑工业出版社，1992
3. 杨宗放，方先和编著. 现代预应力混凝土施工. 北京：中国建筑工业出版社，1993
4. 给水排水构筑物施工及验收规范GBJ141—90. 北京：中国建筑工业出版社，1991
5. 程良奎编著. 喷射混凝土. 北京：中国建筑工业出版社，1990
6. 吴乃昌执笔. "S. Z"钢模体系的应用、特点和发展. 市政技术，1989，3～4